The Fourth Industrial Revolution

한눈에 보이는 4차 산업혁명

공저 최재용 공인택 김성남 방명숙 변해영
안경식 윤성임 장선주 하영랑

감수 김진선

미디어북

Preface

'한눈에 보이는 4차 산업혁명'

이 책을 읽을 독자들은 얼마나 4차 산업혁명에 대해 알고 있을지 우선은 저자들부터도 궁금해지는 것은 당연하다. 그만큼 아직도 4차 산업혁명에 대해 자신 있게 설명할 사람이 그리 많지 않다는 말이다.

우리가 4차 산업혁명에 대해 심각하게 고민을 시작한 것은 아마도 4차 산업혁명의 한 부분인 '인공지능'에 대한 이야기일 것이다. 즉 '알파고와 이세돌'의 대결로부터 4차 산업혁명이란 단어는 우리에게 친숙하면서도 두려운 단어로 자리하기 시작했다. 알파고의 출현으로 인해 수 없이 많은 기사와 이야기가 쏟아져 나왔고 이로 인해 인공지능 시대의 도래와 인간이 인공지능을 만들었지만 이를 뛰어 넘기 어려운 쓰디 쓴 체험도 하게 됐다.

이제 당신이라면 4차 산업혁명이라고 했을 때 쉽게 어떤 것이 떠오르는가? 드론? 인공지능? 로봇? 자율주행차? 비트코인? 3D프린팅? 실업? 아주 많이 들어봤음직

한 단어들일 것이다. 그러나 이들을 설명하라면 얼마만큼 제대로 알고 있고 설명할 수 있겠는가? 그래서 '한눈에 보이는 4차 산업혁명'이 그 궁금증을 풀어보며 4차 산업혁명과 관련된 보다 다양한 지식을 소개할 것이다.

먼저 공저자 최재용은 '4차 산업혁명 시대를 이끄는 컨트롤타워에 바란다'를 시작으로 공인택의 '4차 산업혁명 산업변화에 따른 직업과 금융', 김성남의 '드론의 활용, 취업의 미래가 보인다', 방명숙의 '블록체인 기반 기술개발로 변화되는 미래사회', 변해영의 '제4차 산업혁명 시대와 인성의 발견'에 대해 알려주고 있다.

이어 안경식의 '4차 산업혁명은 '고객 맞춤형' 서비스이다', 윤성임의 '사물인터넷으로 초 연결되는 미래사회', 장선주의 '인공지능, 이제는 내 아이의 친구다', 하영랑의 '4차 산업혁명과 함께하는 의료' 등 다양한 분야 속에서 4차 산업혁명의 모습을 담아내고 있다.

이 한권의 책 '한눈에 보이는 4차 산업혁명'의 저자들은 4차 산업혁명과 관련한 노련한 전문가들은 아니지만 일반인들에게 유용하고 필요한 지식을 바로 위와 같은 주제로 독자들이 4차 산업혁명에 쉽고 친근하게 다가서도록 길잡이 역할을 하고 있다.

많은 이들이 이 책을 통해 4차 산업혁명을 둘러싼 과거, 현재, 미래를 통찰하고 더 단단해진 각오와 전문성 그리고 실용성을 겸비한 자세로 맞이하길 바란다. 더불어 인간의 심성과 감성을 로봇이나 인공지능이 따라올 수도 흉내 낼 수도 없음은 아직은 인간의 입장에서 안도의 숨을 내 쉴 수 있는 부분이다. 그러나 인공지능이 다가올 5차·6차·7차 산업혁명 시대 속에서는 또 어떻게 인간을 뛰어 넘는 심성이나 감성을 만들어 내고 인간을 조종하게 될지 사실 두려움도 앞선다.

많은 것들이 4차 산업혁명으로 인해 바뀔 것이나 이것도 사람이 만들어 내는 시대 속의 하나임에는 틀림이 없다. 그러기에 자신감을 갖고 철저한 준비와 연구를 통한 프로그램과 교육, 실험, 실습을 통해 지혜롭게 4차 산업혁명 시대의 주인으로서 제 자리를 굳건히 하기를 간절히 바라며 이 책이 또 하나 지혜의 장이 되기를 희망한다.

끝으로 이 책의 감수를 맡아 수고하신 전 세종대학교 세종CEO 지도교수이며 현재 한국소셜미디어진흥원 부원장이신 김진선 교수님께 감사를 드리며 고시계 임직원 여러분께도 감사의 말씀을 전한다.

2018년 12월

(사) 4차산업혁명연구원 이사장
최 재 용

Contents

2 드론의 활용, 취업의 미래가 보인다

- 김 성 남 -

3 블록체인 기반 기술개발로 변화되는 미래사회

- 방 명 숙 -

4. 블록체인 기반 기술개발로 변화되는 미래사회

5. 블록체인 기술개발에 필요한 역량과 교육

4 제4차 산업혁명 시대와 인성의 발견

- 변 해 영 -

5 4차 산업혁명은 '고객 맞춤형' 서비스이다

- 안 경 식 -

6 사물인터넷으로 초 연결되는 미래사회

- 윤 성 임 -

7 인공지능, 이제는 내 아이의 친구다

- 장 선 주 -

8 4차 산업혁명과 함께하는 의료

- 하 영 랑 -

4차 산업혁명 시대를 이끄는 컨트롤타워에 바란다

최 재 용

과학기술정보통신부 인가 사단법인 4차산업혁명연구원 원장이자 파이낸스투데이 경제신문 부회장이다. 캐나다에서 상담학 박사학위를 취득하고 특허청, 행정안전부, 신세계백화점, 롯데그룹 등에서 4차산업혁명강의와 컨설팅을 하고 있다.

이메일 : mdkorea@naver.com
연락처 : 010-2332-8617

4차 산업혁명 시대를 이끄는 컨트롤타워에 바란다

대한민국은 과연 4차 산업혁명 시대를 잘 대비하고 있는지 진단해보았다. 요즈음 정부기관 행사나 세미나 마다 '4차 산업혁명'이라는 수식어가 붙는다.

과연 4차 산업혁명 시대를 정부차원에서 또 민간차원에서 잘 준비하고 있는지 진단해보면 100점 만점에 50점 정도 점수를 주고 싶다.

4차 산업혁명 관련 산업의 발전척도를 진단하는 방법 중에 하나는 관련 산업 전시회를 가보면 알 수 있다. 지난 9월 12일부터 14일까지 삼성동 코엑스에서 개최됐던 사물인터넷국제전시회를 살펴본 관람객들의 반응은 한마디로 "이게 다야?"였다. 8개국에서 193개의 전시부스를 운영한 행사였지만 규모나 내용면에서 부족했다고 본다.

또한 9월 13일부터 16일까지 고양시 킨텍스에서 열렸던 디지털헬스케어페어 역시 실망감을 안겨 주었다. 전시된 간호로봇, 치매예방로봇은 중국에서 만든 'Sanbot'이라는 로봇이었고 볼 것 없는 전시회에 관람객도 적어서 전시회에 참가한 회사들이 서둘러 짐을 싸는 모습도 보였다.

4차 산업혁명 시대 변화에 대해 연구를 하면서 미국, 캐나다, 일본, 중국, 핀란드, 에스토니아를 벤치마킹 해본 결과 우리나라 정부와 기업, 학계가 더 많은 노력을 해야 한다는 결론을 얻었다. 이유는 우리나라가 다른 나라에 비해 상당히 뒤쳐져 있다는 생각과 이에 적극적인 연구노력의 활동 마져도 미진하다는 느낌이 든다.

자율주행차는 소프트웨어 강국인 미국이 앞서가고, 로봇과 인공지능 및 드론 등은 중국이 선두에 있다. 사물인터넷의 핵심인 센서산업은 일본이 강하며 블록체인의 상용화는 에스토니아가 단연 선두이다. 4차 산업분야 중에서 우리나라가 앞설 수 있는 것은 블록체인이라고 본다. 국회, 행정부, 학계, 경제계에서 블록체인에 대해 정확하게 인지하고 에스토니아처럼 국가주력 산업으로 육성했으면 하는 바람을 가져본다.

그래서 4차 산업혁명 컨트롤타워에 제안해본다.

4차 산업혁명 관련 공무원, 국회의원, 연구원, 기업인, 교수, 기자, 학생 등을 4차 산업혁명 선진지로 보내서 보고, 느끼게 해야 한다. 그들이 다녀와서 선진지 견학 보고발표회, 간행물 발간, 방송프로그램 제작으로 전 국민에게 4차 산업혁명 시대의 도래를 알리고 미래를 준비해야 한다.

변화하는 세상을 인지하고 대비하는 것이 무엇보다 중요하다. 한편 인공지능과 로봇이 인간과 같이 일하는 세상이 되어도 인간의 본성, 인성은 변화 되어서는 안 되겠다. 4차 산업혁명 시대는 위기가 아니고 기회임을 깨닫고 더불어 사는 것에 대한 교육이 절실하다.

이에 뒤지게 되면 결국 세계적으로도 낙오가 될 수밖에 없는 시점에 와 있다. 저만큼 앞서 가 있는 선진국들을 바라보며 부러워만 하고 있을 상황이 아닌 시점까지 왔다. 이미 우리 일상 속에서 많은 변화들이 일어나고 있고 하다못해 간단한 냉장고 하나마저도 이제 인공지능의 똑똑한 배려를 실감하는 시대 속에 살고 있다.

자율주행차는 아직 선진국에서조차 시작단계라 하더라도 드론도 이미 여러 곳에서 시도의 움직임을 보이고 있고 사물인터넷의 상용화도 시작은 됐다. 4차 산업혁명 시대 속에 살면서 로봇과 기계가 인간의 일자리를 빼앗아가면 어떻게 하나를 고민하는 시점이 아니라 이들을 다스리고 통제할 수 있는 새로운 일자리들에 사람이 다시 투입되어야 하는 준비를 서둘러야 한다.

과거 1차 산업혁명에서 지금 4차 산업혁명 시대에 이르기까지 매번 지금과 같은 비슷한 고민들이 산재해 왔다. 그럼에도 지금 우리는 4차 산업혁명 시대 속에 살고 있다. 이제 국가적으로 적극적인 준비와 교육, 탄탄한 교육을 통해 4차 산업혁명 시대를 맞이할 인력충당 차원이 아닌 4차 산업혁명 시대를 이끌고 5차 산업혁명을 주도할 인재양성에 정부가 주축이 되어 최선의 노력을 기울여야 할 때이다.

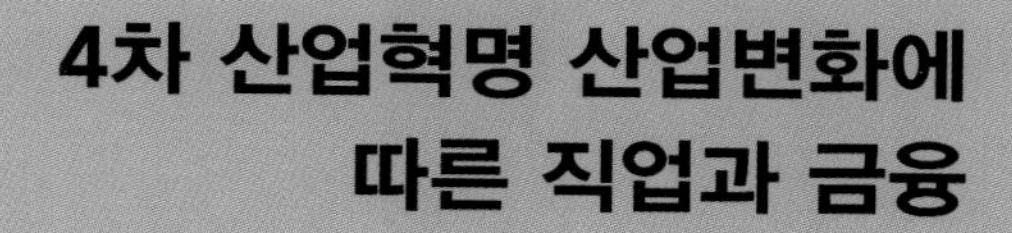

4차 산업혁명 산업변화에 따른 직업과 금융

공 인 택

KPMG 세무본부를 시작으로 주식회사 카페베네 재무팀 차장, 오케이 저축은행 전략기획실 과장, 한국무역진흥공사 세무자문위원, 서울중앙지법 회생부 조사위원을 거쳐 현재 삼덕회계법인 이사 파트너회계사 및 세무사, 농협중앙회 회원경영컨설팅부 외부자문위원으로 활동하고 있다.

이메일 : intaik_kong@nexiasamduk.kr

연락처 : 010-6400-7934

4차 산업혁명 산업변화에 따른 직업과 금융

Prologue

서울에서 있었던 이세돌 9단과 알파고와의 바둑대결을 지켜보던 우리는 무수한 경우수가 존재하는 바둑에서 바둑 9단의 세계적인 고수가 기계에게 진 것에 대해서 많은 충격을 받았고 앞으로 닥칠 세상에 대한 두려움을 많이 느끼게 됐다. 인간이 기계에게 졌다는 것은 기계가 인간을 대체할 시기가 얼마 안 남았음을 예견하는 순간이기도 했다. 세계적인 다보스 포럼에서 모바일 인터넷, 센서, 인공지능, 기계학습, 인터넷이 기존 생산시스템과 결합한 제4차 산업혁명이 곧 다가오고 있음을 전망했다.

아무도 예측할 수 없는 가상으로 시작한 상상 속 세계는 이미 우리 삶속에서 현실로 다가서고 있다. 4차 산업혁명 시대에는 얼마나 많은 변화가 일어날 것인가? 이 시대는 앞으로 닥칠 수많은 변화

속에서 우리의 삶과 직결되는 산업 및 일자리 등에 대한 준비와 대응이 필요한 시기이기도 하다.

'어떤 변화가 일어날 것이며 그 변화를 위해 어떤 준비를 해야 4차 산업혁명 속에서 뒤쳐지지 않고 앞서나갈 수 있을까?' 필자는 이런 고민을 시작으로 본문을 통해 4차 산업혁명 속에서의 다양한 분야 중 산업변화에 따른 직업과 금융에 관련한 변화를 짚어보고자 한다.

1. 4차 산업혁명을 대표하는 다양한 혁신기술

1) 인공지능

알파고를 통해 전 세계의 관심을 끌게 된 인공지능(artificial intelligence, AI)은 기계로부터 만들어진 지능을 말하는 것으로 컴퓨터 공학에서 인간과 같이 이상적인 지능을 갖춘 프로그램 지능 혹은 시스템에 의해 만들어진 지능을 뜻하는 것이다. 이는 기계에게 이미지와 소리를 인식하는 방법을 가르치는 심화학습 기법이 영상인식, 음성인식, 번역 등 다양한 분야에 적용되면서 구체적인 결과를 만들어 내고 있다. 지금 주요 글로벌 기업들은 인공지능을 모두 미래의 최대 성장 동력으로 보고 있으며 인공지능 적용 분야가 의료기술 향상, 유전자 분석, 신약 개발, 금융거래 등으로 빠르게 확대되고 있다.

2) 사물인터넷

사물인터넷(Internet of Things)은 세상에 존재하는 여러 객체들이 다양한 방식으로 서로 연결돼 개별 객체들이 제공하지 못했던 새로운 서비스를 제공하는 것을 말한다. 사물인터넷(IoT: Internet of things)이라 함은 '인터넷을 기반으로 모든 사물을 연결해 사람과 사물, 사물과 사물 간의 정보를 상호 소통하는 지능형 기술 및 서비스를 말한다'고 정의된다.

정부에서도 미래성장 핵심동력으로 최근 주목받는 사물인터넷(IOT)을 키우기 위해 전자태그(RFID), 사물지능통신(M2M) 등 산재됐던 사물인터넷 영역을 하나로 묶었다. 또한 이의 기본계획을 수립하고 세부 전략을 마련해 관련 산업, 중소기업들을 지원할 수 있도록 업무추진 중에 있다.

[그림1] 스마트폰을 활용한 사물인터넷(출처 : IOT_SIMTOS,KBIZ 중소기업중앙회)

3) 3D 프린팅

삼차원프린팅산업 진흥법 제2조 제1호에 따르면 '삼차원프린팅'이란 삼차원형상을 구현하기 위한 전자적 정보(이하 '삼차원 도면'이라 한다)를 자동화된 출력장치를 통해 입체화하는 활동을 의미한다. 3차원 인쇄 기술은 제 4차 산업혁명이라 부르며 산업 전반에 걸쳐 제조기술의 큰 변화를 가져올 것으로 예상되고 있다.

3D프린터의 실제 개발된 사례에서 살펴보자면 여경만을 위한 여성경찰 보호복 패턴을 개발하는데 사용했는데 이는 3D프린터가 아니라면 개발될 수 없었을 것이다. 또한 용접이나 정형외과 분야에서도 3D프린팅 기술을 유용하게 사용하고 있어 3D프린터의 개발은 산업전반과 의료분야 등 다양한 분야에 걸쳐 큰 변화가 예상된다.

4) 핀테크

'핀테크(fintech)'는 이름 그대로 '금융(finance)'과 '기술(technology)'이 결합한 서비스 또는 그런 서비스를 하는 회사를 가리키는 말이다. 여기서 말하는 기술은 정보기술(IT)이다. 금융과 IT의 융합을 통한 금융서비스 및 산업의 변화를 통칭한다.

핀테크로는 모바일 결제, 모바일 송금, 온라인 개인 자산 관리, 클라우드 펀딩 등이 있다. 금융서비스의 변화로는 모바일, SNS, 빅데이터 등 새로운 IT기술 등을 활용해 기존 금융기법과 차별화된 금융서비스를 제공하는 기술기반 금융서비스 혁신이 대표적이며 최근 사례는 모바일뱅킹과 앱 카드 등이 있다. 산업 변화로는 혁신적 비 금융기업이 보유 기술을 활용해 지급결제와 같은 금융서비스를 이용자에게 직접 제공하는 현상이 있는데 애플페이, 알리페이 등을 예로 들 수 있다.

5) 빅 데이터

빅 데이터(영어: big data)란 기존 데이터베이스 관리도구의 능력을 넘어서는 대량(수십 테라바이트)의 정형 또는 심지어 데이터베이스 형태가 아닌 비정형의 데이터 집합조차 포함한 데이터로부터 가치를 추출하고 결과를 분석하는 기술이다.

빅 데이터의 특징은 3V로 요약하는 것이 일반적이다. 즉 데이터의 양(Volume), 데이터 생성 속도(Velocity), 형태의 다양성(Variety)을 의미한다(O'Reilly Radar Team, 2012). 최근에는 여기에 가치(Value)나 복잡성(Complexity)을 덧붙이기도 한다.

세계 경제 포럼은 지난 2012년 떠오르는 10대 기술 중 그 첫 번째를 빅 데이터 기술로 선정했다. 대한민국 지식경제부 R&D 전략기획단은 IT 10대 핵심기술 가운데 하나로 빅 데이터를 선정하는 등 최근 세계는 빅 데이터를 주목하고 있다.

6) 자율주행 자동차

'자율주행자동차'란 자동차관리법 제2조 제1호의 3항 운전자 또는 승객의 조작 없이 자동차 스스로 운행이 가능한 자동차로 차세대 자동차 산업으로 주목받고 있는 기술이다. 많은 자동차 업체에서는 오는 2020년 자율주행차 양산을 목표로 하고 있으며 자율주행을 위한 선행기술로는 고성능 카메라, 충돌 방지 장치 등 기술적 발전이 필요하다. 주행상황 정보를 종합 판단·처리하는 주행상황 인지·대응 기술이 필수적이며 수많은 자동차 회사들뿐만 아니라 구글, 애플 등 IT 기업들이 기술개발에 앞장서고 있다. 자율주행차가 상용화 되고 양산되기까지 여러 기술적인 요인과 정책·사회적인 요인이 존재하고 있다. 지난 2012년 발표된 IEEE의 보고서에 의하면 오는 2040년에는 전 세계 차량의 약 75%가 자율주행 자동차로 전환될 것으로 예상했다.

7) 로봇

로봇공학(Robotics, 로봇학)은 로봇에 관한 과학이자 기술학이다. 로봇공학자는 로봇을 설계·제조 하거나 응용분야를 다루는 일을 한다. 로봇학은 전자공학, 역학, 소프트웨어 기계공학 등 관련 학문의 지식을 필요로 하며 여러 유관 분야에 걸쳐 다양한 종류의 지식의 도움을 받는다. 현재 여러 로봇 공학의 발전으로 다양한 로봇을 만들기 위해 진행 중이며 사물인터넷 및 인공지능과 함께 인간의 감정 및 행동에 대응하는 로봇의 개발을 여러 기업에서 추진 중에 있다.

8) 드론

드론은 무인기를 지칭하는 단어이기도 하다. 드론이라 하면 공격용 혹은 정찰용 무기로만 사용하는 경우가 빈번하다. 하지만 조종사가 탑승하지 않는 무인/원격조종 비행 장치를 드론이라고 부른다는 점을 감안하면 일반 RC 비행기도 드론, RC 헬기도 드론이다.

현재 아마존에서 시작해서 구글도 드론을 택배업에 이용해볼 계획이 있으며 앞으로 드론을 이용한 사업이 활발하게 진행될 예정이다.

2. 4차 산업혁명 시대 산업 및 직업 세계의 변화

[그림2] 4차 산업혁명 파급효과(출처 : 인포그래픽웍스)

1) 산업전반에 무인화 시대의 전망

4차 산업혁명으로 인한 기술진보와 이로 인해 기계화, 자동화는 사람을 필요로 하지 않는 방향으로 나아가고 있으며 이러한 무인화는 더욱 가속화 될 것으로 보인다. 4차 산업혁명 기술들은 사람의 개입 없이도 기계 스스로가 자신의 역할을 수행하게 된다.

물건을 제조하는 3D프린터는 모든 제조 과정에서 사람이 개입하지 않고 기계가 수행하게 되며 최초의 기계의 셋업을 통해서 완성제품이 나오는 과정은 사람의 수작업 필요 없이 수행된다. 이로 인해 제조공정에서 필요했던 인원은 3D프린터의 확대로 인해 감축된다.

외국사례에서 살펴보면 대만 폭스콘의 경우 생산 직원만 수십만 명에 달한다. 폭스콘은 사람대신에 생산로봇인 폭스봇으로 대체하기 시작했다. 이 폭스봇이 5만 대가 투입되면서 6만 명의 직원을 대체했고 그 인원은 실업으로 이어졌다. 폭스콘은 향후 2020년까지 30퍼센트를 자동화하고 로봇으로 대체해 무인 자동화 공장을 만든다는 계획 하에 있다.

물류 운송 분야의 경우도 아마존은 키바 시스템으로 물류 창고의 무인화를 구축해 운영 중에 있으며 드론을 이용한 택배 사업이 한창 진행 중에 있다. 또한 IT기업인 구글과 마이크로 소프트사가 한창 개발 중인 AI를 이용한 무인 운전시스템 및 우버, 리프트, GM 등 완성차 업체까지 무인 택시 상업개발을 한창 진행 중이다.

금융의 경우도 기존 창구를 통한 대면 업무의 비중을 줄이고자 지점을 폐쇄하고 있는 추세이며 ATM 및 365 자동기기코너 등을 통한 무인화 사업에 비중을 높이고 있다.

[그림3] 서비스의 변화(출처 : 식품외식경제)

2) 삶속에 함께하는 로봇시대

영화 속이나 드라마 속의 모습은 더 이상 상상이 아니다. 로봇은 인간의 모습뿐만 아니라 사고 및 동작 감성까지 닮은 로봇의 세계가 현실로 다가오고 있다. 이러한 로봇의 개발은 인공지능과 사물인터넷과 연결되면서 지식과 정보를 얻고 데이터를 수집하고 학습하면서 스스로 학습하는 단계까지 발전하고 있으며 인간의 감정을 읽고 그에 맞추어 행동하는 로봇까지 발전하고 있다.

미국의 경우를 살펴보면 현재 미국 샌프란시스코의 한 매장에서는 플리피라는 로봇이 햄버거를 만들어 내고 있으며, 미국의 법률자문 회사 '로스 인텔리전스'에서는 로스가 법률과 판례 등을 정리한다. 또한 프랑스 프로그 로보틱스의 '버디'라는 로봇은 집 안 위치와 모든 사무들을 파악해 가정의 일상에서 요리, 교육, 가정 일을 보조해 주고 있다.

3) 4차 산업혁명의 신기술에 따른 기존 직업의 대량실업 발생

4차 산업혁명에서는 혁신적이고 획기적인 기술들로 인해 이러한 신기술이 적용되는 사업 분야의 직업이 사라지거나 일자리가 감소하게 된다. 인공지능으로 대체될 고위험 직업군으로는 텔레마케터 및 단순 노동자를 꼽는다. 또한 사람 대신 운전을 하는 자율주행차로 인해 오는 2030년까지 미국과 유럽의 트럭 및 택시 운전자 수백만이 실업의 위기에 처할 것이라는 전망도 나오고 있다.

각 리서치 기관 및 미래포럼에서 4차 산업혁명이 도래하면 대량실업이 발생할 것이라는 전망을 하고 있다. 지난 2016년 세계경제포럼 미래 고용 보고서에 따르면 4차 산업혁명으로 인해 200만개의 새로운 일자리가 생기지만 710만개의 기존 일자리가 사라진다고 했다. 또한 시장조사 업체 포레스터리서치의 보고서에 따르면 향후 10년간 인공지능과 로봇 등으로 인해 미국 내에서도 1,500만개의 일자리가 새로 생겨나지만 동시에 2,500만 개의 일자리는 사라질 것으로 전망했다.

또한 신기술의 개발로 인해 그러한 신기술과 연관되는 부분에 대해서는 더 많은 일자리를 만들 수도 있다고 했다. 하지만 4차 사업혁명 시대에 등장하는 인공지능과 로봇 등의 신기술들은 과거 인간의 보조적 역할만 수행했던 기계들과 다르게 인간의 간섭 없이 소수의 관리 인력만으로 스스로 일을 하게 된다. 따라서 통상임금의 인상 및 노조활동에 부정적인 인식이 많은 고용주 입장에서는 '임금을 올리느니 로봇을 쓰는 게 낫다'라는 판단을 하게 된다.

2차 산업구조상의 노동 집약적인 제조업 일자리는 상당 부분 자동화나 로봇으로 대체될 것으로 보인다. 제조업뿐만 아니라 약 80퍼센트의 서비스업에서도 사물 인터넷, 로봇, 인공지능 등으로 인해 스마트 기기로 대체될 것으로 전망한다. 이러한 단순직뿐만 아니라 지난 2016년 10월 세계적인 리서치 업체 가트너는 오는 2023년 무렵에는 의사, 변호사, 중개인 교수 등 전문직 업무의 3분의 1을 스마트 기계가 대체할 것이라고 까지 예측하고 있다.

4) 부의 양극화 간격이 더욱 넓어짐

지난 수 십 년 동안 자본가와 노동자 사이, 고학력자와 저학력자 사이, 고 숙련자와 저 숙련자 사이, 선진국과 후진국 사이에 부의 불평등 및 소득의 양극화가 진행돼 왔고 그 차이는 점점 벌어지고 있다. 이러한 양극화는 4차 산업혁명 시대 속에서 더욱더 커지게 될 것이라는 점이다.

4차 산업혁명으로 인한 과학적 혁신의 기술들은 기존 산업구조를 바꾸고 새로운 패러다임을 만들고 있다. 그러한 기술적 선점과 경쟁력에 있어 독점을 한 소수의 강력한 플랫폼이 모든 시장을 흡수·집중하게 된다. 핵심기술 등을 보유한 소수의 개인 및 기업가에게는 많은 혜택과 보상이 주어진다. 반면 대부분의 개인들은 신기술로 인해 기존의 일자리를 잃거나 이전보다 못한 일자리로 옮겨 갈 가능성이 있다.

단순직 근로자뿐만 아니라 전문지식의 근로자의 일자리마저 기계로 대체될 상황에 있다. 의사, 변호사, 회계사, 금융인 등 지금까지 전문지식을 활용해 높은 소득을 얻었던 직업군도 인공지능과 핀테크 기술로 소수에게만 부의 집중이 이뤄 질 것이다. 이러한 산업군 및 직업군의 변화로 개인의 부의 양극화는 더욱 심화될 것으로 보인다.

5) 직업의 대이동 발생

4차 산업혁명의 신기술로 인해 생겨나는 일자리가 기존 일자리의 감소보다 적거나 새로운 일자리가 더 많이 생긴다면 대량 실직은 발생하지 않을 수 있다. 하지만 사라지거나 축소되는 일자리에 종사하는 사람들은 새로운 일자리를 찾아야 한다.

과거 산업혁명으로 인해 지난 1750년대에 영국 인구의 80퍼센트가 시골에서 농사를 짓고 살았지만 1900년대에는 30퍼센트로 감소했으며 2016년 기준으로 농림·어업 종사자의 인구는 1.1퍼센트로 낮아 졌다. 이렇게 산업화의 변화로 인해 이전까지 농업에 종사하던 인력은 산업화 및 도시화로 인해 제조업이나 서비스업 종사자로 직업이 대이동 했다.

또한 정보화 시대에는 직업이 어떻게 이동됐는가? 정보통신기술의 발전 및 기술혁신과 자동화로 인해 기존의 지난 1973년부터 2010년까지 37년간 주요 선진국의 제조업 종사자수는 절대 규모 기준으로 약 19퍼센트가 감소했으며 미국의 경우는 26퍼센트나 감소했다.

지난 2016년 미국은 전체 취업자 중 제조업 종사자 비중이 10.1퍼센트로 줄어든 반면 서비스업 종사자 비중은 80.9퍼센트까지 확대됐다. 우리나라의 경우 지난 1960년대 이후 농업 인구가 제조업 인구로 이동했으며 1963년 63퍼센트의 농업 및 어업인구는 지속적으로 감소해 2016년 4.9퍼센트로 감소했다. 지난 1980년대에는 37퍼센트였던 서비스업 종사자는 2016년 70.6퍼센트까지 확대됐다.

6) 1인 기업 시대로의 변화

4차 산업혁명 시대에는 한 기업에서 수십에서 수만 명이 종사하는 형태의 근로형태 뿐만 아니라 1인 기업형태의 일자리가 더욱 확대될 것이다. 빠르게 변화하는 환경에서는 신속하게 대응하는 기업이나 개인이 생존하기에 유리하며 대량생산 기업뿐만 아니라 다품종 소량생산, 개인맞춤형 생산이 주를 이루는 시대가 될 것이다. 갈수록 사람들의 니즈가 다양해지고 개인화가 심화되면서 이러한 사회 변화에 맞춰 생산라인도 변화가 이뤄지게 됐다.

4차 산업혁명 시대에는 대량생산을 위한 무인화 공정의 공장뿐만 아니라 3D 프린터를 활용한 스마트 공장 및 에어비엔비, 우버 등 공유 플랫폼을 활용한 1인 기업이 성장하면서 주목받고 있다.

미국의 긱 이코노미가 예측하기로 미국의 자영업자 및 프리랜서의 비중은 오는 2020년이 되면 인구의 50퍼센트를 차지할 것으로 보았다. 누구든 창의적이고 참신한 아이디어가 있으면 그러한 아이디어를 구현하는 제반이 마련되는 것이다. 최근에 다양하고 개성 넘치는 1인 미디어로 콘텐츠를 기획하고 제작해 유투브, 인터넷 방송 등을 통해 주류 매체보다 더 인기를 얻으며 사업을 하는 모습을 볼 수 있다. 이러한 변화는 4차 산업혁명을 통해 더욱 구체화 될 것으로 보인다.

3. 4차 산업혁명 금융세계 변화

4차 산업혁명에 따른 금융 산업에 대한 많은 변화를 겪고 있는데 이러한 금융 패러다임의 변화는 다음과 같다.

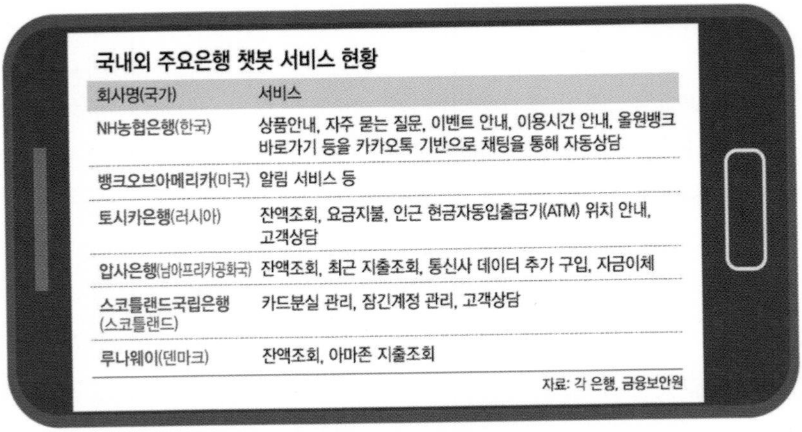

국내외 주요은행 챗봇 서비스 현황

회사명(국가)	서비스
NH농협은행(한국)	상품안내, 자주 묻는 질문, 이벤트 안내, 이용시간 안내, 올원뱅크 바로가기 등을 카카오톡 기반으로 채팅을 통해 자동상담
뱅크오브아메리카(미국)	알림 서비스 등
토시카은행(러시아)	잔액조회, 요금지불, 인근 현금자동입출금기(ATM) 위치 안내, 고객상담
압사은행(남아프리카공화국)	잔액조회, 최근 지출조회, 통신사 데이터 추가 구입, 자금이체
스코틀랜드국립은행(스코틀랜드)	카드분실 관리, 잠긴계정 관리, 고객상담
루나웨이(덴마크)	잔액조회, 아마존 지출조회

자료: 각 은행, 금융보안원

[그림4] 국내외 주요은행 챗봇 서비스 현황(출처 : 각 은행, 금융보안원)

1) 비대면 금융 거래 확대

젊은 고객으로부터 중장년층의 고객에 이르기 까지 시중은행의 금융 거래 중 비대면 거래가 90% 이상을 차지하며 지난 2016년 한 해 동안 폐점한 점포 수는 167개 이상에 달했다. 이는 4차 산업혁명과 함께 인터넷뱅킹, 모바일뱅킹 등 시중은행의 통상 거래 형태 중 비대면 금융거래가 증가하고 있기 때문이다.

또한 지난 2015년 이후 약 1년간 총 74만개의 계좌가 비대면 방식으로 신규 개설됐으며, 로보어드바이저, 카카오 뱅크 및 K 뱅크 등 인터넷전문은행의 출범, 보험 및 펀드의 온라인 판매와 같이 다양한 비대면 금융 거래가 확대되고 있다.

앞으로 홍체인식 및 지문인식 등의 인증 수단을 통한 문자, 톡 등의 비대면 채널의 확대, 온라인 본인 인증 서비스, 실시간 데이터 분석으로 인공지능(AI) 엔진을 학습시킨 상담 업무 지원, 챗봇(Chatbot)을 이용한 무인 비대면 상담에 이르기까지 발전하고 있다.

향후 시중은행 및 증권사에서는 영상 통화 및 바이오 인증과 같은 비대면 방식으로 개설 가능한 상품 종류가 증가할 것으로 전망한다.

2) 맞춤형 금융서비스 증가

그동안 새로운 신기술을 개발하거나 기술 기반의 창업과정에서 발생하는 금융수요에 비해 금융공급은 부족한 상황이었다. 이에 따라 국내에서 금융 산업의 지속적인 경제성장에 따른 필수적인 혁신산업에 대한 금융 중개 기능을 적절하고 충분히 수행하지 못하고 있다는 문제점이 지속적으로 제기돼 왔다. 그러나 금융 산업에서 빅 데이터, 클라우드, 블록체인 등의 신기술 등의 도입·확대는 금융 소비자들의 선택권을 넓히고 보다 개인별 맞춤형 서비스를 제공할 것으로 전망된다.

금융에서의 큰 화두인 블록체인 기술과 핀테크 등 새로운 기술의 도입은 금융기관의 위험 평가 및 관리 능력을 제고시켜 다품종·소량의 고객맞춤 형 상품개발을 증진할 것으로 전망된다.

3) 금융 플랫폼 구축 확대

4차 산업혁명으로 인한 신기술의 출현은 금융 산업의 환경을 빠르게 변화시키고 있다. 핀테크 스타트 업, ICT 기업은 더 빠르고 편리한 금융서비스를 원하는 소비자의 요구에 민첩하게 대응하고 기존의 금융서비스 부분을 대체해 나가고 있는데 기존 금융기관들이 인력과 자본을 투입하여 수행했던 금융 서비스 영역을 네트워크에 기반 한 정보통신기술로 대신하게 된 것이다.

이러한 대체 현상은 대출, 자산관리, 지급결제, 송금 등 다양한 금융서비스 전 분야에 걸쳐 이뤄지고 있으며 영역도 확대되고 있는 추세이다. 기존 금융기관들이 인력과 자본을 투입해 수행했던 금융서비스의 방식에서 이제 핀테크 등의 네트워크에 기반 한 정보통신기술을 통해 대체할 수 있게 됐다. 점점 금융서비스의 제공이 금융기관의 독점적인 영역을 벗어나게 됨에 따라 금융업에서도 플랫폼의 중요성이 커지고 있다.

특히 비대면 인증 수단의 도입은 금융 플랫폼을 금융 거래를 위한 단순한 채널 역할 이상을 수행할 수 있게 하고 있다. 고객의 일상생활 상 자산관리, 일정관리 등은 물론 금융 소비자에게 필요한 모든 서비스를 종합적으로 제공하는 중요한 매개 역할을 함으로 고객 접점을 강화 할 수 있게 전망되고 있다.

4. 4차 산업혁명 시대 산업변화에 따른 산업 및 인력수요 전망

고용노동부에서 발표한 전망에 따르면 4차 산업혁명 관련 기술의 발전으로 새로운 산업 및 일자리가 창출·소멸됨에 따라 직업구조에 큰 변화가 예상된다. 4차 산업혁명을 포함한 국내·외 환경변화에 대해 특별한 대책을 강구하지 않고 최근 성장추이가 지속되는 상황을 가정한 기준전망과 이에 적극적으로 대응하고 경제·산업구조 혁신을 통한 성장을 유도하는 상황의 혁신전망을 제시했다. 이를 바탕으로 각 전망에 대해서 살펴보겠다.

1) 경제성장 전망

4차 산업혁명에 적극 대응할 경우 기준전망('17~'30년 연평균 2.5%)에 비해 높은 수준의 경제성장(연평균 2.9%)이 지속될 것으로 보았다.

(1) 기준전망

저출산, 고령화 가속, 생산성 둔화 등 공급여건 악화와 국가 간 경쟁심화로 인한 수출여건의 악화로 인한 성장률 둔화를 전망했다.

(2) 혁신전망

노동공급 문제(15~64세 생산가능 인구감소 등)는 지속될 전망이나 4차 산업혁명에 따른 새로운 기술개발과 상용화로 인한 시장 확대 등으로 성장률 둔화 속도는 큰 폭으로 감소될 것으로 예상했다.

2) 산업별 성장 전망

4차 산업혁명 기술 산업 간 융·복합화로 제조업뿐만 아니라 모든 산업에서 성장이 증가할 것으로 전망했다.

(1) 기준전망

세계 경쟁 심화로 인한 수출 둔화 등으로 제조업 성장은 지속적으로 축소되고 서비스업의 성장도 큰 폭으로 둔화될 것으로 전망했다.

(2) 혁신전망

기술 개발과 투자확대로 수출 경쟁력이 향상돼 제조업 성장률이 기준전망에 비해 높은 수준으로 증가될 것으로 전망했다.

① 서비스업

4차 산업혁명 관련 산업(생산자 서비스 등)의 수요확대와 경제성장에 따른 소득수준 향상 등으로 증가폭이 확대 될 것으로 전망했다.

② 제조업

4차 산업혁명과 직접적인 연관성이 높은 조립가공 산업과 중간재를 공급하는 기초소재 산업을 중심으로 성장률이 크게 개선될 것으로 전망했다.

ㄱ. 조립가공 산업

반도체, 디스플레이 등을 포함한 전자통신과 전기장비(전기제어장치, 배터리 등) 등에서 성장이 가장 크게 개선될 것으로 전망했다.

ㄴ. 기초소재 산업

화학제품, 화학섬유, 의약품 등의 산업도 수요증가에 따라 성장이 크게 개선될 것으로 전망했다.

ㄷ. 소비재 산업

4차 산업혁명으로 대체 가능성이 높은 목제품, 종이제품 및 인쇄 등의 산업은 성장률이 다소 약화 될 것으로 전망했다.

③ 서비스업

전반적으로 성장률이 확대되나, 4차 산업혁명 영향이 세부 산업별로 달라 성장도 다소 차이가 있을 것으로 전망했다.

ㄱ. 생산자 서비스

새로운 기술개발과 상용화 과정에서 수요확대가 예상되는 영상, 정보, 통신, 전문 과학기술 서비스업 등에서 성장률이 큰 폭으로 개선 될 것으로 전망했다.

ㄴ. 소비자 서비스

도·소매업, 숙박, 음식점 업, 개인사업자 등은 4차 산업혁명에 따른 경제성장과 소득수준 향상으로 성장이 증가할 것으로 전망했다.

ㄷ. 사회 서비스

사회복지, 의료보건 등 사회서비스는 경제성장에 따른 소득향상 등으로 상대적으로 높은 수준으로 성장될 것으로 전망했다.

3) 산업별 전체 취업자 수 전망

오는 2030년 취업자 수는 경제성장 등으로 인한 인력수요 증가로 기준전망 보다 12만 명 증가할 것으로 전망했다. 초기에는 디지털화가 매우 빠르게 진행되면서 취업자 수가 기준전망 보다 낮으나 오는 2027년 이후 성장률 효과 등으로 크게 증가될 것으로 전망했다.

4) 직업별 취업자 수 전망

고숙련 직업군에서 취업자 수가 큰 폭으로 증가하나, 저숙련 직업군은 증가폭이 큰 폭으로 둔화 또는 감소될 것으로 전망했다. 전문 과학기술, 정보, 통신 등 기술진보 영향을 크게 받는 업종의 전문직을 중심으로 고용이 증가될 것으로 전망했다. 판매종사자, 장치, 기계조작, 조립종사자, 단순노무 종사자 등 기술발전에 따른 일자리 대체 가능성이 높은 직업은 감소될 것으로 전망했다.

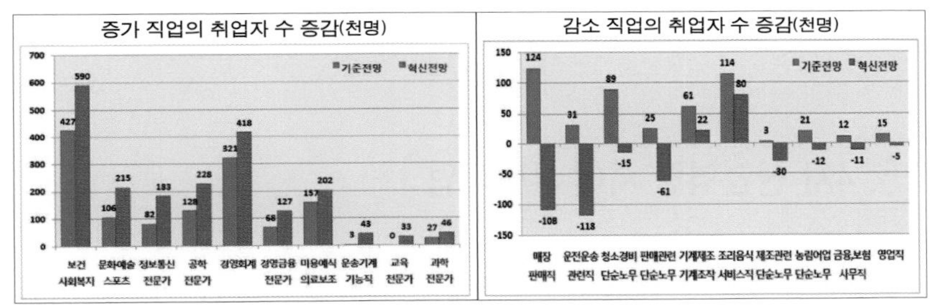

[그림5] 증가, 감소 직업의 취업자수 전망(출처 : 고용노동부)

5) 고용변화

4차 산업혁명이 가속화 되면서 기준전망에 비해 기술발전에 따른 고용변화는 더욱 가속화될 전망이며 직업별로 증가하는 일자리는 92만 명이고 감소하는 일자리는 80만 명으로 총 172만 명의 고용변화가 발생할 것으로 전망했다.

이러한 전망을 통해 첫째, 4차 산업 생태계 조성을 위한 기술혁신 지원을 위한 인프라 구축과 민간투자 확대를 위한 규제개혁이 필요하다. 특히 4차 산업혁명 관련 대·중·소기업 격차 해소를 위해 중소기업의 연구개발 역량강화 및 스마트공장 확산, 벤처기업에 대한 지원 확대가 필요하다. 둘째, 전문인력 양성을 위한 신기술, 고숙련 인력수요 확대에 대비 중장기적인 관점에서 인적자본에 대한 과감한 투자 및 산학협력이 필요하다. 셋째, 노동시장 보호 강화를 위한 산업구조 변화와 새로운 고용형태 증가 등에 대비, 기존 근로자의 범위를 넘어서는 사회안전망 확대가 필요하다. 넷째, 규제완화, 개인정보보호, 일자리대체 등 4차 산업혁명 추진 과정에서 발생하는 제반 문제를 논의·해결하기 위한 사회적 합의 활성화 필요를 강조했다.

5. 4차 산업혁명 시대 유망직업

4차 산업혁명 시대에는 어떤 직업이 유망할까? 지금까지는 임금 수준, 고용 안정성, 발전 가능성, 근무 여건, 직업 전문성 등으로 직업의 좋고 나쁨을 판단했다. 그 중에서도 임금 수준과 고용 안정성은 가장 중요한 기준으로 여겨지게 됐다.

반면, 4차 산업혁명 시대에는 1인 창업 기업과 독립노동자와 같은 새로운 고용과 근무 형태가 많아지게 될 것이고 직업의 형태도 지금과는 다르게 매우 다양할 것으로 지금 존재하지 않는 새로운 업종이 나타나게 된다.

4차 산업혁명 시대에서는 한 분야의 지식과 역량 외에도 창의력, 상상력, 문제해결 능력, 유연한 사고력, 서비스화 하는 능력, 협업 능력 등을 우선적으로 필요로 한다. 그러나 어떤 직업이든 임금수준이나 고용 안정성 등과 같은 획일적 선택 기준으로 평가하기가 쉽지 않을 것이다.

4차 산업혁명 시대에는 어떤 직업이 유망한 직업 일지를 따지기 전에 먼저 자신의 적성과 능력, 관심과 흥미가 무엇인지 살펴보고 무엇을 잘 할 수 있는가를 생각해 보아야 한다.

4차 산업혁명 시대에는 신기술의 개발과 혁신 및 산업구조의 패러다임 변화로 새로운 직업들이 갑자기 생겨나는 일이 빈번하게 발생할 것이다. 현재 존재하지 않는 직업, 존재하더라도 아무도 관심가지 않았던 분야 및 직업이 미래 유망 직업이 될 가능성도 크다.

[그림6] 4차 산업혁명 시대 유망직업(출처 : 한국과학기술기획평가원)

유망 직업 분양에 대해서 살펴보면 다음과 같다.

1) 인공지능전문가

인공지능 전문가는 딥러닝 등의 지능을 가진 컴퓨터로 지능형 정보처리시스템을 연구하고 개발하는 전문가이다. 인공지능은 앞으로 4차 산업혁명 기술들의 핵심에 해당할 만큼 다른 기술들과 융합이 활발하게 이뤄질 것으로 보인다.

2) 3D 프린터 소재 전문가

3D 프린터 소재는 플라스틱에서 종이, 유리, 금속, 목재, 시멘트 등 일상생활 제품은 물론 바이오 분야에서 뼈, 장기, 피부 등의 재료까지 다양해지고 있다. 이 다양한 소재를 연구·개발하고 이를 3D 프린터용으로 사용할 수 있도록 가공·제작하는 사람이 3D 프린팅 전문가이다.

3) 3D 프린팅 설계 전문가

3D 프린터를 설계하고 기계에 대한 각종 기계적 지식과 경험을 가진 전문가로 3D 프린팅 산업의 활성화로 전망이 밝다.

4) 핀테크 전문가

핀테크 전문가란 IT 기술과 금융을 융합해 금융 서비스를 기획하거나 시스템을 구축하고 데이터 분석 등의 업무를 수행하는 전문가이다. 이는 금융 상품개발에서부터 송금 시스템 구축과 이에 대한 운영, 시스템 해킹 보안, 데이터 분석과 알고리즘 개발 등의 업무를 하는 전문가를 의미한다. 금융 산업이 대면업무에서 비대면 업무로 변화 확대 돼가는 시점에 많은 인력 수요가 예상된다.

5) 빅 데이터 전문가

빅 데이터 전문가는 빅 데이터를 수집·저장하거나 대용량의 데이터를 처리하는 시스템을 개발하고 분석해 의미 있는 결과를 제공하는 전문가이다. 여기에는 데이터를 분석하는 데이터 분석 전문가와 빅 데이터 플랫폼을 활용한 대용량 데이터를 수집·저장·분석하고 시스템을 개발하고 구축하는 빅 데이터 엔지니어가 있다.

6) 사물 인터넷 개발자

유무선 통신, 전기 전자, 컴퓨터 또는 제어 계측 등에 대한 지식과 이해를 바탕으로 사물 인터넷 기술이나 시스템을 개발하는 전문가이다.

7) 사물인터넷 제품 및 서비스 기획자

기존 일반 제품에 사물 인터넷 기술을 접목한 사물 인터넷 제품이나 서비스를 할 수 있도록 기획하는 전문가이다.

8) 사물인터넷 보안전문가

사물 인터넷은 무인으로 사물들끼리 서로 소통하고 업무를 수행한다. 그러므로 사물 인터넷 시대에는 해킹을 미리 방지할 수 있는 보안 전문가의 역할이 매우 중요하다.

9) 로봇전문가

로봇 전문가는 로봇 제어 시스템과 로봇의 구성 요소를 연구·개발하는 센서, 부품들의 인터페이스 등 로봇의 구동을 위한 알고리즘과 프로그램의 구조를 설계하는 전문가이다.

10) 드론 관련 전문가

도론은 4차 산업혁명 이전부터 각광 받는 기술로 이에 대한 활용도가 갈수록 증가하고 있다. 드론을 활용해 방제, 측량, 촬영, 수색, 배송 등을 수행하는 사람뿐만 아니라 조종, 제작, 교육 등의 활동을 하고 운항 관리까지 하는 전문가이다.

11) 자율 주행차 관련 전문가

자율 주행차는 많은 첨단 기술들의 결합체이고 전방 및 후방산업에 효과 높은 성격 때문에 여러 기술 분야의 전문가를 필요로 한다. 레이더기술, 초음파기술, 카메라기술 등의 각종 인지 센서 기술, 판단 및 제어를 위한 시스템 기술 등이 필요한데 이러한 여러 분야의 엔지니어와 사물 인터넷 및 인공지능 전문가들이 자율주행자동차를 구축하는 전문가라고 할 수 있다.

12) 가상현실 및 증강현실 전문가

가상현실 전문가는 사용자가 가상세계를 실제처럼 느낄 수 있도록 컴퓨터를 활용해 3차원의 가상현실 시스템을 개발하는 전문가이다. 현재에도 이러한 기술을 이용한 분야가 많이 있다. 증강현실 전문가란 현실 세계에 실시간으로 가상의 이미지를 합쳐서 하나의 영상으로 보여 주는 증강현실 알고리즘을 개발하고 응용하는 전문가이다.

13) 바이오 헬스 케어 전문가

차세대 유전체 분석 칩, 체내 이식 형 바이오센서, 유전자 교정 세포 3D 프린팅, 퍼스널 노화 속도계, 지능형 환자 맞춤 약, 운동 효과 바이오닉스 등의 분야를 연구·개발하는 전문가를 말한다.

14) 주거 복지사

주거 복지사는 스스로 주거 문제를 해결하지 못하는 계층을 대상으로 주거환경 개선 등에 관한 상담을 하고 관련 정보를 제공해 주거 문제를 해결하도록 지원하는 직업이다.

15) 민간조사원

민간 조사원은 의뢰자를 위해 각종 위법 행위나 사고의 피해를 확인하고 원인과 책임조사, 행방불명자 및 분실 자산의 소재 파악, 소송 증거 수집 등을 수행하는 직업이다.

16) 노년 플래너

노년 플래너란 노년기의 삶을 행복하고 건강하게 보낼 수 있도록 건강, 일, 자산 관리, 정서적, 심리적 상담, 자살 예방, 죽음 관리 등 노후 생활 전반에 대해 전문적으로 설계하는 직업이다.

6. 4차 산업혁명 시대 자세

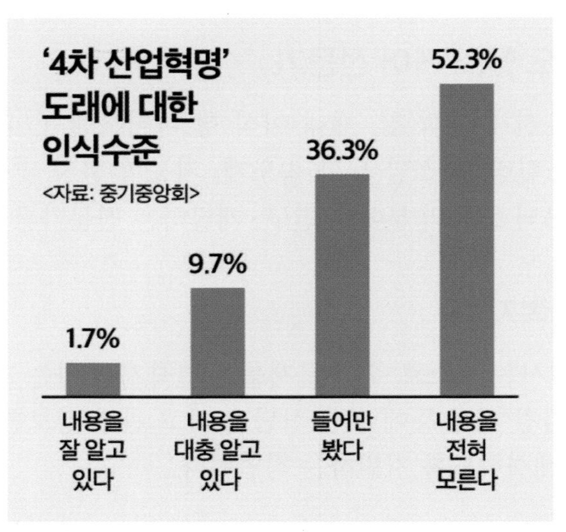

[그림7] 4차 산업혁명 도래에 대한 인식수준(출처 : 중기중앙회)

1) 새로운 직업과 일자리 창출의 필요

4차 산업혁명의 첨단 신기술들은 공장에서 무인화로 제품을 자동생산 하도록 만든다. 택시나 트럭이 운전자 없이 시스템적으로 자동 운전되고 식당이나 커피숍에서는 로봇이 인간을 대신해 요리를 하고 커피도 내린다. 금융 분야 투자자문, 법률분야 법률 정보 제공, 의료분야 질병 진단 같은 전문 지식을 요하는 업무까지 기계가 대신 수행하게 된다.

제조업뿐만 아니라 서비스업 일자리 모두 변화하는 4차 산업혁명 시대에 우리는 어디에서 일자리를 창출 할 수 있는가?

첫째, 4차 산업혁명의 첨단 기술 분야에서 신규 직업을 최대한 많이 만들어야 한다. 로봇, 빅 데이터, 인공지능 등 신기술 전문가들에 대한 수요는 넘쳐 나지만 역량을 갖춘 전문가는 턱없이 많이 부족한 실정이다. 우리도 신기술에 대해 적극적으로 투자하고 해당 전문가들을 많이 양성해야 한다.

둘째, 선진국에는 있으나 우리나라에는 없는 직업을 도입해야 한다. 외국의 신 직업들을 우리의 실정에 맞게 도입한다.

셋째, 지금보다 더욱 다양하고 4차 산업혁명으로 인해 인공지능과 로봇에게 일자리를 내어줘 바뀐 환경 속에서 새로운 수요에 맞는 새로운 서비스업을 개발하는 노력을 해야 한다.

넷째, 1인 기업가, 독립 노동자 등 다양한 노동 형태에 맞춘 일자리 및 환경을 조성해야 한다. 공유경제 긱 이코노미, 메이커 운동 등으로 다양해진 직업과 일자리에 맞춰 그에 따른 환경조성이 돼야 할 필요가 있다.

2) 다양화되는 직업 및 고용 형태

제조업 및 서비스 시대에서 자본주의 및 시장주의는 자본이 증가하면서 노동 수요도 따라서 늘어났고 소득 수준이 높은 중산층이 늘어나게 됐다. 이때 대부분의 노동자는 안정적인 정규직이었고 오랜 기간 동안 직장생활을 하면 그 직장에서 평생 동안 근무하는 것으로 받아들여 졌다. 직장은 집도 사고 아이들의 교육과 노후도 모두 해결 할 수 있는 곳으로 여겨졌다.

그러나 산업화로 접어들어 기계 산업의 발달로 공장이 기계화·자동화되면서 노동은 점차 자본으로 대체돼 갔다. 또한 교통·통신·인터넷의 발달은 기업이 글로벌화 된 세계시장 속에서 무한 경쟁의 상황에 놓이게 만들었다.

또한 세계적인 각 기업들의 경쟁으로 점점 경쟁은 심화됐고 경영의 효율성을 높이려는 기업들은 핵심 업무를 제외한 기능을 외부위탁과 용역으로 전환하게 돼 슬림하고 콤팩트 한 조직구조를 갖게 됐다. 노동환경의 변화는 정규직에서 밀려난 노동자는 다시 정규직으로 들어가지 못하고, 노동시장에 진입하려는 신규 노동자 또한 처음부터 정규직으로 들어가는 것이 어려워졌다. 비정규직의 노동자는 임시직, 계약직, 시간제, 아르바이트 등 다양한 형태로 비정규직이 됐다.

4차 산업혁명으로 그 속도와 변화는 극단으로 다다르게 된다. 4차 산업혁명 시대에는 현재보다 더 많은 유연화 된 형태의 노동자들이 나타나게 될 것이다. 지금까지는 주로 단순직이나 일부 전문직 분야에 채용됐던 비정규직 일자리가 이제는 사무 직종이나 전문직 업종으로까지 확대돼 질 것이다.

4차 산업혁명 시대에는 정규직은 좋은 일자리이고 비정규직은 무조건 안 좋은 일자리라는 통념도 바뀔 것이다. 거대한 조직에서 기계처럼 일하다가 언제 퇴출될지 모르는 것이 오늘날의 정규직과 비정규직이다.

4차 산업혁명 시대에서도 수많은 일자리가 창출되겠지만 정규직 형태의 일자리보다 기술적 능력 및 창의적인 아이디어만 있으면 독자적인 창업을 할 수도 있다. 또한 자신이 스스로 프리랜서 일자리를 선택할 수 있는 독립적 노동자 및 1인 사업자 형태의 노동 형태가 더욱 활발해 질 것이다.

3) 창업에 대한 의식전환 및 환경 조성

우리나라가 4차 산업혁명에 앞서가는 국가가 되기 위해서는 국가, 기업, 대학이 창업을 활성화하는 환경과 투자 환경을 조성해야 한다. 그러나 우리나라 창업은 질적으로 양적으로 여러 면에서 미국 또는 중국 등과 비교해 볼 때 크게 뒤떨어져 있다. 또한 청년들의 도전 의식이 낮다.

창업은 성공의 확률보다 실패의 확률이 훨씬 높다. 실패해도 다시 도전하고 거듭되는 실패를 밑거름으로 해 성공에 이르게 되는 것이 창업의 성공 과정이다. 창업가가 실패를 두려워하지 않고 계속 도전 할 수 있는 창업 환경 조성 및 젊은이의 의식전환이 필요하다.

Epilogue

빠르게 바뀌고 변화하는 시대에서 구체적으로 언제 4차 산업혁명의 티핑 포인트가 될지 어느 누구도 장담하지 못한다. 많은 전문가들, 학자들, 정부기관의 분석들의 전망과 현재 진행되는 4차 산업혁명의 신기술이 개발되고 실현되는 속도를 볼 때 무딘 예상으로 인한 것 보다 빠르게 다가올 것이라고 생각이 된다.

이미 세계 각국에서는 활발한 연구개발이 진행되고 있고 현재도 산업, 의료, 금융 등 사회 전반에 걸쳐 우리보다도 더 앞선 단계에서도 더 나은 4차 산업혁명의 이기를 누리고자 혈안이 되어 있다.

물론 우리나라에서도 많은 분야에서 최선의 노력을 하는 모습도 볼 수 있지만 대부분의 대중들은 아직도 현실로 다가서지 못한 혁명에 대한 필요성을 체감하지 못하고 있는 실정이다. 대부분 일부 가전제품이나 뉴스를 통해 접하는 소식들이 전부인 실정이다.

그래서인지 4차 산업혁명이 가져다 줄 이로운 점 보다는 인공지능, 기계, 로봇 등에 우리의 일자리를 빼앗기는 것에 더 걱정이 커져 있는 것도 우리네 실정이다. 그러나 이 또한 걱정의 단계에 머물 시점이 아니라 결국 인공지능이나 로봇 등도 인간이 개발하고 생산하고 조정하는 것이니 그 방향으로 인력이 충원되어야 이 또한 순환작용이 이어질 것으로 본다.

내 앞에 4차 산업혁명이라는 큰 파도가 닥칠 때는 이미 늦은 후회로 남지 않기를 바라며 다가올 변화에 민감하게 반응하고 철저한 준비로 대응하기를 기대해 본다.

참조문헌

- 고용노동부 한국고용정보원 "2017 미래를 함께 할 새로운 직업"
- 손을춘 "4차 산업혁명 일자리를 어떻게 바꾸는가"
- 사토 가쓰아키 "MONEY 2.0 테크놀로지가 만드는 새로운 부의 공식, 머니 2.0"
- 남현우 교수 정보통신기술 기술진흥센터 "4차산업혁명과 로봇기술 및 표준화 동향"
- 고용노동부 "2016 ~ 2030 4차 산업혁명에 따른 인력수요전망"
- 박병원 위원 과학기술정책연구원 "인공지능, 로봇, 빅데이터와 제4차 산업혁명"
- 산업연구원 "산업 혁신성장 추진현황 및 과제"
- 전국은행연합회 "해외 금융기업의 A.I를 기반한 디지털 혁신 현황"
- 과학기술정책연구원 "4차 산업혁명의 기술 동인과 산업 파급전망"

2

드론의 활용,
취업의 미래가 보인다

김 성 남

토목시공기술사 자격을 갖춘 대한민국 산업현장 교수(고용노동부)이다. 건설회사 22년 현장경험을 바탕으로 '아이티메이커스협동조합'에서 드론측량 등 건설 산업분야의 드론 활용에 대한 R&D연구를 하고 경기대, 경기과기대, 충남대, 한국시설안전공단, 건설산업교육원, 건설안전기술사회교육원, 전문건설공제조합교육원, 한국표준협회에서 교수활동을 하고 있다. 또한 한국기술사회 4차산업위원회, 인천지역인적자원개발위원회 4차산업분과위원, (사)4차산업혁명연구원, 국토교통과학기술진흥원 신기술 R&D평가위원, 한국취업진로협회 이사, (사)글로벌인천 교육위원장으로도 활동 중이다.

이메일 : sirrius@empas.com
연락처 : 010-3379-8091

드론의 활용, 취업의 미래가 보인다

Prologue

정부는 오는 2026년까지 드론 기술경쟁력 세계 5위권 진입을 목표로 산업용 드론 6만대 상용화를 계획하고 있다. 현재 세계 상업용 드론 시장은 중국 DJI 가 70%의 점유율로 세계 1위이다. DJI가 세계 최대 드론 기업으로 급성장한 이유는 중국 정부가 2000년대 초반부터 발 빠른 지원과 지침 마련, 규제 완화 등이 큰 역할을 했다. 대한민국이 세계 5위권 진입을 위해서는 이와 같이 빠른 혁신과 정책적 지원을 가속화 해 열세를 극복해야 할 것이다.

[그림1] DJI Drone(출처 : 픽사베이)

지난해 전 세계 드론 시장은 19조원 대를 기록했지만 국내 드론 시장은 약 704억 원 규모를 보이는 데 그쳤다. 정부는 국내 드론시장을 10년 뒤 4조 원 대로 키울 목표이며 드론시장에서는 촬영용 드론이 중심을 이루고 있다. 과거 농촌에서는 사람이 직접 농약을 살포하거나 헬기를 이용했지만 최근에는 드론을 이용한다.

최근에는 방송촬영, 해수욕장에서 구조용 드론, 건설 산업시설 안전점검, 소방 활동 등 다양한 분야에 드론이 활용되고 있으며 무게 100kg의 짐을 싣고 운행할 수 있어 화재 현장이나 물에 빠진 사람을 구할 수도 있다. 흔히 우리는 드론을 동영상 촬영용 외 택배용으로만 생각하고 있지만 다양한 분야에서 드론의 활용 폭이 넓어지고 있다. 미디어 분야는 영화와 방송에서 과거에는 담지 못했던 위험한 곳이나 항공촬영을 이제는 드론을 띄워 고 난이도 지역까지 촬영이 가능해졌다.

지난 1986년 우크라이나 원전폭발사고 이후 30년이 지난 지금 사람이 들어가지 못하는 체르노빌의 곳곳을 미국 CBS가 촬영해 생생하게 보여줬다. 기상 분야에서는 태풍의 항로 같은 기상변화와 기상관측을 실시간으로 모니터링 한다. 과학 분야에서는 멸종 동물의 이동경로와 지리적 특성을 파악하는데 활용한다. 의료 분야에서는 응급환자를 발견해 응급의료기구 운반 및 수송하는 용도로 활용한다. 정유 분야에서는 송유관 파손여부를 점검하고 해상 석유시설관리에 사용된다. 전기 분야에서는 송전탑의 결함여부 등 안전점검을 실시하고 있다.

미국은 광활한 농업분야에 드론을 투입한 지 오래됐으며 일본은 논에 살충제와 비료를 살포하기 위해 드론을 활용한다. 보험 분야에서도 자연재해가 발생했을 때 피해규모를 신속하게 조사하거나 손해금액을 계산할 수 있다.

드론의 형태가 소형화되고 가격하락과 이동성이 좋아지면서 보다 다양하고 폭넓은 분야와 상업적으로 드론의 활용이 점차 확대되고 있다. 네팔의 카트만두에서 규모 7.8의 강진이 발생했으며 8,400명 이상이 사망하고 1만 6,000명 이상이 부상을 입은 이 참사 때 드론에 열적외선 카메라를 장착해 생존자를 발견해 효과적인 구조 활동을 할 수 있었다. 이와 같이 지구상의 모든 분야에서 멋진 꿈을 갖고 비상하는 드론의 미래가 눈앞에 펼쳐질 것이다.

[그림2] 드론을 활용한 사진 왜곡(출처 : 픽사베이)

1. 바라보는 드론

1) 스마트행정 : 지적재조사 사업에 활용

지적(地籍)이란 선과 면을 이용해 토지의 위치와 모양, 지번, 경계 등 땅의 정보들을 기록해 국토를 효율적으로 개발하고 활용하기 위한 자료로서 '땅의 주민등록'이라고도 한다. 일제 강점기에 대나무자 등을 이용해 측량 후 작성된 지적도와 실제 토지가 맞지 않는 부분이 전 국토의 15%에 달하고 있다. 이로 인한 분쟁 등 사회적 문제가 발생하고 있어 정부에서는 지적재조사 사업을 추진하고 있다. 여기에 기존 항공측량보다 훨씬 경제적이고 정밀한 '드론'이 유용하게 활용되고 있다.

[그림3] 서울시내에서 최초 완료된 은평구 신사동(산새마을)의 지적재조사 사업 (사진 LX공사).

〈 지적 재조사에 따른 비교표 〉

(1㎢기준)

구 분	드론측량	항공측량	비 고
장비 비용	0.5억 원	7억 원	
측량 비용	450만 원	900만 원	
작업 시간	1~2일	20~30일	
항공사진 해상도	10cm	40cm	

[표1] 지적 재조사에 따른 비교표(자료 : 수원시)

수원시는 고해상도 사진을 촬영할 수 있는 드론을 접목한 토지조사기법을 개발해 지목(地目)을 불법으로 변경한 토지 소유자에게 취득세 5억 500만원(120건)을 추징하는 성과를 거뒀다. 인천시는 오는 2030년까지 창영 1지구 등 9개 지적재조사 사업지구(1,978필지, 2.9㎢)에 지적도와 현실경계가 비 일치한 지역의 지적공부를 바로잡는 국책사업을 진행한다.

전국의 지자체에서는 제4차 산업혁명 시대 핵심인 드론(무인비행장치)을 적극 활용한 지적 재조사를 통해 토지소유자간 분쟁을 최소화하며 스마트행정 업무를 추진하고 있다. 지적 재조사 사업의 주관은 관할구청에서 하며 측량대행자로 주로 한국국토정보공사(LX공사)에서 진행을 한다.

[그림4] 오픈소스 QGround 프로그램을 이용한 자율주행드론

최근 판교에 위치한 드론측량 교육원에서 필자가 교육받은 드론 측량 커리큘럼을 살펴보면 아래와 같다.

- 무인항공기(UAV) 사진측량의 이해
- 공간정보 좌표계의 이해
- 드론의 자동비행계획 수립(자동구역의 자동비행계획 수립 및 비행)
- 지상 GPS기지국 운용방법 및 GPS 측량
- 무인항공기 자동비행 및 사진 캡처 Data획득(3D)

토목을 전공한 사람은 측량을 알고 접근하기 때문에 프로그램만 어느 정도 다룰 줄 알면 쉽게 접근할 수 있겠지만 배움에 있어서는 다 똑같은 출발선상에 서있다고 생각하므로 자신감과 열정만 있으면 충분히 도전해볼만 하다.

2) 이동통신 3사(SK텔레콤, KT, LG유플러스) 드론으로 경쟁하다

SK텔레콤, KT, LG유플러스 이동통신 3사 방송중계, 실종자 수색, 농작물 모니터링까지 서비스 경쟁에 나섰다.

[그림5] 4G 통신 속도에 비해 5G 통신 속도는 약 20배 빠르다.

드론에 장착한 고화질카메라와 5G 통신 속도가 기본적인 차세대 시스템 구축이다. SK텔레콤은 세계1위 드론 제조사 DJI의 'DJI GO'와 SK텔레콤의 스트리밍 애플리케이션 'T 라이브 캐스터 스마트'의 기능을 통합 해 드론 촬영영상을 이동통신망 기반으로 실시간 스트리밍하는 서비스를 한다.

[그림6] 고화질 카메라를 장착한 자율주행 드론(출처 : 픽사베이)

KT는 드론과 통신망을 통해 육해상의 입체적 재난안전 분야의 신속한 긴급구조 상황에 골든 타임을 확보해 오는 2020년까지 무인 비행선 드론 스카이 십을 활용한 5G 기반 재난안전 플랫폼을 구축할 계획이다.

LG유플러스는 한화정밀기계와 손잡고 드론의 자동안전장치, 충돌방지기능, 실시간 영상전송 등의 기술력으로 실종자를 신속하고 안전하게 탐색·발견·구조 등을 가시권 밖에서 드론으로 컨트롤할 수 있는 기술을 개발 중이다.

이동통신사들이 드론 서비스 활용을 넓히기 위한 5G는 4G LTE 이동통신보다 20배가량 전송속도가 빠르다. 드론이 안전하게 사물과 충동하지 않고 자율주행하기 위해서는 5G 통신 속도가 필수적이다.

2. 시선을 사로잡는 드론의 활약

1) 전국은 '드론 축제' 열풍

(1) 새만금 '드론 축제'

새만금 개발청은 개청 5주년을 맞이해 지난 9월 15일 새만금 아리울 예술창고에서 '2018 새만금 드론 영상제'를 개최했다. 드론 촬영 공모전은 드론 영상제로서 작품 감상, 심사, 축하공연, 시상식 등으로 진행했으며 유튜브를 통해 영상부문 2만여 명, 사진부문 600여 명이 감상했다.

[그림7] '2018 새만금 드론 영상제' 작품 공모전 포스터

(2) '제1회 수성대총장배 드론레이싱대회·드론페스티벌' 개최

수성대는 지난 9월 1일 마티아관에서 드론레이싱 대회와 책 배달 드론 서비스 시연 등 '제1회 수성대총장배 2셀 FPV(미니) 드론레이싱 대회' 및 '수성 드론페스티발'을 펼쳤다. 행사장에서 드론비행 체험행사 및 드론 비행에 관한 현장강습, 시뮬레이션을 통한 드론비행 체험 등 드론 산업의 다양한 경험을 체험할 수 있었다.

[그림8] 레이싱 드론(출처 : 픽사베이)

(3) 국제 드론스포츠 대회, 고수들 영월에 모였다

지난 9월 15~16일 강원도 영월 스포츠파크에서는 한국 대표 팀을 포함 14개국 16개 팀이 참가한 가운데 '2018 DSI 국제 드론스포츠 챔피언십'을 개최했다. 행사장에서는 드론 낚시, 4D VR 체험, 드론 시뮬레이터 체험, 모형비행기 만들기 등 다양한 경험도 했다.

[그림9] FPV 레이싱 대회(출처 : 케티이미지)

[그림10] 필자의 레이싱 드론 VR 체험(출처 : 와우드론)

(4) '드론의 비상' 2018 안동 드론 페스티벌 막 올라

'드론의 비상'이란 주제로 지난 9월 1일부터 2일간 경북 안동시 민운동장에서 '2018 안동 드론 페스티벌'이 개최됐다. 행사장에서는 가상현실을 선보이는 미니드론 레이싱 대회, FPV 레이싱대회, 드론파이터 챔피언십 대회 등 6개 부문 경기가 펼쳐졌다.

[그림11] '2018 안동 드론 페스티벌' 포스터

(5) 춘천시, '드론'으로 행정·관광지 홍보에 활용

춘천시는 드론을 행정 분야에 활용하고 있다. 시는 최근 주요 관광지와 시설을 찍은 360° 항공 파노라마 사진을 인터넷 사이트 '구글'에 등록해 전 세계에 홍보하고 있다. 그 결과 등록이후 15만여 명이 춘천시 관광지를 둘러봤다. 드론을 이용하는 행정업무로 지적재조사, 공간정보 수집, 도시재생사업 등에 활용하고 있다. 이를 위해 시청 직원 2명이 초경량 비행장치 조종자 면허를 취득해 전문성을 강화하고 있다.

2) 2018 아시안 게임과 'e스포츠' & '드론 축구'

'2018 아시안 게임'에서 'e스포츠'가 아시안게임 시범종목으로 채택돼 e스포츠 문화에 대한 관심이 높아지고 있다. '드론 축구'는 탄소 소재 등의 보호 장구로 둘러싸인 드론을 공으로 삼아 공중에 매달린 원형 골대에 넣는 스포츠로 각 5명이 드론을 조종해 공을 상대편 골문에 넣는다.

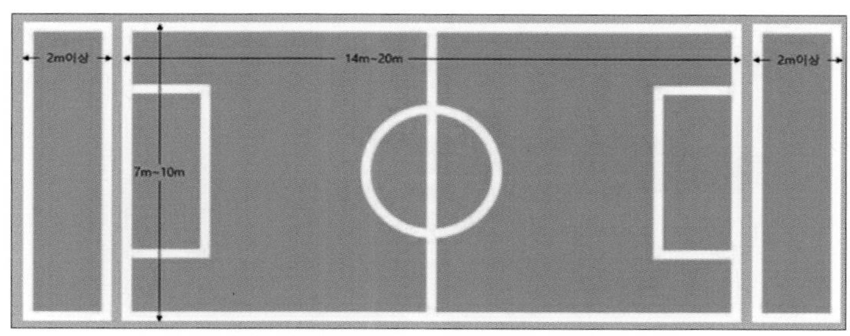

[그림12] 드론 축구 경기장 규격(출처 대한축구협회)

직사각형 경기장의 단변은 7~10m, 장변은 14~20m이며 비율은 2:1이어야 한다. 경기장의 높이는 4~5m이다.

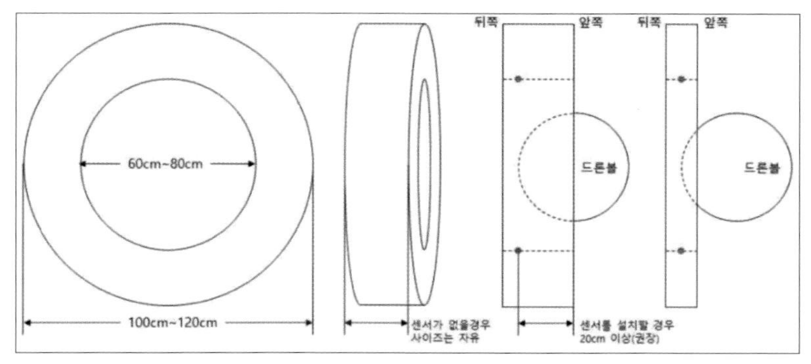

[그림13] 드론 축구 골 규격(출처 대한축구협회)

골의 형상은 원형으로 내경 지름 60~80cm, 외경 지름 100~120cm이다. 조종사의 시야 확보를 위해 가급적 골의 두께는 20cm 이하로 한다.

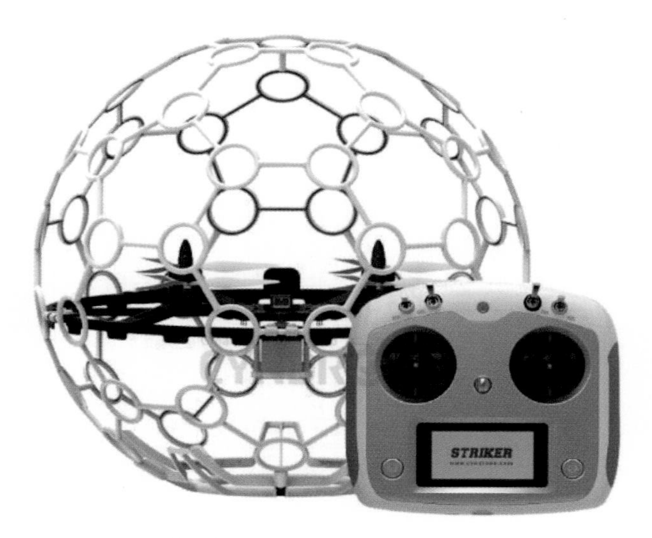

[그림14] 드론 볼(출처 대한축구협회)

드론 볼은 둥글고 외골격으로 둘러싸여 있다. 지름은 38cm이상 40cm이하 이어야 하고 무게는 1kg이하 이어야 한다. 외골격의 개방된 부분 단일 면적이 150㎠ 이하 이어야 한다.(출처: 한국드론연구소)

3) 전주시 2025년 '세계 드론 축구월드컵' 개최 목표

지난 1990년대 말 성장한 e스포츠는 2001년 '한국e스포츠협회' 창립 후 누구나 쉽게 참여할 수 있는 대중 스포츠로 자리를 잡으면서 대한민국이 전 세계적으로 선구자로 들어섰다. e스포츠를 수행할 수 있는 경기장은 전자장비 및 네트워크장비, 방송장비가 갖춰진 상황에서는 실내, 실외 모두 경기 진행이 가능하지만 실외는 동절기와 우천 시에는 불가능하다.

전주에서 시작된 첨단 레저스포츠인 '드론 축구'는 2018 러시아 월드컵 우승국인 프랑스로 수출 된다. 최첨단 탄소소재와 드론 기술, ICT 기술을 융·복합해 세계 최초로 개발하고 보급한 드론 축구는 프랑스, 영국, 말레이시아, 칠레 등 해외 각지에서 드론 축구팀 창단 및 대회 개최 등의 문의가 이어지고 있다. 드론 축구 세계화 및 오는 2025년 '세계드론축구월드컵' 개최를 목표로 하고 있다.

4) 마케팅도 '드론 시대' - 드론버타이징(Dronevertising)이 뜨고 있다

'드론버타이징(Dronevertising)'은 드론(Drone) + 광고(Advertising)의 합성어로 드론을 광고에 이용한 것으로 대중의 이목을 끌기 쉬워 최근 들어 마케팅 수단에 활용이 되고 있다. '드론에 광고판을 달아 날리면 효과가 좋겠다'라는 생각을 발상으로 한 '드론버타이징'이 탄생했다.

[그림15] 드론버타이징(Dronevertising)(출처 : 픽사베이)

(1) 드론을 이용한 디지털배너

공공장소 하늘 위에 드론에서 발사된 레이저빔으로 가상 배너를 만들고 광고나 메시지를 보내는 기법으로 기존에는 드론이 플래카드나 제품의 광고물을 하늘로 들어 올려 보여주는 방식이었다면 디지털 배너 방식은 프로젝트 방식으로 광고가 노출되는 방식이다. 여기에 사용되는 드론은 프로펠러가 없어 저소음에 추락해도 피해를 최소화 한다.

(2) 드론 958대로 만든 타임지 표지

'TIME'지 붉은색 로고 및 테두리가 드론 958대가 미국 캘리포니아 폴섬 밤하늘에 장관을 연출했으며, 미국 시사 주간 타임지가 지난 6월 11일자 특집 기사 '드론의 시대(The Drone Age)'에 실어 화제가 됐다.

(3) 드론이 수놓은 아름다운 밤하늘

최근 들어 아름다운 밤하늘을 수놓는 드론은 불꽃축제를 대신하고 있다. 중국 후난성 창사(長沙)에서는 칠월칠석(음력 7월 7일)을 하루 앞둔 16일 밤(현지시간) 불꽃축제를 대신해 밤하늘을 아름답게 그림을 그리는 드론 쇼를 진행했다.

[그림16] 불꽃축제에 사용된 드론

(4) 주말이면 드론으로 술렁이는 한강시민공원

서울에서는 한강드론공원 등 일부 지역을 빼면 사전승인 없이 드론을 날릴 수 있는 구역이 없다. 그러나 광나루 한강 시민공원은 별도의 허가 없이 드론을 날릴 수 있다. 서울시는 지난 6월부터 시민들이 드론을 자유롭게 날릴 수 있도록 광나루 한강공원을 '한강 드론공원'으로 지정해 운영하고 있다.

광나루 한강드론공원은 지난 2009년부터 RC모형비행기 이착륙이 가능한 활주로(160m×30m)에서 한국모형항공협회에서 사용허가를 받아 모형비행기 마니아들이 비행을 하고 있다.

[그림17] 광나루 한강시민공원 내 '드론 공원' 위치도

최근 들어 드론 동호회 모임의 취미생활을 즐기는 사람들이 부쩍 늘었다. 야외에서 드론을 즐기기 위해 배터리는 최신 드론 기준 20~30분 정도 사용 가능하므로 여분의 배터리 3개정도 준비해서 나가야 된다.

[그림18] 한강 드론 공원에서 자유롭게 드론 비행을 즐길 수 있게 됐다.

3. 운송을 하는 드론

1) 플라잉 택시, 하늘길이 열린다

(1) 플라잉 택시 '우버에어' 서비스, 2023년에 상용화

일본·프랑스·호주 등에서 플라잉 택시 '우버에어' 서비스를 최초로 실시했다. 우버는 우버에어를 활용해 빌딩과 빌딩을 오가는 택시를 선보일 예정이다. 일본 도쿄에서 아시아태평양 엑스포를 열고 오는 2023년에 일본과 프랑스, 인도, 호주, 브라질 등 5개 후보 국가를 선정해 '우버에어' 서비스를 시작하겠다고 발표했다.

[그림19] 4차 산업혁명 시대의 운송수단 드론(출처 : 게티)

우버에어는 지난 5월 미국 로스앤젤레스에서 중소형 드론(무인 비행기)에 사람 4명이 탈 수 있는 시제품을 처음으로 공개했다. 수직 이착륙이 가능하며 한 번에 약 96㎞ 비행을 하고 시속은 241㎞에 달한다.

(2) 한발 빠른 드론 택시 하늘 길 두바이, 미래도시 상징

오는 2022년 두바이는 드론 택시·하이퍼루프 등 '스마트 모빌리티 시티'로 변신한다. 고층 빌딩이 늘어선 두바이 도심지역을 개인용 자율항공기(PAV)가 거침없이 누빈다. 아랍에미리트연합(UAE)의 두바이는 '드론 택시' 혹은 '에어택시'로 불리는 PAV 산업 성장을 이끌어나가는 타국과 달리 두바이는 정부가 직접 교통시스템 혁신을 이끌고 있다. 현재로서는 드론 택시가 상용화되는 세계 최초의 도시는 두바이가 될 것으로 기대된다.

지난 2016년 4월부터 '스마트 모빌리티 시티'로 '하이퍼루프'도 구축하고 있으며 두바이의 모든 지하철이 이미 무인운행 중에 있다.

[그림20] 4차 산업혁명 시대 드론의 활용(출처 : 케티)

2) 드론 음식 배달 서비스

'우버 이츠(Uber Eats)'가 드론을 활용한 음식 배달 서비스를 추진하고 있다. 최근 도쿄에서 우버 엘리베이트(Uber Elevate)에서 공중 배송에 대한 계획을 발표했는데 미래 도시의 운송 수단으로 강조하고 있는 우버 에어(Uber Air)에 초점을 두었다. 드론을 활용한 저녁식사 배달 드론과 플라잉 택시 '에어 드론'을 함께 진행하고 있다고 밝혔다.

[그림21] 피자 배달(출처 : 케티)

우버는 항공 택시 이착륙을 위해 건물 꼭대기에 있는 스카이포트(Skyport)를 우버 이츠에 적용해 항공기의 빠른 수직 이륙을 허용하고 아래의 교통을 우회해 신속한 드론 배송을 할 수 있다. 우버뿐만 아니라 아마존, 구글, 월마트 등도 심야 피자 배달이나 드론 쇼핑 배달 실험을 하고 있으며 응급 의료용품 공급을 위한 해결책으로도 제시되고 있다.

[그림22] 의료물품 배달(출처 : 픽사베이)

3) 공중 물류창고

아마존이 '공중 물류창고' 특허를 취득하면서 유통망과 물류 분야에서 경쟁 우위를 취하고 있다. 공중 물류창고란 필요 물품이 담긴 창고를 하늘에 띄워놓은 다음 지상의 관제 시스템과 연결을 통해 주문이 접수되면 드론으로 목적지까지 배송하는 시스템이다.

창고가 하늘에 떠 있으므로 교통체증 등으로부터 자유롭고 신속하게 배송 가능하다는 게 특징이다. 또한 날씨·장소·물건 등에 따른 예상 수요에 유연하게 대응할 수 있어 수요가 급변할 시 효율적으로 대처할 수 있게 됐다.

[그림23] 아마존 '공중 물류창고' 특허 취득(출처 : 케티)

또한 드론 등이 오작동할 시 파편화 돼 물품 낙하 위험에 대처할 수 있는 시스템도 구축했다. 아마존은 공중 물류창고를 도입할 때 총 8,870억 달러(약 989조 50억 원)의 절감 효과를 기대할 것으로 밝혔다.

[그림24] 쇼핑 배달 드론(출처 : 픽사베이)

4) 브이트러스, 물류창고 등 실내용 자율 드론 개발

미국 시애틀에 위치한 스타트업인 '브이트러스(Vtrus)'가 물류창고에서 제품 검사를 할 수 있는 'ABI 제로드론'을 개발했다. 고해상도 RGB 카메라, 3D스캐너, 열 센서, 360도 고해상도 카메라 등을 활용해 위치확인 및 SLAM(simultaneous location and mapping) 소프트웨어를 이용해 3D 지도를 작성한다.

ABI 제로 드론은 드론 본체와 충전용 스테이션으로 구성돼 작업을 완료한 후 충전 스테이션에서 자동 충전한다. 드론의 경로와 비행시간을 사전에 입력하면 해당 시간에 스스로 물류 창고나 공장의 파이프나 기계 및 장비의 이상 등을 파악, 원격으로 관리가 가능하다.

5) 국방부, 2024년부터 군수물자 수송 드론 도입

육군 GOP사단·공군 방공부대·해군 도서부대 등에 적용한다. 국방부는 오는 2024년부터 군수분야 군수품 수송용 드론의 도입을 추진한다. 국방개혁 2.0의 하나로 올해 하반기부터 군 작전요구성능(ROC)에 근접한 시제기 10대를 도입해 실증평가를 한다.

[그림25] 군수물품 물자수송(출처 : google)

오는 2024년부터 육군 GOP사단, 공군 방공·관제부대, 해군 및 해병대 도서부대 등 격오지 부대에 식량, 의약품, 탄약 등 군수물품을 드론으로 보급할 계획이다. 국방개혁 2.0에는 드론 활용 외 빅 데이터 기반의 혁신적 군수업무 체계 구축과 3D 프린팅을 활용한 국방부품 생산체계 구축이 포함돼 있다.

6) 일본 '드론 고속도로' 구축

일본 젠린-라쿠텐이 드론 고속도로(하이웨이)를 활용한 드론 실증 실험에 성공해 송전탑을 따라 구축된 드론 고속도로를 이용한 드론 배송을 할 계획이다.

[그림26] 드론 고속도로를 이용한 드론배송

실증 실험에선 약 3km 떨어진 곳에 있는 산장에서 도시락을 주문하면 드론에 도시락을 실어 드론 고속도로를 따라 배송을 실시했다. 드론은 드론 고속도로를 향해 상승하고 약 3km의 거리를 비행했다. 목적지에 도착하면 드론 고속도로를 벗어나 착륙해 도시락을 내려놓고 다시 드론 고속도로로 복귀한다.

7) 영월 천문대(해발 780m)에 '드론 우편물' 배달 성공

우정사업본부는 강원도 영월 우체국에서 2.3㎞ 떨어진 해발고도 780m의 '별마로 천문대'로 소포를 배송한 뒤 다시 돌아오는 코스로 드론 배송 7분 만에 성공했다. 등산로 따라 가는 길은 9.2km에 2시간 19분이 걸리는 거리이다.

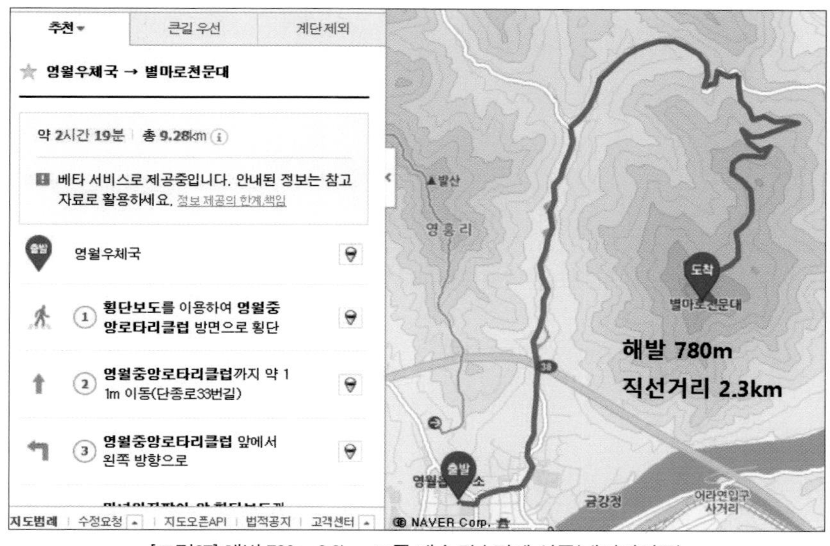

[그림27] 해발 780m 2.3km 드론 배송 7분 만에 성공(네이버지도)

우정사업본부에서는 오는 2022년부터 본격적인 드론 배송을 시작할 계획이라며 "물류 사각지대에 있는 도서·산간 지역에 우편·택배 서비스를 일반화하고 재난·폭설에 따른 재해 지역에 긴급구호 물품을 배달하는 데 이용할 수 있을 것"이라고 말했다.

[그림28] 드론 배송 합성 이미지(출처 : 우정사업본부)

4. 안전을 지키는 드론

1) '드론 부대' 창설

오는 2021~2024년 드론 부대의 전력화를 위해 미래전투용 '드론 부대'가 올해 창설 돼 10월드론봇 전투단이 3군사령부 예하에서 출범했다.

[그림29] 벌떼 드론(swarming)이 도시를 공습하는 SF 영화의 한 장면(출처 : google)

한국은 육군, 군수품 수송용 전력화를 위해 고립부대 식량·의약품 등 군수물품 운반용 드론을 지원하고 교육센터를 열어 조종특기병을 양성한다. 미국은 지난 1999년 코소보戰서 드론을 첫 활용했으며 전투용 드론 8,000여 대를 보유중이며 한반도 유사시 글로벌호크가 투입된다.

북한은 자폭용 드론 100여대가 실전배치 돼 있으며 고폭탄 장착 수차례 시험도 마쳤다. 중국은 세계 민수용 드론 70%이상 생산을 하는 드론 경쟁력 1위 국가이다. 질은 낮지만 저렴해 사우디 등에 수출하고 있고 정부 지원으로 무장 드론을 개발 중에 있다.

정찰 드론이 적의 기지를 확인하고 좌표를 전달하며 곧바로 후방 기지에 있던 폭격 드론이 출동해 적의 기지를 초토화 시킨다. 이 같은 드론 전력화는 오는 2021년쯤 가능하다. 드론의 역할은 정탐·지뢰탐지 등으로도 활용할 수 있으며 평화 분위기의 안보 상황에서도 유용하다.

2) 화학무기 감지하는 드론

지난 3월 영국 솔즈베리의 한 쇼핑몰에서 전직 러시아 이중스파이 세르게이 스크리팔(67)과 딸 율리야(34)가 신경작용제인 노비촉 공격을 받은 사건이 발생했다. 영국은 화학무기를 인간처럼 감지하는 드론을 현장에 투입한다. 개빈 윌리엄스 국방장관은 “이 프로젝트는 국내에서든 외국 전쟁에서든 우리를 악랄한 화학무기 공격에 대응하는 최전선에 있도록 해줄 것”이라고 말했다.

3) 인도 남부 물난리에 드론이 인명수색

인도 남부 지역을 강타한 100년만의 홍수 피해, 수십만 명의 이재민이 발생한 가운데 드론이 앞장서서 인명 구조 수색에 인도 현지 드론 스타트업이 나섰다.

[그림30] 열적외선 카메라를 장착, 인명수색용 드론(출처 : 픽사이베이)

수색에 쓰인 드론은 아이디어포지의 '네트라 프로 시리즈'와 'Q 시리즈'이다. 아이디어포지의 드론 수색 팀은 사람 발이 닿기 어려운 곳에 드론을 이용해 생존해 있는 희생자를 여러 명 발견하는 성과를 거뒀다. 아이디어포지의 설립자인 안킷 메타는 "무인비행기술의 발전을 이끄는데 최선을 다했고 누군가의 목숨과 그들의 가족을 자연재해에서 구할 수 있었다"고 말했다.

4) 소방청, 매년 60명 이상 드론 운용 전문가 육성

중앙소방학교, 초경량비행장치 전문교육기관으로 지정해 '소방드론과 함께 구조훈련'을 실시한다. 소방청은 내년부터 매년 60명 이상의 드론 국가 자격자를 배출할 계획이다. 전술운용 교육과 특화임무교육 등 심화 교육과정도 개발해 소방 드론 전문가도 양성할 예정이다. 현재 산악 지역과 내수면에서 실종자를 수색하거나 지휘통제 상황을 관리·감독하는 분야 등에서 드론을 활용하고 있다.

5) 드론으로 독성 해파리 쏘임 피해 예방

여름 휴가철 해수욕장에서 해파리 쏘임으로 인한 피해 예방에 드론이 본격 활용되고 있다. 매일 시간대별로 2~5회씩 고해상도 카메라가 탑재된 드론을 띄워 해파리 출현 위치 및 시간대, 개체 수 및 분포 현황 등을 탐지해 해파리 출현 정보를 해수욕장 관리기관에 실시간 전파해 해파리 쏘임 피해를 예방할 수 있도록 했다.

최근 여름 휴가철(7~8월) 강독성 해파리 출현으로 인해 물놀이 이용객의 안전을 위협해 이를 미리 파악하기 위한 도구로 드론이 활용됐다. 강독성 해파리 촉수에 몸이 닿으면 발열, 부종, 근육마비, 호흡 곤란, 쇼크 증상 등으로 인체에 치명적이다.

[그림31] 인체에 치명적인 독을 품고 있는 해파리

6) 싱크홀 및 지반함몰 저감을 위한 드론의 활용 연구

지구온난화로 인해 최근 들어 가속화 되는 자연재해 발생과 무분별한 도시개발로 우리가 밟고 다니는 땅이 몸살을 앓고 있다. 필자는 건설 분야 최고의 자격을 보유하고 있는 '토목시공기술사'로서 안전한 대한민국을 위해 공공시설물과 건축물의 안전점검을 자율주행드론과 융·복합 고도화기술을 적용해 위험요인을 사전에 예방할 수 있는 시스템을 연구하고 있다. 어떻게 하면 신기술을 건설안전에 접목시킬까 하고 시간 날 때마다 주머니에서 수첩을 꺼내 들고 그림을 그린다.

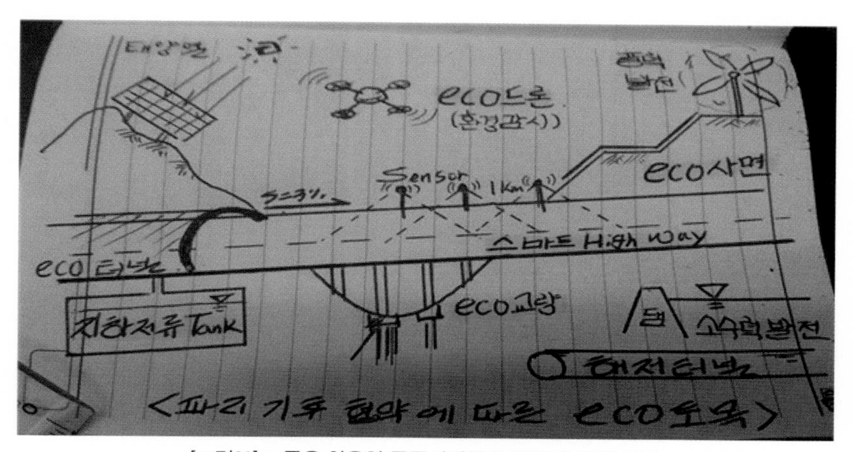

[그림32] 드론을 활용한 공공시설물의 안전 및 환경 감시

사물인터넷, 빅 데이터, 인공지능 등 최첨단 기술을 탑재한 드론은 시공중 또는 공용중에 발생하는 건설 사고를 사전에 인지해 충분히 막을 수 있다. 현재 국토교통부 산하기관인 한국시설안전공단과 (재)건설산업교육원에서 '시설물 안전 및 유지관리에 관한 특별법', '지하안전관리에 관한 특별법' 강의 및 설계, 시공, 감리, 발주자 등 대한민국 70여만 명의 건설기술자들에게 법정강의를 하고 있다. 칠판에 그려가면서 이러한 나의 생각과 아이디어를 전파하고 대한민국 건설 산업이 선진화 될 수 있도록 최선을 다하고 있다.

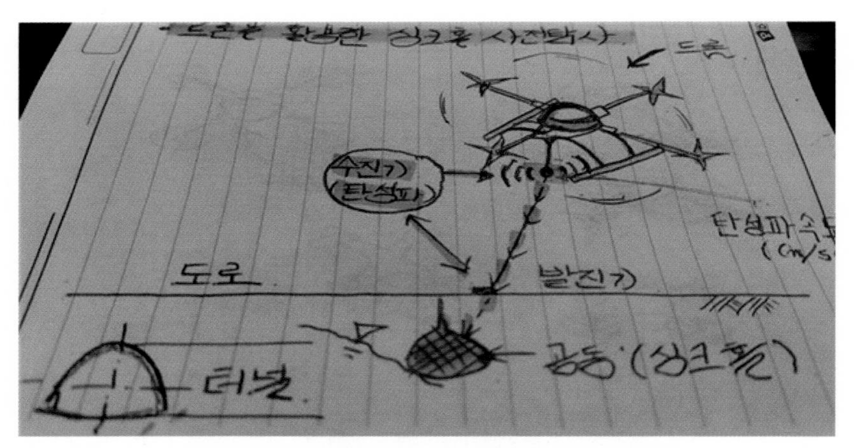

[그림33] 드론을 활용한 지하안전점검 Mechanism

[그림34] 건설산업분야에 R&D 고도화 융·복합 드론 개발 - 아이티메이커스 협동조합

5. 환경을 지키는 드론

1) 산림 현장 공무원들, 드론 실력 겨룬다

산림청은 국립상당산성자연휴양림에서 전 직원을 대상으로 '드론 활용 경진대회'를 개최했다. 산림 분야에 드론을 활용해 업무효율성 및 직원들의 드론 운용능력을 향상시키기 위한 목적으로 경진대회가 치러졌다. 경진 과제는 드론을 활용한 산림 병해충 예찰, 산불 화선 탐지 등으로 구성됐다.

[그림35] 산림관리(출처 : 픽사베이)

국립산림과학원에서는 드론에 소화탄을 장착해 공중에서 산불을 끄는 재해관리의 신기술을 도입 했으며 이 외 조림·숲 가꾸기 사업 관리 등에도 활용되는 등 활용 범위가 커지고 있다.

2) 작물 자동 방제 드론

드론 두 대로 작업지역을 조종사 없이 자동으로 방제하고 시작 버튼만 누르면 자동으로 드론이 비행하는 방식으로 작물자동 방제를 하고 있다. 또한 실시간으로 작물보호제 살포가 필요한 지역을 정확하게 측량할 수 있다.

[그림36] 작물 자동 방제(출처 : 픽사베이)

3) 태양빛으로 26일 비행, '태양광 드론'

세계 2위 항공 업체 에어버스가 태양광 드론으로 7만 피트(약 21 ㎞) 상공에서 약 26일 동안 연속 비행하는 데 성공했다. 에어버스 항공업체 관계자는 "이번 비행으로 태양광 드론이 인공위성을 충분히 대체할 수 있다는 것을 증명했다"며 "올 연말 호주에서 100일 연속 비행에 도전할 것"이라고 말했다.

[그림37] 태양광 드론(출처 : 진 google)

최근 구글과 페이스북은 개발비용 부담을 이유로 각각 지난 1월과 7월에 태양광 드론 사업 중단을 선언했다.

4) AI·IoT·빅 데이터·드론, 4차 산업혁명 시대 유망직업으로 급부상

워크넷은 4차 산업혁명 시대를 맞아 주목할 만한 새 일자리로 사물인터넷, 인공지능, 빅 데이터, 가상현실, 3D 프린팅, 드론, 정보보안, 응용 소프트웨어, 로봇공학 분야 전문가와 생명과학연구원 등 10가지를 선정했다.

5) 식량 종자 품질 검사하는 드론

농림축산식품부 국립종자원은 벼·보리·콩 등 정부에서 농가에 공급하는 보급 종에 대해 사람이 직접 논밭에 들어가 잡초·병충해 발생 정도를 조사하던 기존 방식 대신 드론을 투입한다.

[그림38] 종자 품질 검사(출처 : google)

6) 수목변화 조사 드론

국립공원관리공단은 최근 기후변화로 인해 고지대의 침엽수가 죽는 현상 등을 확인하기 위해 드론을 활용한 수목변화 조사를 실시한다. 드론을 활용한 수목조사는 사람이 육안으로 확인하는 조사와 달리 한 번에 넓은 지역을 관측할 수 있어 훨씬 효과적이며 나무 시들음 및 고사목의 위치를 자동 탐지하는 기술을 시험 중이다.

[그림39] 수목조사(출처 : 픽사베이)

7) 하천 환경지킴이 드론

고양시는 '맑은 하천 가꾸기 하천 네트워크' 활동의 일환으로 고양시 덕양구 관산동 소재 필리핀참전비 앞 공릉천 문화 체육공원에서 드론을 사용한 하천감시 활동을 시연했다.

[그림40] 하천조사(출처 : google)

8) 드론으로 대기배출 사업장 특별단속

환경부가 드론을 활용해 미세먼지 불법배출 사업장 47곳을 적발했다. 환경부는 경기 김포 일대 약 1,200곳의 대기배출 사업장 중 미세먼지 불법배출이 의심되는 사업장에 대한 특별단속을 실시해 47곳을 적발했다.

단속에는 대기질 이동측정차량과 오염물질 측정 센서를 부착한 드론이 투입돼 대기 오염도를 실시간으로 측정해 사업장을 찾아내고, 불법소각 등 위반행위를 촬영했다.

[그림41] 대기배출사업장 특별단속(출처 : 픽사베이)

Epilogue

최근 들어 드론 교육의 열풍이 불고 있다. 4차 산업혁명 시대에 접어들면서 중·고등학교에서는 직업진로강의를 통해 드론을 비롯해 빅 데이터, 3D프린터, BIM, 인공지능, 로봇, 코딩 등 새로운 직업군에 대한 소개와 가이드라인을 제시해 주고 있으며 일부 학교에서는 드론 학과가 하나 둘 생겨날 정도로 열기가 뜨겁다.

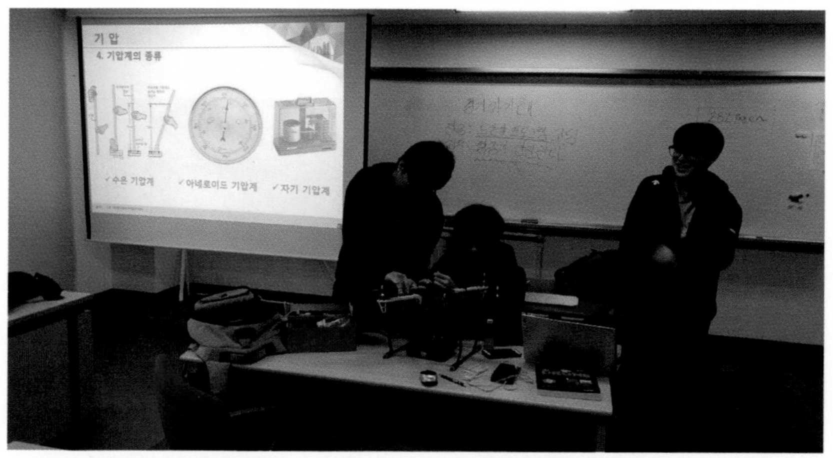

[그림42] 2018 전문대학 연계 고교 직업교육 위탁과정 드론과 프로그램코딩 수업(경기과기대)

학생들은 소형무인기 지상운용, 소형무인기 비행 전 준비, 소형무인기 콘텐츠 운용, 소형 멀티콥터 개발, 회전익 소형무인기 비행, 소형무인기 촬영 운용, 회전익 소형무인기 팀 운용, 3D형상모델링 작업, 소형무인기 구조물 정비, 프로그래밍 통합개발, 기본측정기 사용, 기계품질개선관리 등 NCS 기반의 드론 교육을 받고 있다.

그러나 드론의 활용성이 다양하므로 드론 측량을 위해서는 토목 분야의 측량을 알아야 하듯 융·복합 기술이 필요하다. 그러므로 건축, 토목, 기계, 전기, 전자, 통신 등 각 산업분야에 종사하면서 차세대 유망 산업의 직종인 드론이나 BIM(Building Information Modeling), 3D프린터 등의 신기술을 병행해 배우는 것을 적극 추천한다.

만14세 이상 자격요건을 갖춘 드론 국가 자격증 접수자가 전년도 대비 10배 이상 늘었으며 여성비율이 35%로 여성에게도 각광받고 있는 분야이며 남녀노소 구분 없이 드론 자격증 취득을 위해 몰리고 있다.

또한 국방부, 소방청, 산림청, LH 등 공무원이나 공사 또는 대기업에 입사를 목표로 하는 취업준비생은 드론 국가자격증(초경량비행장치 조종자 자격증)을 취득하면 남들보다 유리한 취업 조건이 될 수 있으므로 드론 자격증에 도전해 보길 바란다.

초경량비행장치 조종자 자격증 이론시험 (문제풀이집) http://www.mobilerobot.co.kr/ 사이트를 통해 예상 및 기출문제 풀이를 할 수 있으며 인터넷을 통해 한국TS교통안전공단 (http://www.kotsa.or.kr)에서 시험접수를 할 수 있다.

블록체인 기반 기술개발로 변화되는 미래사회

3

방 명 숙

사단법인 4차산업혁명연구원 공동대표이자 한국교류분석상담연구원, 진로상담협회 이사이며 전문강사와 수퍼바이저 활동을 하고 있다. 40여 년 동안 초등학교 교장, 교감, 교사로서 학교교육 발전에 힘썼고 황조근정훈장을 받았다. 지금은 서울특별시교육청교육연수원 우수강사 활동과 중등학생 진로교육, 학부모연수, 교사연수 등 4차 산업혁명과 융합한 자녀교육, 미래교육, 진로교육, 코칭기술 등 다양한 분야에서 강의와 상담코칭을 하고 있다.

이메일 : bms4008@naver.com
연락처 : 010-9117-0165

블록체인 기반 기술개발로 변화되는 미래사회

Prologue

4차 산업혁명은 기존의 산업생산 플랫폼이 바뀌는 것으로 가상과 현실이 접목해 새로운 생산을 이끄는 초지능(Superintelligence), 초연결(Hyperconnectivity) 사회로 기술이 변화하는 시대이다. 또 인간의 생각과 행위가 사물인터넷(IoT), 소셜미디어(SNS) 등을 통해 클라우드 컴퓨터에 빅 데이터로 저장된다. 인공지능을 기반으로 빅 데이터를 분석하고 미래를 예측해 물류관리, 주식투자, 부동산투자, 법률서비스, 구매관리, 범죄예측, 재난관리, 건강관리를 한다. 이와 같이 4차 산업혁명 시대에는 빅 데이터 플랫폼을 이용해 자원절약, 노동절약, 에너지절약, 세금절약 등 이익을 창출하고 있다.

과학기술정보통신부는 '글로벌 표준 컨퍼런스(GISC) 2018'에서 'ICT 표준화전략맵 20대 중점기술'을 발표했다. 블록체인은 응용기술 분야의 중점기술 중 하나이다. 세계경제포럼(WEF), 유엔(UN), 과학기술정책연구원(STEPI), 정보통신기술진흥센터(IITP), KT경제연구소 등 많은 기관에서도 미래 유망 기술로 블록체인을 선정했다.

블록체인(block-chain)은 알고리즘의 명칭으로 사토시 나카모토가 비트코인 P2P 전자화폐 시스템을 설계하는데 사용했다. 사토시가 'chain of hash proof-of-work(해시암호기반의 작업증명)'라 표현한 것을 블록체인이라 말한다. 블록체인의 기본 가치는 탈중앙화와 분산화로 99%의 집단지성이 발현될 수 있도록 도와주는 것이다. 자본주의의 해법으로 분산경제의 이정표를 담은 기술이고 철학과 사상이다. 또한 블록체인의 장점은 거래 주체 간에 신뢰를 확보하고 불변의 기록을 남기는 것이다. 문서에 변경 사항이 생기면 즉시 모든 사람에게 명백하게 노출된다.

정보통신기술진흥센터 'ICT 기술수준 조사보고서(2017년)'에서 미국을 기준으로 블록체인 분야 기초·응용·사업화 역량을 종합한 전문가 평가를 했다. 그 결과 우리나라 블록체인 수준이 미국의 76.4%로 2.4년 기술 격차가 난다고 분석했다. 또 유럽, 일본, 중국보다 뒤진 것으로 평가했다. 이에 우리나라도 블록체인 기술 발전에 앞서 법과 제도부터 미래지향적으로 바꿔 디지털 강국에 이어 디지털 세계화를 주도하는 블록체인 강국으로 우뚝 서길 희망한다.

파운데이션엑스(황성재 대표)의 인터뷰를 통해 블록체인 미래를 함께 그려보자. 황 대표는 "블록체인, 스마트폰처럼 삶의 양식 바꿀 것"이라고 언급했다. 불과10년 전만해도 상상하기 어려웠던 오늘날의 스마트폰의 일상에서 블록체인의 미래를 찾고 있다. 그는 "대학 시절 스마트폰이 필요 없다는 후배와 설전을 벌인 기억이 나요. 휴대폰은 전화 기능만으로 충분하다는 것이었다. 지금은 어떤가요? 스마트폰으로 인터넷을 하고 사진 찍고 투자까지 하잖아요. 삶의 양식이 바뀐 거죠"라고 말했다.

10년 전에 휴대폰에 2000만 화소 카메라와 터치스크린, 무선인터넷, 네비게이션 등의 기능이 담겨야 한다고 했다면 어땠을까? 그 당시 실제로 차라리 노트북에 전화 기능을 담지 그러느냐는 조롱이 쏟아졌다고 한다. 황 대표는 "선도적 기술을 만들면 시장은 기술을 따라온다. 시간이 지나면 블록체인도 우리 삶에 녹아들 것"이라고 말했다. 또 "블록체인의 혁신 성을 다수가 경험하면 블록체인 없는 삶을 생각할 수 없게 될 것"이라고도 전했다.

전 세계 많은 스타트업과 기존 사업가들은 블록체인 기술을 연구하고 새로운 플랫폼 개발에 박차를 가하고 있다. 개발자들은 직면한 과제들을 해결하기 위한 연구가 계속되다 보면 새로운 생태계가 구축될 것이라 생각한다.

블록체인 기반 기술개발로 변화되는 미래사회는 어떤 모습일까? 이 장을 통해 대한민국이 디지털 강국에 이어 디지털 세계화를 주도하는 블록체인 강국으로 우뚝 서는데 작은 도움이 되길 바란다.

1. 블록체인이 뭘까? 그 본질은

1) 블록체인 탄생 배경

지난 2008년 9월 15일 리먼브라더스 파산보호신청은 전 세계 금융 시스템에 도미노 현상을 불러 일으켰다. 서브 프라임 모기지 사태로 이어진 미국 금융 위기 때 월가 시위대는 '우리는 99퍼센트다'를 외치며 분노를 표출 했다. 그해 10월 31일 사토시 나카모토(Satoshi Nakamoto)는 커뮤니티 사이트에 논문 제목으로 '비트코인(Bitcoin: A Peer-to-Peer Electronic Cash System)'이란 글을 올렸다. 비트코인은 중간에 어떤 금융기관을 거치지 않고 개인과 개인이 직거래할 수 있는 P2P 방식의 전자화폐 시스템이다. 사토시 나카모토는 지난 2009년 1월 3일 비트코인 시스템을 만들어 비트코인 제네시스 블록을 생성하고 채굴을 시작했다.

2) 블록체인 그 본질은?

블록체인 철학은 탈중앙화로 사람의 개입 없이 알고리즘에 의해 관리된다. 누구나 평등하게 참여해 시장을 만들고 기여한 만큼 보상을 받을 수 있다. 4차 산업혁명의 결정체로 새로운 경제 체제를 예고하고 중앙집권적 시스템의 한계를 극복해 준다.

블록체인의 기본 가치는 탈중앙화와 분산화로 99%의 집단지성이 발현될 수 있도록 도와주는 것이다. 블록체인의 장점은 거래 주체 간에 신뢰를 확보하고 불변의 기록을 남기는 것이다. 문서에 변경 사항이 생기면 즉시 모든 사람에게 명백하게 노출된다. 블록체인은 분산 형 기술의 한 종류이다. 분산 형 원장으로 기록관리 능력을 향상하고 소통함으로써 지불절차의 속도를 높이며 사기행위를 줄일 수 있다. 블록체인은 거래하는 사람 간에 중개인 없이 신뢰유지와 안전성을 제공해 준다. 따라서 새로운 가능성을 제시하고 또 검토해 볼만한 충분한 가치가 있는 기술이라는 뜻에서 '제2의 인터넷'으로 비유되기도 한다.

[그림1] IoT 기반 중앙집중형 네트워크(출처 : ⓒ Pixabay)

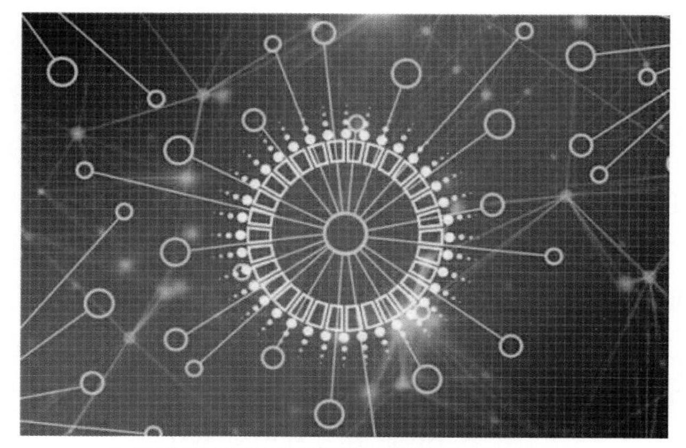

[그림2] 탈중앙화 분산형 블록체인(출처 : ⓒ Pixabay)

2. 블록체인 구성요소와 기술

1) 블 록

블록(Block)은 여러 거래를 모아 만든 데이터 단위이다. 거래와 정보에 대한 데이터를 포함하는 블록체인에서 기록을 뜻한다. 블록은 블록 헤드, 거래 정보, 기타 정보로 돼 있다. 약 2,000개의 거래 정보가 포함돼 있고 블록 하나의 물리적 크기는 약 1MB이다. 거래를 블록에 저장하면 올바른 거래인지 검증하고 작업증명 알고리즘을 이용해 이중 지급을 막는다.

2) 제네시스 블록

제네시스 블록은 시작 지점에 있는 최초의 블록이다. 지난 2009년 1월 3일 사토시 나카모토에 의해 비트코인 블록체인에서 최초로 제네시스 블록이 생성됐다.

3) 블록체인

블록체인(block-chain)은 알고리즘의 명칭으로 사토시 나카모토가 비트코인 P2P 전자화폐 시스템을 설계하는데 사용했다. 비트코인(BTC)은 화폐시스템의 명칭이면서 화폐단위의 명칭이다. 사토시가 'chain of hash proof-of-work(해시암호기반의 작업증명)'라 표현한 것을 블록체인이라 말한다. 즉 비트코인은 컴퓨터 코드들의 조합인 시스템의 명칭이고 블록체인은 시스템을 설계한 알고리즘이다. 건축에서 비트코인을 설계도면으로 비유하면 블록체인은 건축공법이라 할 수 있다. 블록체인은 P2P 네트워크상에 노드 수만큼 복제되고 분산 저장돼 있는 공개 거래 장부라고도 말한다.

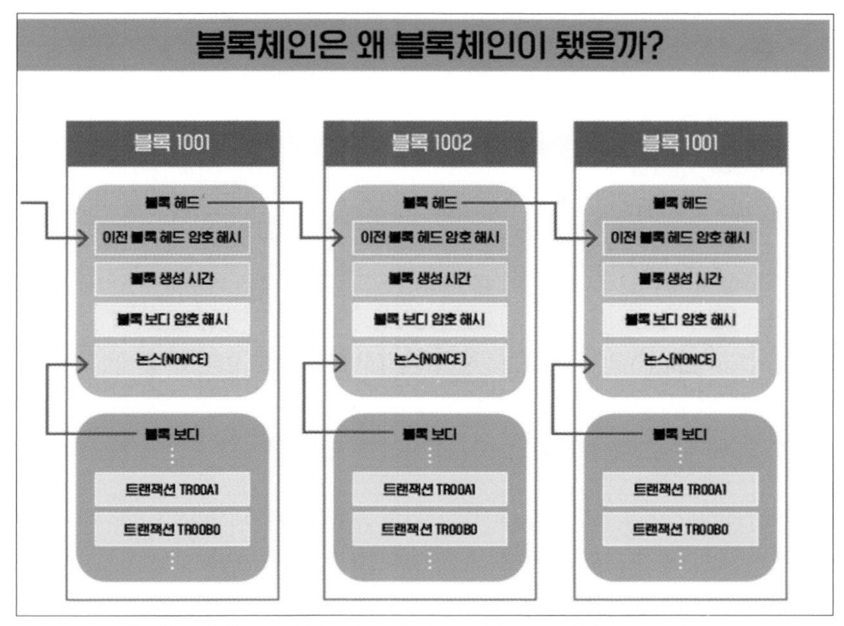

[그림3] 블록체인 기술의 핵 암호 해시 파헤치기 (출처: 삼성뉴스룸, 2018.08.09.)

블록체인은 블록체인 네트워크의 참여자 모두 공동으로 거래 정보를 검증하고 기록, 보관해 제3자가 없어도 거래 기록 데이터베이스의 정확성을 보장해주는 무결성과 함께 신뢰성을 확보한다.

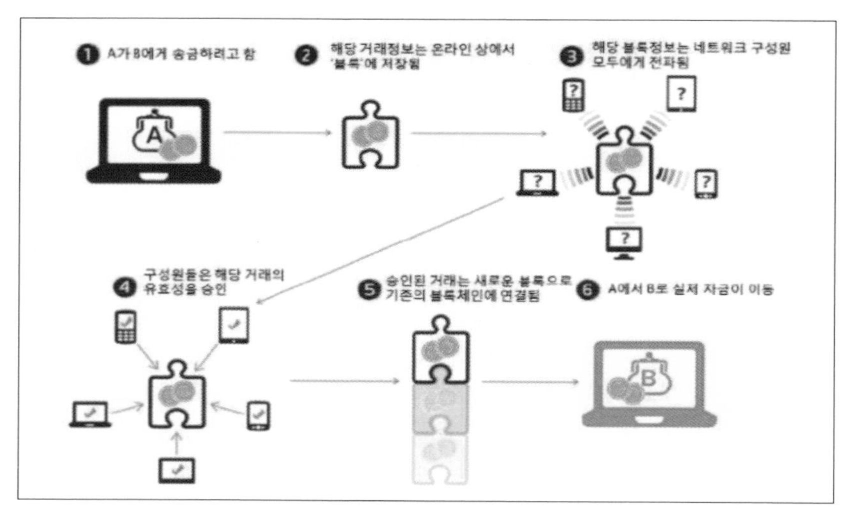

[그림4] 블록체인 거래과정 개념도 (출처: 블록체인 산업현황, NIPA이슈리포트 2018 제17호)

4) 해 시

해시(Hash)는 비밀코드처럼 데이터를 숨기는 암호화에 사용하는 IT기술이다. 비트코인 블록체인 알고리즘은 SHA-256이다. SHA-256에서 SHA는 비트코인 작업증명에서 사용되고 고정된 크기의 256비트 해시를 만들어 낸다. 복호화가 가능하려면 인증이 필요하다. 해시들은 동일한 길이로 항상 만들어지고 글자 중 한 글자라도 고치면 전혀 다른 해시 값이 나온다.

[그림5] '블록'이라는 단어의 해시

[그림6] '블록체인'이라는 단어의 해시

[그림7] 블록 다음 한 칸 띄운 '블록 체인' 단어의 해시

[그림8] '블록체인을 기반으로 한 변화하는 미래사회' 문장의 해시

[그림6]에서 '블록체인'과 [그림7]에서 '블록 체인'은 블록 다음에 한 칸만 띄운 작은 변화이지만 해시 값은 전혀 다르게 나온다. 그러나 해시들의 길이는 동일하게 만들어진다. 이처럼 전혀 다르게 나온 해시 값으로 입력된 데이터를 알아낸다는 것은 불가능한 일이다. 즉 인증 없이는 복호화가 불가능하다.

5) 암호 해시

암호 해시는 블록체인을 구성하는 기본기술로 문서를 요약하고 고유 값을 자동으로 생성한다. 이때 문서요약은 내용요약이 아니다. 따라서 암호 해시 기술을 적용하면 내용과 무관하게 문서를 요약한 후 고유 값을 생성한다. 고유 값은 문서길이에 상관없이 256 바이트로 생성된다. 암호 해시로는 문서를 찾을 수 없지만 일단 문서가 주어지면 고유의 암호 해시가 만들어진다.

암호 해시를 이용하면 문서 전체를 갖고 있지 않아도 그 문서의 조작 여부를 쉽게 밝혀낼 수 있다. 하나의 문서를 작성하고 그 문서의 암호 해시를 만든 후 나눠 가지면 원본 문서를 복사해 갖고 있지 않아도 원본 진위여부를 판별할 수 있다.

6) 작업증명

작업증명(Proof of Work/ PoW)은 채굴(Mining) 했다는 사실을 증명한 후에 블록을 생성하는 방법이다. 작업증명은 유효한 해시를 만드는 특정 값을 찾는 수학적 퍼즐을 푸는 고난도 작업이다. 만약 퍼즐을 풀지 못하면 새로운 블록은 블록체인에 연결될 수 없다. 작업증명은 위·변조 방지 역할과 블록의 유효성 판단에 효율적이다.

7) 노 드

노드는 P2P 네트워크상에 연결돼 있는 컴퓨터이다. 실행되는 소프트웨어 종류 및 연산 능력에 따라 라우팅 노드, 풀 노드, DB 노드, 경량 노드로 구분된다. 노드의 수가 많아질수록 해당 블록체인 네트워크의 연산 능력이 높아지고 해킹 가능성은 낮아진다. 특정 문제에 대한 퍼즐의 해답을 제일 먼저 찾는 노드에 새로운 블록을 생성할 수 있는 권리를 준다.

8) 논 스

논스(nonce)는 채굴에서 퍼즐의 해답으로 '단 한번 사용되는 숫자(number used once)'의 약자이다. 논스를 구할 때는 많은 계산이 필요하지만 구해진 논스로 해당 블록의 블록해시가 특정 값 이하인지 검증하는 것은 빠르고 쉽다. 블록해시가 검증되면 자동으로 해당 블록헤드와 거래내역은 문제가 없는 것으로 판단한다. 이처럼 타당성이 입증된 블록은 블록체인에 추가할 수 있다. 수많은 계산을 거쳐 논스를 구할 때 거대한 양의 컴퓨팅 파워와 전력이 필요하기 때문에 채굴 자에게 일반적으로 암호화폐로 보상을 한다. 채굴자에 대한 보상은 컴퓨팅 파워를 네트워크에 제공함으로써 진행 시간을 단축하고 보안을 강화시켜 준다. 즉 더 안전하고 빠르게 일할 수 있는 환경을 제공해 준다.

9) 블록체인 기술

블록체인은 거대한 분산 공개 장부이다. 블록체인 기술로 공개 장부 안의 개별 거래는 모두 디지털 서명이 붙어있어 은행이나 다른 제3자의 개입이 없어도 진본임을 보증할 수 있다. 또 수천, 수만 노드에 분산돼서 어느 한 곳에 장애나 공격이 발생하더라도 블록체인 네트워크 전체는 문제없이 계속 돌아갈 수 있다. 작업증명이라는 수학적 계산 작업과 경제 관점에서의 논리로 위·변조가 사실상 불가능한 구조를 갖게 된다. 그 안에 기록된 거래들은 은행 같은 중앙의 보증기관 없이 신뢰할 수 있는 거래로써 확정할 수 있다.

우리나라 과학기술정보통신부는 '글로벌 표준 콘퍼런스(GISC) 2018'에서 'ICT 표준화전략맵 20대 중점기술'을 발표했다. 블록체인은 응용기술 분야의 중점기술 중 하나이다.

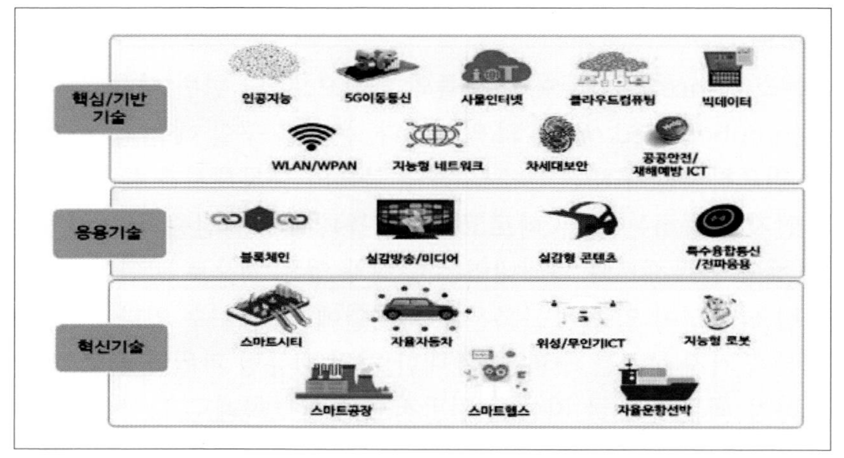

[그림9] ICT 표준화전략맵 20대 중점기술 (출처: 과학기술정보통신부, 2018)

블록체인 기술의 본질은 탈중앙화와 누구나 사용할 수 있는 오픈소스다. 그러나 최근 블록체인은 오픈소스형 블록체인과 폐쇄소스형 블록체인으로 개발되고 있다.

(1) 오픈소스 형 블록체인

오픈 소스코드를 활용해 누구나 이용 가능하고 탈중앙화가 되도록 개발한다. 현재 세계 2위 이더리움(Ethereum)은 탈중앙화 된 오픈소스 형 블록체인이다. 사업자는 이더리움 플랫폼 기반 기술로 탈중앙화 된 애플리케이션을 개발하고 토큰도 생성할 수 있다.

(2) 폐쇄소스 형 블록체인

폐쇄 소스코드를 활용해 기업, 단체, 협업그룹 안에서 사용하고 중앙화가 돼있다. 현재 세계 3위 암호 화폐 리플(Ripple)은 중앙화된 폐쇄소스 형 블록체인이다. 리플은 금융기관 중 리플 블록체인 네트워크를 선택한 그룹 안에서 분산원장 사용과 거래가 이뤄진다.

3. 블록체인을 기반으로 한 기술개발

블록체인 기반 기술개발 스타트업이나 기존 사업자는 ICO를 통해 자원을 먼저 확보한 후에 제품을 개발한다. ICO는 크라우드펀딩처럼 투자자는 소액으로도 투자할 수 있고 사업자에게는 자원을 확보해 스타트업 기회를 제공해 준다. 따라서 ICO를 금지하면 블록체인 기반 사업자는 제품을 출시하는데 어려움을 겪을 수 있다.

현재 우리나라에서 블록체인 프로젝트를 기획했던 개발자들은 스위스, 몰타, 홍콩, 싱가포르 등에 법인을 설립한 뒤 ICO를 진행하기도 한다. 이에 정부는 블록체인 기반 스타트업이나 이미 상용화된 기존사업을 기반으로 하는 리버스 업체의 혁신적인 성장을 위해 법의 테두리를 만들어 주고 추후 규제와 개혁을 실시해야 된다고 생각한다. 스위스 주크시처럼 ICO는 허용하되 백서를 이행하지 않거나 사기가 포착되면 네거티브 규제를 하는 등 법의 테두리를 만들어 주고, 추후 규제와 개혁을 실시하기를 바란다.

1) 스타트업 (startup)

스타트업은 미국 실리콘벨리에서 나온 용어로 설립한 지 오래되지 않은 신생 벤처기업을 말한다. 지난 1990년대 후반 창업 붐이 일어났을 때 생겨난 신조어다. 스타트업은 모든 업종에서 사용할 수 있지만 일반적으로 구글, 페이스북 등 대표적 스타트업처럼 고위험, 고성장, 고수익 가능성을 지닌 IT 기반 회사를 일컫는다.

2) 스타트업의 세 가지 조건

ROA 컨설팅마케팅혁신랩 한성철 연구소장은 스타트업의 세 가지 조건을 제시했다.

첫째, 초고속 성장을 하라!

스타트업 양성가로 유명한 폴 그라함(Paul Graham)은 '스타트업은 성장(Startup=Growth)'이라고 처음 정의했다. 폴 그라함은 "기업의 고속성장은 모든 사람들이 원하는 것을 만들뿐 아니라 원하는 모든 사람들에게 언제든 서비스할 수 있는 두 가지 조건을 모두 충족시켜야만 한다"고 했다. 그랜트리(GrandTree) 공동 창업자인 다니엘 테너(Danial Tenner)는 "스타트업은 향후 5년 이내에 10배 이상을 성장하기 위한 야망과 목표를 가진 기업이다"고 언급했다.

둘째, 파괴적 혁신을 추구하라!

하버드 대학의 크리스텐슨(Clayton Christensen)은 "파괴적 혁신은 기존 시장의 선도 기업들이 예측하지 못했던 방식으로 개선된 상품이나 새로운 서비스를 내놓는 것"이라고 했다. 이스라엘 최대 벤처캐피털 회장은 "이스라엘이 스타트업 국가가 된 것은 근본적으로 파괴적 혁신에 기인한다. 스타트업은 인식이나 개념을 완전히 바꾸며 앞의 기술을 무시하고 한 단계 새롭게 진화하는 것이다"라고 말했다.

셋째, 강력한 스타트업 문화를 구축하라!

스타트업의 최대 자산은 사람이다. 일하는 풍토와 분위기가 긍정적이면 직원들의 잠재능력이 커지고 역량도 최대로 발휘된다. 강력한 스타트업 문화를 구축하기 위해서는 전 직원 모두가 의사결정권자가 될 수 있어야 한다. 또한 권위와 위계질서가 배제된 상황에서의 수평적 열린 소통이 가능해야 한다. 그리고 즐거운 직장 환경을 조성해야 한다. 구글, 징가 등 스타트업으로 성공한 기업들은 지금도 직원 복리 후생에 엄청난 공을 들이고 있다.

3) 스마트 계약

스마트 계약은 컴퓨터 코드에서 작성되고 탈중앙화 된 네트워크의 컴퓨터에서 운영된다. 블록체인이나 분산 원장에서 운영되는 계약이다. 스마트 계약은 조건이 성립하면 계약이 스스로 실행하고 블록에 기록된다. 따라서 조건에 대한 계약 결과가 명확하고 계약내용이 즉각 자동적으로 이뤄진다. 또한 분산 원장은 수정될 수 없기 때문에 법원이나 변호사 등 제 3자 개입 없이 블록체인 네트워크에서 자동 실행되며 지불과 가치의 교환도 일어나게 된다.

스마트 계약은 소액보험, 소액대출, 예술가의 저작권 등에 적용되고 있다. 이처럼 가치가 있고 교환될 수가 있으면 어떤 것이든 적용할 수 있다.

4) ICO (Initial Coin Offering)

ICO는 가상화폐공개로 사업자의 비즈니스 모델과 기술을 검증 받는 기회가 된다. 사업자는 블록체인 기반의 암호 화폐를 발행하고 비즈니스 모델에 동의하는 투자자들에게 코인이나 토큰을 직접 판매해서 자금을 확보하는 방식이다. 투자금은 현금이 아니라 비트코인이나 이더리움 등 암호 화폐로 받기 때문에 전 세계 누구나 투자할 수 있다. 투자자는 암호 화폐가 상장되고 거래도 활발하게 되면 높은 투자 실적을 기대할 수도 있다. 그러나 자금을 모집한 뒤 모습을 감추는 사례도 있음을 투자자는 유념해야 한다. 지난 2017년 9월 4일 중국 정부는 ICO를 전면 금지시켰고 우리나라 정부도 같은 달 29일 ICO를 금지한다고 발표했다. 이로 인해 국내 블록체인 프로젝트를 추진하는 기업들은 ICO를 유럽 등 해외에서 진행하기도 한다.

5) 리버스 ICO

리버스 ICO는 이미 상용화된 기존 사업을 기반으로 암호 화폐를 공개하는 방식이다. 자금 확보의 목적도 있으나 기존사업 확장에 초점을 둔다. 코인(토큰) 발행으로 거래비용을 줄일 수 있고 소비자의 관심도 끌 수 있다.

6) 'BLOCKCHAIN SEOUL 2018 - EXPO' 체험

필자는 지난 9월 17일부터 서울 삼성동 코엑스에서 열린 'BLOCKCHAIN SEOUL 2018 - EXPO'에 참가했다. 스위스, 에스토니아, 몰타, 한국을 비롯해 세계 7대 메인 넷 개발회사 CEO들은 제 3세대 블록체인의 자리를 두고 뜨거운 경쟁을 벌이고 블록체인의 발전방향과 기술의 흐름에 대한 이야기도 펼쳐 나갔다. BLOCKCHAIN EXPO는 어린이부터 노인까지 모두가 쉽게 알아가는 블록체인 세상을 글로벌 기업들과 한자리에 모여 함께하는 축제로 기획했다. 중개인 없이 플랫폼으로 경험하는 금융, 일상에서 사용할 수 있는 블록체인, 신속 정확한 정부를 만나다, 미래를 바꿀 블록체인, 에어드랍 스탬프 이벤트, Wallet 만들기의 6가지 주제로 운영했다.

[그림10] BLOCKCHAIN EXPO

[그림11] BLOCKCHAIN EXPO에 참가한 필자

블록체인 전시회에서는 블록체인 경제에 대해 직접 체험하고 생각해 볼 기회를 가졌다. 4차 산업과 글로벌 블록체인 소식을 생생한 'Online Daily & Monthly Magazine'으로 전하는 'BLOCKCHAIN TODAY'를 만났다. 매거진의 발행인인 정주필 대표는 블록체인 비즈니스 활성화와 전문화된 블록체인 정보를 적시적기에 신뢰성 있게 제공하고자 노력하고 있다. 또 대한민국이 블록체인 강국으로 그 중심에 우뚝 설 수 있도록 책임과 역할을 다하겠다는 비전도 제시했다.

[그림12] BLOCKCHAIN TODAY

[그림13] Monthly Magazine 2018.9.

'일상생활을 바꿔 놓을 앱 체험존' 전시품목 중 이미 상용화된 기존사업을 기반으로 한 리버스 업체는 블록체인 기반 친환경 재처리 플랫폼을 만들고 있다. 참여자는 모바일 애플리케이션을 통해 실시간으로 투명하게 확인할 수 있다. 또 블록체인 기술을 통해 지역적 한계를 극복하고 유기성 폐기물 처리를 목표로 나아갈 계획이라고 한다. 또한 생산설비 확대, 복합 미생물을 발효하는 콤포스트 시스템 개발, 기술개발, 마케팅 및 세일즈, 애플리케이션 개발 등을 할 것이고 참여자들은 회사의 발전과 더불어 수익을 공유하게 된다고 한다.

[그림14] 콤포스트의 복합미생물 발효과정

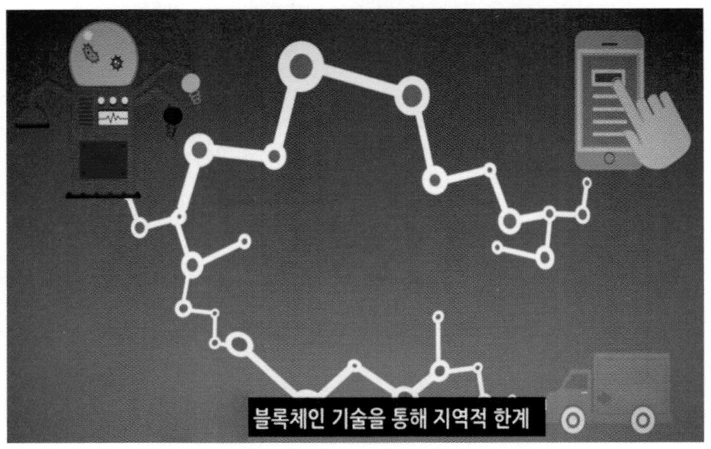

[그림15] 블록체인 기술로 지역적 한계 극복

4. 블록체인 기반 기술개발로 변화되는 미래사회

블록체인 시장이 주목받으면서 블록체인 전문기업들은 메인 넷(메인 플랫폼) 자리를 선점하기 위해 주도권 경쟁을 벌이고 있다. 메인 넷은 블록체인 서비스 전반을 아우를 수 있는 생태계이다. 메인 넷 위에 분산 애플리케이션 댑(Dapp)을 연동하면 다양한 블록체인 서비스를 구축할 수 있다. 블록체인 기반 기술개발로 변화되는 미래사회에 대해 알아보도록 하자.

1) 블록체인 기반 국가의 변화

에스토니아는 블록체인 혁명 선도로 국가권력을 스스로 시민에게 나눠주고 있다. 디지털 세계화를 주도하고 있는 에스토니아는 지난 1997년 전자 거버넌스를 선언하고 2000년 전자세금, 2005년 전자투표에 이어 전자영주권(e-residency), 데이터대사관, 시민코인(에스트코인) 등 국경 없는 디지털국가를 표방하고 있다. 케르스티 칼리울라이드 대통령은 "기술 발전에 앞서 법과 제도부터 미래지향적으로 바꾼 것이 디지털 세계화에 중요한 역할을 했다"고 한다.

에스토니아는 블록체인 기술을 도입해 정부의 투명성과 개방성을 실현하고, 전자주민증(e-ID)은 온라인으로 민간서비스와 공공서비스를 이용할 수 있게 해준다. 신분증에 블록체인을 이용한 의료정보로 응급환자와 건강보험 관리를 한다. 아파서 병원에 가면 의료정보를 스캔해 신속한 의료절차를 밟고 비용까지 줄일 수 있다. 자녀를 출산하면 자동으로 e-ID를 통해 정부지원금을 받을 수 있다. 코드관리는 블록체인으로 한다. 전자영주권 제도로 현재 6,000여 개 이상의 스타트업이 등록을 마쳤다고 한다.

한국정보통신기술진흥센터는 지난 2017년 미국을 기준으로 블록체인 분야 기초·응용·사업화 역량을 종합한 전문가 평가를 했다. 그 결과 우리나라 블록체인 수준은 미국의 76.4%로 2.4년 기술 격차가 난다고 분석했다. 또 유럽, 일본, 중국보다 뒤진 것으로 평가했다.

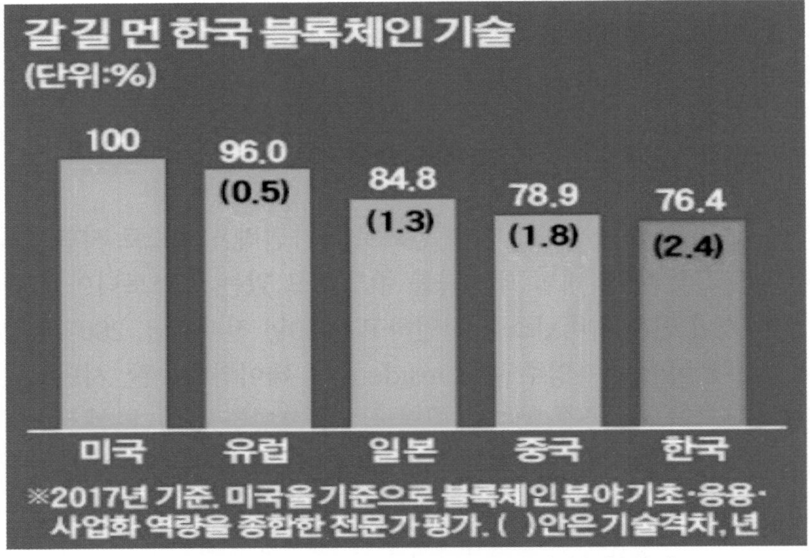

[그림16] ICT기술수준조사보고서 (출처: 정보통신기술진흥센터)

한국과학기술정보연구원은 올해 세계 블록체인 시장 규모를 5억 달러(약 5,500억 원)로 예상하고 있다. 오는 2022년은 37억 달러(약 4조 원)로 시장 규모가 커질 것으로 전망하고 있다. 이에 세계 각국은 블록체인 시장 선점을 위해 발 빠르게 준비하고 있다. 미국 버몬트, 네바다주는 블록체인 기록 법적 효력을 인정하는 법안을 통과했다. 중국은 블록체인을 중점 육성기술로 선정했고, 영국은 정부문서 위·변조와 부정수급 방지 등에 블록체인 적용을 검토했다.

해외의 블록체인 선점 경쟁

미국	버몬트·애리조나·네바다주, 블록체인 기록의 법적 효력 인정하는 법안 통과
중국	블록체인을 중점 육성기술로 선정, 항저우에 '블록체인 산업파크' 조성 추진
영국	과학부 중심으로 정부문서 위·변조, 부정수급 방지 등에 블록체인 적용 검토
에스토니아	블록체인 기반 '디지털 시민권' 도입, 계좌 개설·온라인 송금 등 가능
온두라스	군벌·토호세력의 조작 방지를 목적으로 토지대장 관리에 블록체인 도입 모색

[그림17] 블록체인기술 발전전략 (출처: 과학기술정보통신부)

지난 10월 18일 한국블록체인협회(진대제 회장)는 KAIST 경영대학 이병태 교수팀에 '블록체인과 암호화폐 산업의 고용효과' 분석을 의뢰한 결과 오는 2022년까지 최대 17만 5,000여 개 신규 일자리가 생길 것이라고 전망했다. 가장 낙관적인 성장률 79.6%에서 정부가 규제 시 10만 5,000여 개, 정부가 정책지원 시 17만 5,000여 개 증가로 나타났다. 가장 보수적인 성장률 37.2%는 현재와 같은 정부 규제가 지속되면 신규일자리는 3만 5,000여 개 증가하지만 ICO 허용 및 거래소 육성 등 정책지원 상황에서는 5만 9,000여 개 증가할 것으로 분석됐다.

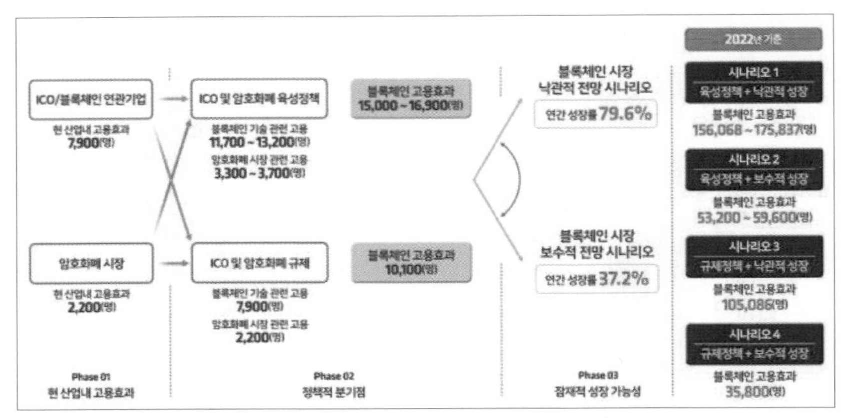

[그림18] 블록체인 및 암호화폐 산업의 고용효과 분석 (출처: 한국블록체인협회)

지난 10월 20일 한국인터넷진흥원(KISA) 관계자는 현재 진행되고 있는 6개 공공부문 시범사업 현황을 비롯 블록체인 산업 진흥을 위한 기술개발과 국내외 블록체인 정책 및 시범사업을 조사 분석해 올해 연말까지 '블록체인 시범사업 사례집'을 만들겠다고 밝혔다.

[그림19] 2018년 선정된 정부 공공부문 6개 시범사업 현황 (출처: 한국인터넷진흥원)

과학기술정보통신부는 최근 블록체인 전문기업 현장간담회에서 "우리나라는 블록체인 글로벌 기술격차가 크지 않다. 이 점에서 국내 기업이 블록체인 분야를 주도해 나갈 수 있는 좋은 기회이고 정부는 전문기업들이 블록체인 시장을 주도해 나갈 수 있도록 적극 나서겠다"고 밝혔다. 우리나라도 블록체인 기술 발전에 앞서 법과 제도부터 미래지향적으로 바꿔 디지털 강국에 이어 디지털 세계화를 주도하는 국가가 되길 바란다.

2) 블록체인 기반 교육의 변화

캘리포니아 홀버튼 스쿨은 교과 과정 이수 인증 시스템을 블록체인 기술 기반으로 구축할 계획을 하고 있다. 블록체인 기술을 활용하면 증명서의 진위 여부를 쉽게 확인하고 학력 위조를 예방할 수 있으며 시간과 비용도 줄일 수 있다.

글로벌 블록체인 프로젝트 아이콘(ICON)은 블록체인 교육 프로그램인 '아이콘 기반 디앱(Dapp) 기획과 개발 실습'을 서울과학종합대학원(aSSIST) 경영전문대학원과 산학협력을 통해 개설했다. aSSIST 경영전문대학원은 미국 뉴욕주립대학, 스위스 로잔 비즈니스스쿨(BSL), 중국 장강경영대학원(CKGSB) 등 해외 교육기관과 복수학위 과정을 운영하고 있다. 블록체인 교육 프로그램은 현업 종사자가 창업이나 신사업을 할 때 '블록체인 기술 적용과 아이콘 플랫폼 운용'을 지원하는데 중점을 두고 있다. 아이콘 재단이사 이정훈 담당교수는 수강생에게 블록체인과 암호화폐 설계 능력 배양과 새로운 비즈니스 모델 구축에 도움을 주는 실무 맞춤 강의로 진행할 계획이라고 한다.

토마스 프레이는 미래의 대학에서 개설될 학과과정으로 우주탐사, 크리스퍼를 이용한 바이오엔지니어링, 스마트시티, 자율농업기술, 스웜봇, 블록체인, 암호화폐, 글로벌 시스템, 무인항공기, 혼합현실, 첨단생식시스템, 인공지능, 양자컴퓨팅 등 새로운 52개 학과를 언급했다. 이것은 아주 일부분에 불과하다고 한다. 이에 대학들은 기술 사회에 적응하기 위해 위험을 무릅쓰더라도 유용한 학과과정을 즉시 개설할 수 있어야 한다고 제시했다.

3) 블록체인 기반 정치의 변화

지난 5월 블록체인 솔루션 기업 보츠(Voatz)는 미국 웨스트버지니아주 북부 지역에서 가장 큰 카운티인 모넌갈리아 지역의 군인과 가족, 부재자 투표를 진행하는 시민들을 대상으로 블록체인 기반 모바일 투표 시스템을 최초로 도입해 부재자 투표 문제를 해결했다. 블록체인의 탈중앙화와 절대적 신뢰성 기반은 정당 문화발전에 도움을 주고 있다. 블록체인 투표 시스템은 안전한 방법으로 언제 어디서든 투표할 수 있어 정치참여를 늘리는데 효과를 준다. 이처럼 블록체인 기술은 더 많은 사람들이 더 쉽게 정치에 참여하도록 의사결정 구조개선, 참정권 확장에 영향력을 미치고 있다. 우리나라 정치권에서도 4차 산업혁명 시대 핵심 기술 중 하나인 블록체인 시스템 활용은 중앙집권화 된 권력을 분산시킨다. 또 국민들과 직접 토론하고 의사결정 할 수 있는 새로운 민주주의 시대의 기반이 될 수 있다. 최근 당 대표 후보의 선거 공약으로 블록체인 기반 전자투표 시스템이 거론되고 있는 실정이다.

핸디소프트 NT연구소(송종철 연구소장)는 제 9회 블록체인 TechBiz 컨퍼런스(2018.09.21)에서 '블록체인 기반 온라인투표 시스템'을 도입하면 각 가이드라인을 만족하기 위한 기술을 유지하거나 변경된다고 한다. 또한 '블록체인 온라인 투표함'은 삭제와 수정이 없고 투표 순서대로 기록되며 블록체인 네트워크의 다수의 노드에 저장된다고 발표했다.

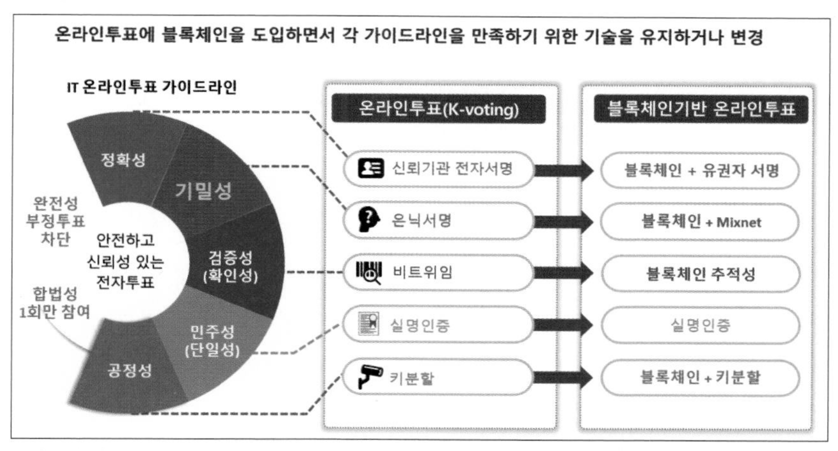

[그림20] IT 온라인투표 가이드라인 (출처: 핸디소프트 블록체인 시범사업 제안자료, 2018.4)

[그림21] 블록체인 온라인 투표함 (출처: 핸디소프트 블록체인 시범사업 제안자료, 2018.4)

4) 블록체인 기반 금융의 변화

금융 산업에서 블록체인 기반 기술은 처리 속도를 향상시키면서 비용을 절감시켜 준다. 블록체인 기반 분산 원장은 거래 타당성을 입증하는 중개인 채널이 없기 때문에 처리 속도를 증가할 수 있다. 또 해외 송금을 할 때 은행이나 개인의 송금을 즉각적으로 할 수 있게 해준다. 네트워크의 모든 거래를 확인할 수 있다. 블록체인은 주식 거래에서 정확도를 높이고 소요되는 시간을 줄이는 등 금융 기관의 핵심 업무에 다양하게 쓰일 수 있다.

은행연합회가 삼성 SDS에 맡겨 개발한 은행인증서 '뱅크사인'은 기존 공인인증서를 대신하는 새 인증 수단이다. 15개 은행에서 타행 인증서 등록 없이 사용하고 비밀번호도 숫자 여섯 자리로 간소화했다. 뱅크사인은 블록체인 기반 분산합의와 이중암호화 기술 개발로 위·변조나 탈취가 불가능하다. 즉 인증 절차는 간소화하고 보안은 강화됐다. 또 블록체인을 활용하면 신뢰와 규칙을 기반으로 자동화가 가능하다. 공유경제는 신뢰와 규칙을 양 축으로 작동된다. 따라서 블록체인은 공유경제 활성화에 기여할 수 있다.

5) 블록체인 기반 의료·보험의 변화

인슈어테크(Insurtech)는 보험(Insurance)과 기술(Technology)의 합성어다. 보험 산업과 정보통신을 융합한 기술로 블록체인 프로토콜을 활용, 이용자의 건강과 행동에 관한 데이터를 기록하고 보험사와 데이터 기록을 연계한다. 이용자의 데이터를 활용하게 되면 현재 상황을 정확하게 파악해 적절한 보험 상품을 추천해 줄 수 있다. 또 블록체인에 기록된 정보들은 위·변조가 거의 불가능해 보험사기나 과도한 보험금 지급을 방지할 수 있다. 이용자의 데이터 기록 제공에 대한 보상 개념으로 코인(토큰)을 제공하는 토큰 이코노미를 적용할 수도 있다.

교보생명은 블록체인을 기반으로 실손보험금 자동청구 서비스를 시범 운영하고 있다. 이 서비스를 이용하면 100만원 미만 소액보험금은 별도의 지급신청 없이 받을 수 있게 된다. 내부직원을 대상으로 가톨릭대성빈센트병원, 인제대상계백병원, 삼육서울병원 등에서 시범운영을 펼치고 있다.

6) 블록체인 기반 물류·운송의 변화

글로벌 물류·운송업체 UPS(United Parcel Service)는 글로벌 물류운송 추적 시스템을 블록체인 기술을 이용해 특허를 신청했다. 이 기술은 분산 운송 데이터베이스와 자율 선택 시스템으로 출하 매개 변수 데이터, 원산지, 목적지를 블록체인 네트워크에 저장하고 운송계획을 생성해 선적한 상품의 이동 경로를 추적할 수 있다. 또한 블록체인에 담긴 데이터를 1차, 2차로 나눠 정보를 이중으로 추적함으로써 정확도를 향상시켰다.

우리나라 관세청은 48개 관련 기관과 기업이 수출품의 세관신고부터 최종 인도까지 단계별로 발생하는 서류를 공유할 수 있는 '수출통관 물류서비스' 사업을 시작했다. 화물을 수출하기 위해 관세청에 신고하는 절차(수출통관, B/L신고)를 위한 각종 기초서류와 관세청 신고서를 블록체인 기반으로 제공하는 수출통관 서비스이다. 블록체인 기반 기술로 거래의 위·변조를 원천적으로 방지할 수 있고 각각의 물류 주체에게 수출을 위한 모든 거래내역이 투명하게 제공된다. 이 서비스 이용 대상자는 관세청, 화주, 관세사, 선사/항공사, 포워더, 터미널, 내륙운송사가 주요 이용 대상자이다. 앞으로는 해외세관과 해외거래처로 서비스 확장이 가능하다. (출처: 관세청 보도자료 2018.5.13)

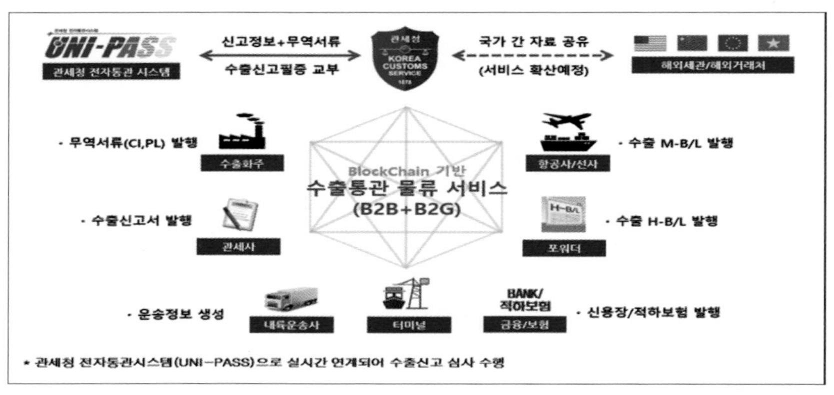

[그림22] 블록체인 기반 수출통관 서비스 개념도 (출처: 관세청 보도자료 2018.5.13)

매트릭스투비 컨소시엄(이희라 본부장)은 제 9회 블록체인 TechBiz 컨퍼런스(2018.09.21)에서 '지능형 개인통관 서비스 플랫폼 구축 시범사업'으로 블록체인 기술적용 방안을 제시했다. 블록체인 기술은 수평적 다중 연계구조로 반복과 중복작업을 해소시킬 수 있다. 또 인적 오류와 위·변조 구간도 최소화할 수 있다고 제시했다.

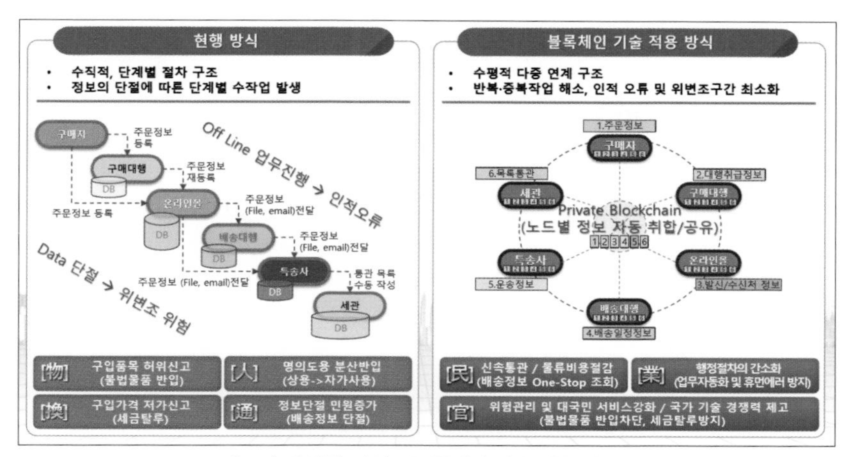

[그림23] 현행 방식 & 블록체인 기술 적용 방식
(출처 : 매트릭스투비 컨소시엄, 제9회 블록체인 TechBiz 컨퍼런스, 2018.09.21)

또한 매트릭스투비 컨소시엄은 '지능형 개인통관 서비스 플랫폼 구축 시범사업'으로 블록체인 적용 목록통관 진행절차를 발표했다. 구매자는 쇼핑몰에서 구매하고자 하는 상품을 주문하고 전자상거래 업체는 상품주문정보를 확인 후 배송을 의뢰한다. 특송사는 블록체인에 공유된 전자상거래업체의 주문 정보를 확인하고 배송과 운송정보를 추가로 등록한다. 주문정보와 운송정보가 자동 취합되어 생성되면 통관목록을 제출한다. 관세청에서는 주문과 운송 등 전 단계 정보를 확인한 후 전자상거래 목록 통관절차를 진행한다.

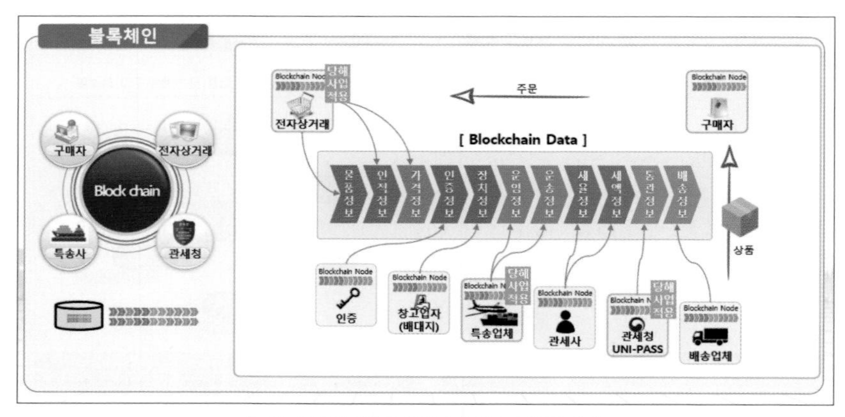

[그림24] 블록체인 적용 목록통관 진행절차
(출처: 매트릭스투비 컨소시엄, 제9회 블록체인 TechBiz 컨퍼런스, 2018.09.21.)

7) 블록체인 기반 암호화폐의 진화

블록체인은 화폐시스템의 명칭인 비트코인을 프로그래밍하기 위한 알고리즘이다. 1세대 블록체인 Digital payment인 비트코인(Bitcoin) 암호화폐는 컴퓨터 코드들의 조합이다. 따라서 블록체인과 암호화폐(crypto-currency)는 알고리즘과 컴퓨터 코드들의 조합으로 떼려야 뗄 수 없는 관계다.

(1) 암호화폐(Cryptocurrency)

암호화폐는 중앙은행이나 정부에서 발행하는 법정지폐와 다르게 암호 학을 기반으로 수학적 문제 해결에 의해 생성된 화폐이다. 암호화폐는 시스템에 자발적으로 참여하고 검증해 주는 네트워크 유지를 위한 인센티브로 사용되기도 한다.

(2) 코인(Coin)과 토큰(Token)

코인은 메인 넷이 있는 블록체인 시스템에서 발생한 암호화폐다. 토큰은 메인 넷의 블록체인 시스템을 빌려 독자적으로 발행한 암호화폐다. 즉 코인이 자신의 망을 갖고 있는 통신사라면 토큰은 기존 망을 빌려 통신사업을 하는 임대사업자로 비유할 수 있다. 이처럼 기존 블록체인 망을 이용한 임대사업자처럼 법 테두리 안에서 창업을 고려해 볼 수도 있다.

(3) 3세대 블록체인으로의 진화

① 1세대 블록체인

1세대 블록체인 Digital payment인 비트코인(Bitcoin)은 사토시 나카모토가 지난 2009년 최초의 디지털 화폐로 만들었다. 비트코인은 공개 소프트웨어 및 P2P 네트워크에 기반 한다. 공개 소프트웨어 비트코인 알고리즘은 누구나 무료로 활용할 수 있다.

② 2세대 블록체인

2세대 블록체인 Smart contract는 디지털 계약 방식으로 블록체인 기술을 기반으로 계약 조건을 코딩하고 조건에 일치하면 계약내용이 이행된다. 일종의 자동화 계약 시스템으로 블록체인 기술을 각종 비즈니스에 확장시켰다. 스마트 계약은 부동산, 주식 등 다양한 거래를 제 3자가 없는 당사자 간 P2P 거래를 가능하게 한다. 이더리움(Ethereum)은 스마트 계약을 지원하는 대표적인 플랫폼이고 이더리움 오픈 소스는 누구나 활용할 수 있다.

③ 3세대 블록체인

3세대 블록체인은 Smart business-governance로 진화되고 있다. 아이콘, 이오스, 클레이튼 등 3세대 블록체인 플랫폼은 이더리움의 단점인 거래가 체결될 때마다 발생하는 수수료와 느린 정보처리 속도를 대체하는 프로젝트를 내고 있다. 그러나 이스라엘의 블록체인 플랫폼 개발기업 옵스(Orbs)는 이더리움 장점은 살리면서 별도의 체인을 연결하는 방식으로 느린 속도 문제를 해결하고 있다. 옵스는 이더리움의 장점과 옵스만의 장점을 모두 채택해서 플랫폼을 개발하고 있다. 글로벌 IT 시장조사 전문 업체 가트너가 올해 주목할 만한 블록체인 기업으로 옵스를 선정했다. 그 이유는 블록체인 기반 애플리케이션(Dapp) 제공과 블록체인 플랫폼이 해결해야 할 과제인 확장성에 대한 가능성을 높게 평가했기 때문이다.

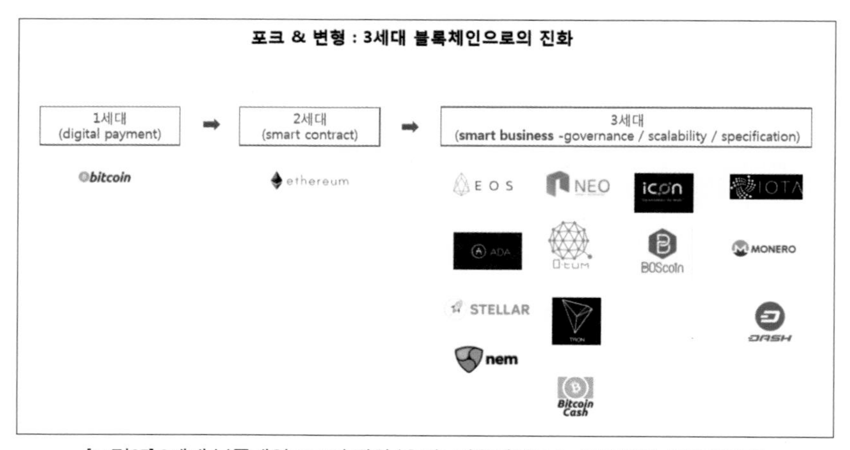

[그림25] 3세대 블록체인으로의 진화 (출처: 김용태연구소, 블록체인 사업만들기)

5. 블록체인 기술개발에 필요한 역량과 교육

1) 창의성

지난 2016년 알파고와 이세돌 9단의 대국에서 4대 1로 알파고가 승리했다. 앞으로 우리의 경쟁 상대는 인공지능 컴퓨터가 될 수 있다. 인공지능과 경쟁에서 이길 수 있는 해답은 창의성이라고 생각한다. 상상력과 엉뚱한 조합은 감성과 영성을 가진 인간이 잘 할 수 있는 영역이다.

지하철을 타면 대부분의 사람들이 스마트 폰으로 무엇인가 하고 있다. SNS로 소통하고 시간과 공간을 초월하게 됐다. 포털 사이트를 통해 지식을 전달받고 검색도 한다. 지금은 지식을 보유하지 않더라도 필요한 정보를 찾아 활용하고 새로운 가치를 창출하는 시대이다.

4차 산업혁명 시대 첨단기술이 인간의 일을 대신할수록 인간의 기본적인 가치와 창의적인 가치는 더 증가할 것이다. 창의성은 기존 지식을 연결하고 통합해 새로운 가치를 창출하고 실현 가능하게 한다. 미국의 심리학자 칙센트미하이 교수는 창의성을 발휘하기 위해 분명한 목표, 도전과 성취, 즉각적인 피드백을 받을 수 있는 환경이 필요하다고 언급했다.

2) 융합적 사고

스티브 잡스는 인문학과 학교교육에서 배운 IT 기술의 융합은 상상력의 근원이 된다고 한다. 애플의 상품 철학은 어떤 상품을 만들어 내는 것이 아니라 그 상품으로 사람들이 무엇을 할 수 있을까를 고민하는 것이다. 일반 회사가 하드웨어 기계에 집중하고 있을 때 애플은 콘텐츠와의 융합에 힘을 쏟았다. 이것은 기술과 인문의 융합이라고 할 수 있다. 융합적 사고는 이미 만들어 놓은 것을 엉뚱한 상상력으로 재조합해 새로운 것으로 탈바꿈시켜 준다.

융합형 인재는 혁신가의 특징에서 찾아볼 수 있다. 하버드대 혁신가 특징에 대한 연구 프로젝트에서 '혁신가는 자유로운 상상으로 외형상 서로 관련 없어 보이는 사물을 연관 짓는 능력에 있다'고 결론을 내렸다. 이와 같이 융합형 인재는 자기 전공분야는 물론 다른 분야에도 폭넓은 이해와 관심을 갖고 사물과 사물을 연관 짓는 능력이 필요하다. 따라서 4차 산업혁명 시대는 자기 분야의 깊이 있는 지식과 다른 분야를 조합할 수 있는 능력을 갖춘 융합형 인재를 요구한다.

3) 통찰력

통찰력은 본능적인 계산 능력에 경험과 지식, 연륜 등이 더해져서 사물이나 현상을 꿰뚫어 보는 능력이다. 부자가 된 사람들은 공통적으로 '돈이 잘 벌릴 때는 돈이 보인다'는 말을 한다. 다시 말하면 돈이 보이니까 돈을 벌 수 있다는 것이다.

돈을 벌고자 하는 사람은 시장의 흐름을 보는 힘이 있어야 한다. 자리에 앉아서 분석하고 기획하는 것보다 소비자의 트렌드와 시장의 변화를 알아챌 수 있는 통찰력이 필요하다. 통찰력은 다른 말로 촉을 키우는 것이다. 촉을 키우려면 대상에 대한 관심과 사랑, 보려고 하는 간절함이 필요하다. 블록체인 기반 기술개발 등 사업에 성공하고자 하는 사람은 촉이 살아 있어야 한다. 남들이 못 보는 것을 보고 생각하지 못하는 것을 생각할 수 있는 통찰력이 있어야 한다.

4) 도전정신

도전정신은 목표를 세우고 열정을 갖고 꾸준히 실천하는데 원동력이 된다. 실패를 두려워하지 않고 포기하지 않으며 목표를 향해 정면으로 맞서 싸우는 힘이다.

미국 위스콘신 대학의 조지프 라피(Joseph Raffiee)와 지에 펑(Jie Feng) 박사팀이 지난 1994년부터 2008년까지 20대에서 50대 기업가 5,000명을 추적 조사했다. 그 결과 창업자들이 성공한 가장 큰 요인은 창의적이고 위험을 무릅 쓰고 도전한 일과 '리스크를 잘 관리한 사업가'였다고 한다. 이에 한국블록체인스타트업협회 신근영 회장은 모든 사업은 예상과 다르게 전개되기 마련이다. 이런 과정에서 초기의 계획을 수정하더라도 리스크를 잘 관리하는 일과 도전정신을 강조했다.

5) 메이커(Maker) 교육

메이커는 소프트웨어나 하드웨어 등 다양한 도구를 활용해 창의력과 상상력으로 제품, 서비스를 생각해내고 개발하는 사람과 단체를 말한다. 메이커들은 창의적인 만들기 활동을 일상에서 실천하고 결과물에 대한 지식과 경험을 공유하는 특성을 갖고 있다.

전문 메이커들은 취미로 만들던 제품을 생산하고 재료들을 소비하는 프로슈머 형태를 갖게 된다. 메이커는 초기에 취미와 재능으로 시작하고 오랜 시간 만들기를 하게 되면서 몰입을 통한 행복과 자신감을 갖게 된다. 초보메이커, 전문메이커, 제조창업의 단계를 밟으며 성장한다. 메이커 생태계에서는 무엇이든 소재가 되고 재료가 될 수 있다.

메이커 교육은 4차 산업혁명 시대 창업의 범위를 넓히고 제조업을 촉진하는 원동력이 된다. 블록체인 기반으로 개발된 플랫폼을 활용해 진로를 개척하고 창업이나 신사업을 펼칠 수도 있다. 모든 것을 만든 원동력은 사람들이 가지고 있는 만들기에 대한 본능이다.

전략적인 메이커 교육을 위해 창의적 인재들의 인적 인프라 구축이 필요하다. 또 메이커 교육의 전제 조건으로 스토리텔링과 브랜딩 기술, 첨단기술을 제품에 통합하는 디지털 전환을 내세울 필요가 있다.

6) STEM 교육

STEM(Science Technology Engineering Mathematics)은 각각 분야별로 교육하기보다는 유기적으로 결합된 교육이다. STEM은 프로젝트에 각 요소를 통합한 융합교육으로 미국과 영국에서 과학기술분야 우수인재를 양성하기 위해 STEM 교육을 실시하고 있다. 미국 통계청은 지난 10년간 미국 내의 STEM 분야 일자리는 3~4배가 증가했다고 발표했다. 또 미국 대학들은 STEM 영역에 대한 투자를 확대하고 있는 추세이다.

STEM 교육은 과학과 수학의 개념과 원리를 바탕으로 공학과 기술을 실생활에 연계해 문제를 해결하도록 한다. 따라서 과학기술과 수학이 수업 내용에서 중심 역할을 한다. 국내 블록체인 개발자 비트브릿지(BIT BRIDGE) 윤승완 대표는 블록체인 기술이 지향하는 바는 금융과 데이터, 시스템의 탈중앙화를 통한 혁명이라고 했다. 이를 위한 알고리즘 개발은 소프트웨어 개발자가 아닌 수학자라고 말했다.

수학은 모든 학문의 기초가 되고 창조적 생각을 움트게 하는 학문이다. 블록체인과 AI도 수학을 기반으로 진화하고 있다. 논리적으로 결함이 없는 알고리즘을 만들기 위해서는 수학적으로 완결된 공식 같은 논리가 필요하다. 난제를 해결할 수 있는 수학자의 역량도 중요하다.

필자도 블록체인 기반 스타트업이나 기존 사업가들이 창의적이고 위험한 일에 도전하고 리스크 관리도 철저히 해서 창업과 사업 확장에 꼭 성공하기를 바란다. '젊어서 고생은 사서도 한다'는 말처럼 청년시절 실패를 두려워하지 말고 끊임없이 도전하길 바란다. 이때 우리 사회 제도는 청년들의 끊임없는 도전에 응원을 보내고 실패를 경험했을 때 딛고 일어설 수 있는 시스템 구축이 필요하다.

7) 평생 교육

요즘 주변에서 90세 전후인 어르신들을 자주 뵐 수 있다. 농담 반으로 '앞으로는 운이 나쁘면 120세 이상 산다'는 말을 흔히 한다. 노후를 잘 준비해야 된다는 뼈있는 말이기도 하다. 나는 어떤 삶을 살아갈 것인가? 아마도 건강할 때까지 일거리를 갖기를 많은 사람들이 희망할 것이다. 일거리를 가지려면 어떻게 해야 할까? 평생교육, 평생학습이 해답이 아닐까 싶다.

초등교육에 41년 이상 몸담은 직장에서 퇴직하고 인생 이모작 1년을 막 지낸 필자의 생활을 이야기하면서 마무리로 평생교육에 대해 함께 생각해 보고자 한다.

지난 2012년 4월 학생 성교육을 오신 외부강사와 1시간 정도 담소를 나눌 기회를 가졌다. 이야기 중에 성교육 강사는 필자에게 노인상담을 하면 좋겠다는 피드백을 했고 교육장소를 알아봐주겠다는 약속까지 했다. 한 달 뒤 노인상담 과정이 열리는 장소를 잊지 않고 알려주었다. 약속을 지킨 일에 감사한 마음으로 퇴근 후 저녁 7시부터 10시까지 1주일에 2회씩 3달 동안 72시간 노인상담 학습 과정을 등록했다. 꾸준히 학습한 결과 노인상담 2급 자격증을 받았다.

노인상담 학습은 필자에게 평생학습의 포문을 열게 해 준 참 의미가 있는 교육이었다. 그 후부터 평일 퇴근 후 주말이나 방학을 이용해 평생학습은 계속 이어졌다. 서울특별시교육청 감정코칭 강사 과정, 교류분석상담사 2급, 1급, 수퍼바이져 과정, 진로전문상담사 2급, 1급, 전문강사, 수련감독 과정, 한국코치협회 KAC 인증코치, KPC 전문코치, 예비부부코칭지도사, 코칭지도사 1급, 학습컨설턴트 1급, 부모교육상담사 1급, 성희롱예방교육강사, 인성교육강사 1급, 뇌교육사, 4차산업혁명연구원 전문강사, 청소년상담심리사 1급, 부모교육상담사 전문가, SNS지도사, 모바일지도사, 소셜마케터, 최근에 여가레크레이션 지도사 과정까지 마쳤다. 올 9월부터 사회복지사 2급 자격증 과정을 학습하고 있으며 대학원에서 상담심리치료학과 박사과정을 시작했다.

지난 2012년부터 쉼 없이 진행 중인 평생학습으로 퇴임 후 1년 남짓 프리랜서 활동은 바쁘고 활기찼다. 그동안 배운 학습과 학습을 융합해 연수 현장에서 요구하는 강의 주제에 맞춤식 교육을 펼쳐나갈 수 있었다. 예로 '4차 산업혁명 시대 미래교육', '4차 산업혁명 시대 필요한 자녀교육', '4차 산업혁명 시대 필요한 학생교육', '4차 산업혁명 시대 필요한 진로교육', '4차 산업혁명 시대 대비한 진로상담 방향', '4차 산업혁명 시대 미래직업 탐구', '직업카드 활용한 진로상담', '홀랜드 적성검사 활용한 진로상담', '코칭 기술', '교류분석' 등이다. 또 지난해에 산고를 치르며 공저로 '4차 산업혁명 지금이 기회다!' CHAPTER 05 '4차 산업혁명 시대에 필요한 자녀교육'을 주제로 책도 썼다. 이 책 내용은 현장에서 요구하는 맞춤식 강의에 커다란 밑거름 역할을 한다.

[그림26] NAVER: 방명숙강사

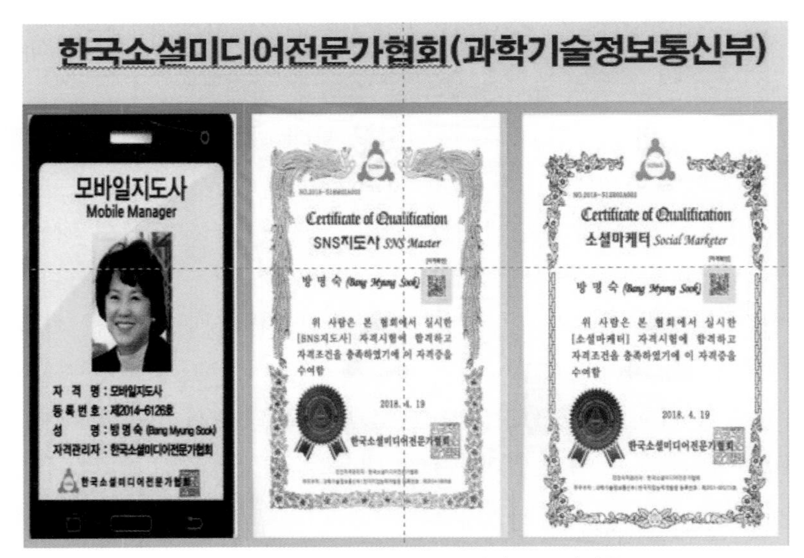

[그림27] 한국소셜미디어전문가협회, SNS자격증

Epilogue

블록체인은 분산원장의 한 종류로 투명성을 제공하고 신뢰를 구축하여 비즈니스 생태계에서 마찰 감소로 잠재적 비용을 절감할 수 있다. 또한 거래 합의 시간 단축과 현금 흐름의 개선으로 산업 생태계를 재구성할 것이다. 블록체인 네트워크의 참여자 모두 공동으로 거래 정보를 검증하고 기록, 보관해 제3자가 없어도 거래 기록 데이터베이스의 정확성을 보장해주는 무결성과 함께 신뢰성을 확보한다. 이처럼 블록체인 구조는 정보에 투명성과 무결성을 제공함으로써 신뢰성을 부여하게 된다. 이는 신뢰 제공에 드는 비용을 블록체인이 대신할 수 있어 서비스 제공 효율성을 높일 수 있다.

블록체인의 기본 가치는 탈중앙화와 분산화로 99%의 집단지성이 발현될 수 있도록 도와주는 것이다. 탈중앙화는 사람의 개입 없이 알고리즘에 의해 관리된다. 1%가 중심인 중앙집권적 시스템의 한계를 극복해 주고 누구나 평등하게 참여하며 기여한 만큼 보상을 받을 수 있다. 4차 산업혁명의 결정체로 새로운 경제 체제를 예고하고 중앙집권적 시스템의 한계를 극복해 준다.

세계 각국은 블록체인 시장 선점을 위해 발 빠르게 준비하고 있다. 미국 버몬트, 네바다주는 블록체인 기록 법적 효력을 인정하는 법안을 통과했다. 중국은 블록체인을 중점 육성기술로 선정했고, 영국은 정부문서 위·변조와 부정수급 방지 등에 블록체인 적용을 검토했다. 이처럼 전 세계 많은 스타트업과 기존 사업가들은 블록체인 기술을 연구하고 새로운 플랫폼 개발에 박차를 가하고 있다.

개발자들은 직면한 과제들을 해결하기 위한 연구를 계속하다 보면 새로운 생태계가 구축될 것이라 생각한다.

현재 우리나라에서 블록체인 프로젝트를 기획했던 개발자들은 스위스, 몰타, 홍콩, 싱가포르 등에 법인을 설립한 뒤 ICO를 진행하기도 한다. 이에 정부는 블록체인 기반 스타트 업이나 이미 상용화된 기존사업을 기반으로 하는 리버스 업체의 혁신적인 성장을 위해 법의 테두리를 만들어 주고 추후 규제와 개혁을 실시해야 된다고 생각한다. 스위스 주크시처럼 ICO는 허용하되 백서를 이행하지 않거나 사기가 포착되면 네거티브 규제를 하는 등 법의 테두리를 만들어 주고, 추후 규제와 개혁을 실시하기를 바란다.

과학기술정보통신부는 최근 블록체인 전문기업 현장간담회에서 '우리나라는 블록체인 글로벌 기술격차가 크지 않다. 이 점에서 국내 기업이 블록체인 분야를 주도해 나갈 수 있는 좋은 기회이고 정부는 전문기업들이 블록체인 시장을 주도해 나갈 수 있도록 적극 나서겠다'고 밝혔다. 우리나라도 블록체인 기술 발전에 앞서 법과 제도부터 미래지향적으로 바꿔 디지털 강국에 이어 디지털 세계화를 주도하는 국가가 되길 희망한다.

블록체인 기술개발에 필요한 역량으로 창의성은 기존 지식을 연결하고 통합해 새로운 가치를 창출하고 실현 가능하게 한다. 4차 산업혁명 시대 첨단기술이 인간의 일을 대신할수록 인간의 기본적인 가치와 창의적인 가치는 더 증가할 것이다. 또한 4차 산업혁명 시대는 자기 분야의 깊이 있는 지식과 다른 분야를 조합할 수 있는 능력을 갖춘 융합형 인재를 요구한다. 블록체인 기반 기술개발 등 사업에 성공하고자 하는 사람은 촉이 살아 있어야 한다. 즉 남들이 못 보는 것을 보고 생각하지 못하는 것을 생각할 수 있는 통찰력이 있어야 한다.

블록체인 기술개발에 필요한 메이커 교육은 4차 산업혁명 시대 창업의 범위를 넓히고 제조업을 촉진하는 원동력이 된다. 블록체인 기반으로 개발된 플랫폼을 활용해 진로를 개척하고 창업이나 신사업을 펼칠 수도 있다. 모든 것을 만든 원동력은 사람들이 갖고 있는 만들기에 대한 본능이다. 블록체인 기반 기술개발자는 난제를 해결할 수 있는 수학자의 역량도 중요하다. 즉 논리적으로 결함이 없는 알고리즘을 만들기 위해서는 수학적으로 완결된 공식 같은 논리가 필요하다.

필자는 블록체인 기반 스타트 업이나 기존 사업가들이 창의적이고 위험한 일에 도전하고 리스크 관리도 철저히 해서 창업과 사업 확장에 꼭 성공하기를 바란다. '젊어서 고생은 사서도 한다'는 말처럼 청년시절 실패를 두려워하지 말고 끊임없이 도전하길 바란다. 이때 우리 사회 제도는 스타트 업이나 기존 사업가들의 끊임없는 도전에 응원을 보내고 실패를 경험했을 때 딛고 일어설 수 있는 시스템 구축이 필요하다고 생각한다.

참고문헌

- 가상화폐 비즈니스 연구회, 60분 만에 아는 블록체인, 국일증권경제연구소, 2018
- 김용태, 블록체인으로 무엇을 할 수 있는가, 연암사, 2018
- 김용태, 손정의가 선택한 4차 산업혁명의 미래, 연암사, 2018
- 김용태, 야해야 청춘, 위즈덤하우스, 2014
- 방명숙 외 10명, 4차 산업혁명 지금이 기회다!, 한국경제신문i, 2018
- 쉬밍싱 외 2명, BLOCKCHAIN 알기쉬운 블록체인, BookStar, 2018
- 유은숙 외 9명, 4차 산업혁명 Why?, 한국경제신문i, 2018
- 정민아 외 1명, 하룻밤에 읽는 블록체인, 블루페가수스, 2018
- 최인수 외 6명, 4차 산업 수업 혁명, 다빈치books, 2018
- 최인수, 창의성의 발견, 쌤앤파커스, 2014
- 최재용 외 10명, SNS활용 선거전략 비법공개, 미디어북, 2017

참고자료

- 과학기술정보통신부, 글로벌 표준 컨퍼런스(GISC), 2018
- 관세청, 블록체인 기반 수출통관 서비스 개념도, 2018.05.13
- 매트릭스투비 컨소시엄, 제9회 블록체인 TechBiz 컨퍼런스, 2018.09.21
- 블록체인AI뉴스, 토마스 프레이, 미래의 대학, 2018.10.02
- 블록체인 솔루션 기업 보츠(Voatz), 블록체인 기반 모바일 투표 시스템 최초 도입, 2018.5
- 정보통신기술진흥센터, ICT 기술수준 조사보고서, 2017
- 한국경제, 신근영의 블록체인 알쓸신잡, ICO 후폭풍 쓰나미, 2018.10.02
- 한국경제 IT/과학, 오세성 한경닷컴기자, 파운데이션엑스(황성재 대표) 인터뷰, 2018.09.30
- 한국과학기술정보연구원, 세계 블록체인 시장 규모, 2018

- 한국블록체인협회, 진대제 회장, 블록체인 및 암호화폐 산업의 고용효과 분석, 2018.10.18
- 한국인터넷진흥원(KISA), 정부 공공부문 6개 시범사업 현황, 2018.10.20
- 한국정보통신기술진흥센터, 블록체인 분야 기초·응용·사업화 역량을 종합한 전문가 평가
- 핸디소프트 NT연구소, 송종철 연구소장, 제 9회 블록체인 TechBiz 컨퍼런스, 블록체인/ 기반 온라인투표 시스템, 2018.09.21
- BLOCKCHAIN TODAY, 정주필 대표, Online Daily & Monthly Magazine
- KAIST, 4차 산업혁명 시대 빅 데이터 플랫폼 이용 이익창출 모델조건
- ROA 컨설팅마케팅혁신랩 한성철 연구소장, 스타트업의 세 가지 조건

제4차 산업혁명 시대와 인성의 발견

변 해 영

사단법인 4차 산업혁명연구원 공동대표이며 대한민국 인성엔꿈 중앙회장이다. 인간과 인공지능(AI)의 만남과 그 속에서 인간본성, 즉 人性의 발견과 社會關係力에 천착하는 미래사회학자이며 인성교육전문가(PTS)이다. 경기대 정치전문대학원 정치학박사이며, [하나되면 더 큰 코리아]와 [스마트파워국가]를 만들기 위한 다양한 연구와 저술을 하고 있다. 또한 국가 저출산 문제와 초고령사회를 대비한 인구교육전문가(PES)로서 강연활동을 왕성하게 진행하고 있다.

이메일 : bhy109@naver.com
연락처 : 010-7742-2500

제4차 산업혁명 시대와 인성의 발견

Prologue

세상은 빠르게 변하고 있다. 제4차 산업혁명은 인공지능의 시대라 해도 과언이 아니다. AI와 인간이 경쟁하는 시대가 온 것이다. 그래서 미래는 기회인 동시에 위기이다. 과연 제4차 산업혁명은 혁명(revolution)으로 존재할 것인가? 아니면 혁명이 아니라 혁신(innovation)으로만 보아야 하는가? 과거 산업혁명은 생산과정의 혁신뿐 아니라 인류의 생활패턴과 구조를 완전히 바꿨다. 인공지능의 발전과 자동화로 대표되는 제4차 산업혁명은 그 어느 때보다 더 큰 사회의 변화를 혁명적으로 가져오고 있다. 중요한 것은 '산업혁명'이라는 단어에 집착하지 말고 클라우스 슈밥(Klaus Schwab)이 이야기하는 '제4차 산업혁명'의 내용에 주목할 필요가 있다.

‘산업 혁명’이라는 관점에서의 핵심 키워드는 인공지능과 로봇을 통한 자동화와 무인화이다. 애플은 ‘팍스봇’으로 아이패드의 생산을 무인화 했으며, 아디다스는 ‘스마트 팩토리’를 통해 운동화를 로봇 생산화 했다. 아마존의 물류 및 배달 무인화 역시 이러한 4차 산업혁명의 일부로 기록될 것이다. 산업에서 생산, 물류, 판매가 모두 무인화한다면 순수한 인간지능이 설 자리는 과연 어디일까 궁금하기만 하다.

제4차 산업혁명의 시대, 인공지능 포비아(phobia) 현상의 증가는 자칫하면 조지오웰(George Orwell)의 지난 1984년과 같은 암울한 사회를 만들어 낼 수도 있다. 또한 새로운 팬옵티콘(Panoption)의 사회는 빅브라더가 지배하는 동물농장의 어두운 미래를 가져 올 수도 있다. 미래에 대한 무지는 우리에게 두려움을 주는 가장 큰 이유가 되지 않을까 싶다.

우리나라는 산업화, 민주화를 달성하면서 역설적으로 물질만능주의와 개인주의를 만들어 냈다. 그동안 오로지 앞으로, 앞으로만 외치면서 인간의 가치와 존엄에 대해선 깊이 생각하지 않았다. 이제는 인성도 배우고 터득해야 한다. 내가 만들지 않으면 절대 스스로 생성되지 않는다. 우리는 남과 다른 나를 발견하고 자신의 삶에 의미와 가치를 부여하면서 자신과 공동체 그리고 인류의 미래를 위해 끊임없이 연구하고 헌신하는 삶이 참다운 인생의 모습이 아닐까 생각한다. 이것이 바로 ‘인격’이며 ‘인성’이다. 이러한 인격은 저절로 만들어지지 않는다. 끊임없는 수양, 즉 마음공부를 통해서 이뤄내야 한다. 그리고 개인의 정의로운 가치관을 사회화 과정을 통해 인간의 선한 행위로 나타나게 만들어야 한다.

더불어 눈부신 산업혁명의 여러 혁신 속에서도 자신을 가장 소중히 여기는 자존감은 자신뿐만 아니라 타인의 삶과 인격도 존중하고 인정하며 배려하는 초 연결 사회를 더욱 촘촘하게 만들 것이다. 또한 사람과 사람의 끊임없는 새로운 소통방식은 제4차 산업혁명의 긍정적인 공감과 연대의식을 만들어 낼 것이다. 이제는 함께 살아가는 공동체의 선한 목표를 달성하는 기저에는 공동체 구성원의 인간 관계력이 될 것이며 이를 이루는 사람의 인격과 인성의 발견이 중요한 부분을 차지할 것으로 본다.

제4차 산업혁명의 도도한 물결 속에서 매우 다행스러운 것은 우리가 그동안 간과했던 인성교육이 세계 최초로 법률로 제정돼 우리의 인간다운 삶과 행복을 한 단계 더 보듬고 살펴볼 수 있는 계기가 된 것에 대해 긍정적으로 생각한다. 제4차 산업혁명은 인성의 발견과 반드시 함께 가야 한다. 양자의 공존이 성공하지 못하면 제4차 산업혁명은 인간이 원하는 진정한 혁명이 아니라 미완의 혁신, 누구도 예기치 않은 새로운 문명의 쿠데타로 귀결될지도 모르겠다.

1. 제4차 산업혁명은 새로운 시대의 출발

요즘 세상의 핵심 키워드는 단연 '제4차 산업혁명'이다. 매년 1월 스위스에서 열리는 다보스 포럼(Davos Forum)은 지난 2016년에는 '제4차 산업혁명'을, 2017년에는 '소통과 책임 리더십'을 선언했다. 그리고 지난 2018년도에는 '분열된 세계에서 공유미래 만들기'를 주제로 세계를 분열시키는 5가지 요인 즉 불평등, 성차별, 기후변화, 정치적 양극화, 교육 불평등 등을 주요 의제로 해 활발하게 대책을 논의했다.

이 포럼의 회장인 클라우스 슈밥(Klaus Schwab)은 "제4차 산업혁명은 '쓰나미'처럼 매우 빠른 속도로 변화를 가져올 것이며, 지금까지 우리 인류가 전혀 경험해 보지 않은 것이 될 것이다"라고 했다. 특히 앞으로는 생각하고 일하는 방식을 총체적으로 다 바꿔야(resetting) 할 것을 강조했다.

제4차 산업혁명시대는 모든 것이 연결되고 고도로 지능화된 '초연결사회'가 된다. 우리는 살아가면서 지금까지 알고 있던 지식과 상식이 하루아침에 무용지물이 되는 일에 직면하게 된다. 인공지능, 클라우드, 빅 데이터, 모바일, 드론, 로봇틱스, 자율자동차, 사물인터넷, 3D프린팅, 웨어러블 기기 등의 혁신적인 기술들이 인공지능의 시대, 제2의 기계화 시대를 열어간다. 인공지능이 인간지능을 뛰어넘을 것이고 일자리도 소수 고소득 전문직종과 저소득 단순 노동 그룹으로 양극화될 것이다.

제4차 산업혁명의 핵심 기술을 인간에게 적용하기 위해서는 인간의 본질을 다루는 인문사회 문화적 가치와 관점에서 제4차 산업혁명을 해석하고 탐구해야 한다. 과학기술의 발달은 인류에게 축복을 주지만 인간중심의 과학기술 발전이 전제되지 않는다면 그것은 축복이 아니라 재앙이 될 수도 있다. 미래 인류의 인간다운 삶을 위해서는 제4차 산업혁명 시대를 견인하는 인간본성의 새로운 발견은 시급한 과제가 아닐 수 없다.

[그림1] 세계경제포럼에서 연설하고 있는 클라우스 슈밥(출처: google / biz.chosun.com)

1) 역사적 의의

'혁명'은 급진적이고 근본적인 변화를 의미한다. 인류 역사 속의 대부분의 혁명은 신기술과 새로운 세계관이 경제체제와 사회구조를 완전히 변화시키면서 시작한다. 약 1만 년 전 수렵과 채집생활을 하던 인류는 농경생활이라는 첫 번째 큰 변화를 맞았다. 농업혁명은 생산, 운송, 의사소통을 목적으로 한 인간과 가축의 노력이 맞물려 이뤄졌다. 식량을 생산하면서 인구도 증가했으며 많은 사람들이 정착하게 됐다. 그 결과 도시가 탄생했으며 근대국가로의 모습을 점차 갖춰갔다.

18세기 중반부터는 인간의 노동력이 기계의 힘으로 옮겨가는 대변혁이 일어났다. 지난 1760~1840년경에 걸쳐 발생한 제1차 산업혁명은 철도 건설과 증기기관의 발명을 바탕으로 기계에 의한 생산을 이끌었다. 19세기 말에서 20세기 초까지 이어진 제2차 산업혁명은 전기와 생산조립라인의 출현으로 대량생산이 가능해졌다. 지난 1960년대에 시작된 제3차 산업혁명은 반도체와 PC, 인터넷이 발달을 주도하면서 디지털 혁명을 가져왔다.

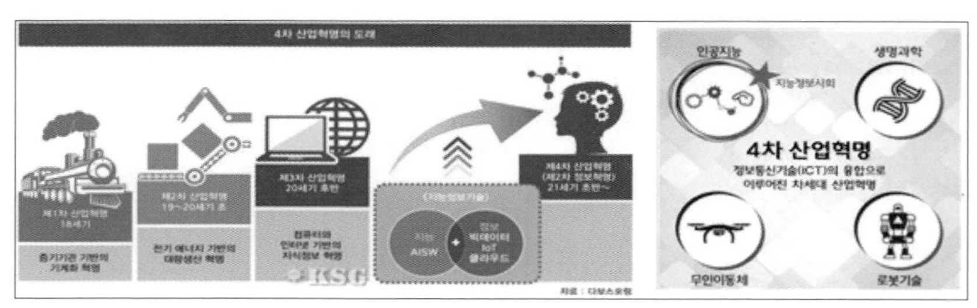

[그림2] 4차 산업혁명의 역사적 의의(출처: google / ksg.co.kr / wintriplek.tistory.com)

이러한 디지털혁명을 기반으로 한 제4차 산업혁명은 21세기의 시작과 동시에 출현했다. 인공지능, 로봇기술, 생명과학이 4차 산업혁명을 주도하면서 기업들이 제조업과 정보통신기술(ICT)을 융합해 작업경쟁력을 제고하는 차세대 산업혁명이라고 할 수 있다. 로봇이나 인공지능(AI)을 통해서 실재(實在)와 가상(假想)이 통합돼 사물을 자동적, 지능적으로 제어할 수 있는 가상 물리 시스템의 구축이 기대되는 산업상의 변화를 추구한다.

컴퓨터 하드웨어, 소프트웨어, 네트워크가 핵심인 디지털 기술은 제3차 산업혁명 이후 더욱 정교해지고 통합적으로 진화해 세계 경제와 사회변화를 이끌고 있다. 그러나 아직도 제4차 산업혁명을 경험하지 못한 지구촌 곳곳의 사람들이 있다. 약 13억 명에 이르는 사람들이 인터넷은 고사하고 심지어 전기조차 사용하지 못하는 실정이다. 무엇보다 중요한 것은 세계 시민들의 과학기술 발전에 대한 혁신·수용 의지가 사회발전을 이루는 큰 요인이 된다는 것이다.

또한 제 4차 산업혁명은 인류 역사에 있어서 앞 선 세 번의 산업혁명과 마찬가지로 엄청난 영향력을 행사하며 역사적으로 큰 의의를 갖고 있다. 새로운 혁명은 상상력과 창의성을 기반으로 뛰어난 컴퓨터의 계산능력, 빅 데이터 등을 활용하며 융합과 협업을 통해서 새로운 가치를 만들어 내는 프레임으로 도약할 것이다. 전 세계 누구와도 함께 생각을 나누고 일해 나가야 하는 시대로 다양한 사람들의 '다른 생각'들을 모아갈 때 더욱 경쟁력이 있고 더욱 생산적이 된다는 것을 깨달아야 한다. 따라서 이를 견인하고 관리해야할 미래 혁신 리더십을 찾아내고 제4차 산업혁명으로 파생될 수 있는 분열적이고 비인간화되는 인간에게 사람이 중심이 되게 하는 올바른 인성의 존재와 인성교육의 방향성은 그 무엇보다 중요하다.

2) 인간과 인공지능(AI)의 진화

인간의 지능을 뛰어넘는 인공지능의 존재는 가능한 일일까? 인간과 구별할 수 없는 AI 로봇의 등장은 인류에게 현실로 다가올 것인가? 인간의 지능과 인공지능이 같아지는 시점이 대략 오는 2045년 이라고 하니 그렇다면 그 이후에는 인공지능이 인간보다 더 스마트해지지 않을까 궁금하기도 하고 두렵기도 한 것이 사실이다.

우리가 흔히 말하는 인공지능(AI)이라고 하면 영화 터미네이터의 로봇틱스를 생각할 것이다. 그러나 앞으로 다가올 제4차 산업혁명 시대의 인공지능(AI)은 로봇만이 아니다. 지난 2016년 3월 구글 딥마인드의 '알파고'는 인류에 큰 충격을 가져왔다. 인공지능(AI)이 인간을 절대로 이길 수 없다고 여겨왔던 바둑에서 인간대표 이세돌 9단이 무릎을 꿇었던 충격의 여파는 사람들을 일시에 무력감과 우울증에 빠지게 했다.

알파고 쇼크 이후 AI에 관한 적극적인 관심과 연구는 열병처럼 번져갔다. 인공지능(AI) 관련 시장도 빠르게 성장하고 있다. 미국의 IT 시장 조사업체 IDC(Internet Date Center)의 최근 보고서에 따르면 AI시장 규모는 지난 2016년 80억 달러에서 오는 2020년에는 470억 달러로 증가될 전망이다. 인공지능(AI)은 인공지능 통역에서부터 사람의 마음을 읽는 인공지능까지 등장하는 등 여러 분야에 걸쳐 빠르게 진화하고 있다.

이제는 기계의 차원과 경계를 넘어 삶을 함께 공유하는 관계와 존재 속에서 인공지능(AI)의 활약을 지켜봐야 할 것이다. 또한 인공지능이 인류의 삶에 미칠 순기능뿐만 아니라 물질세계를 넘어

정신적인 영역으로까지 확대되는 역기능 연구 또한 시급하다. 세계적인 천체물리학자 스티븐 호킹(Stephen William Hawking)은 "완전한 인공지능의 등장은 인류를 멸망시킬 수도 있다"라고 했다. 인공지능은 이미 우리 삶의 깊숙한 부분까지 접근했다. 피할 수 없는 미래의 동반자로서 공존의 현실을 인정해야 할지도 모른다.

레이 커즈와일(Ray Kurzweil)을 비롯한 많은 미래학자들은 오는 2045년을 싱귤래리티(Singularity), 즉 인공지능(AI)이 인류의 지능을 초월해 스스로 진화해 가는 특이점을 예측하고 있다. 컴퓨터가 사람의 마음을 읽는 미래가 다가오고 있는 것이다. 기계와 인간의 경계는 더욱 희미해 질 것이다. 인공지능이 사람처럼 생각하고 말하며, 사람 이상의 지능을 갖게 된다. 머지않은 장래에 로봇들은 인간의 감정을 표시하고 인간의 영역을 넘볼 것이다.

테슬라 모터스의 엘론 머스크(Elon Musk) 회장은 "우리는 인공지능에 대해 심각하게 생각해야 한다. 인공지능은 잠재적으로 핵무기보다 더 위험할 수 있다"라고 언급하기도 했다. 그러나 꼭 비관적이지만 않다. 싱귤래리티 대학의 인공지능 및 로봇 담당 부학장 닐 제이콥스타인(Niel Jacobstein)은 인공지능이 인간지능의 진화에 상당한 도움을 준 것이 증명됐으며 인공지능의 가능성이 인간의 손이 닿지 않는 곳에 여전히 남아 있다고 한다.

그는 또한 "새로운 인공지능 시스템은 인간처럼 생각하지 않는다"면서 컴퓨터의 발달이 인간에게 악영향을 줄 것으로 보지 않는다는 견해를 밝혔다. 오히려 인공지능의 진화는 에너지, 노화예방, 기후 변화 대응 등 인간의 뇌로는 해결할 수 없는 문제들을 해결하는데 선도적인 역할을 할 것으로 보았다.

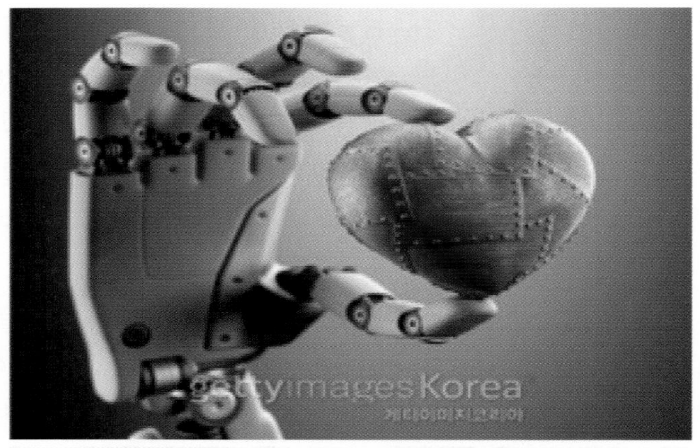

[그림3] 인간지능과 인공지능의 경계는 어디까지일까?(출처: gettyimages korea / pixbay)

2. 인공지능 AI와 인간을 말하다

1) AI와 인간지능의 만남

73승 1패, 알파고(AlphaGo)의 바둑대결 성적이다. 유일한 1패는 이세돌 기사에게 패배한 것이다. 우리는 인공지능 AI(Artifical intelligence)의 위대함에 한없이 작아지는 인간지능(human intelligence)을 느꼈지만 그 1승의 승리는 인간에게 다소나마 위안을 준 것도 사실이다. 인간의 삶의 영역 속으로 기계가 들어왔고 그 기계로 지능을 구현한 것이 인공지능인데 이 인공지능이 인간지능을 능가하는 현상에 인간들은 놀라기도 하고 침울해하기도 했다.

그러나 본질적인 모습을 자세히 들여다보면 인간의 지능 역시 과거의 원시인들의 지능과 비교해 보면 아마도 지금의 인간의 지능이 인공지능의 수준이 아닐까? 인간이 잘 할 수 없는 것을 인간지능이 인공지능을 만들어 그 분야의 특화를 만들어낸 것이 아닐까? 바둑은 엄밀히 말하면 경우의 수를 갖고 수학적으로 게임을 하는 것이다. 당연히 컴퓨터가 잘 할 수밖에 없다. 따라서 별로 충격적으로 받아들이지 않아도 된다.

인간은 인간지능을 통해 좀 더 인간적인 활동에 주력해야 한다. 인간과 자연, 인간과 우주, 인간과 인간의 세계는 과학기술과 물리학만으로 풀 수 있는 문제가 아니다. 이런 문제도 인공지능이 수학문제풀이 하듯이 쉽게 풀 수 있다고는 보지 않는다. 그렇다면 인공지능이 인간지능보다 어떤 부분에서 얼마나 많은 것을 잘 할 수 있을까? 이런 물음은 인간에 대한 본질적인 연구를 우리에게 던져 준다. 사실 인간은 우주 자연 속에서 보면 매우 인공적(artifical)이다. 인간의 지능은 컴퓨터를 인공적으로 발전시켰고 이제 그 예술적인 감각으로 인공지능의 특화인 초 지능(Super intelligence)을 만들어 내고 있다.

우리는 여기에서 인간이 갖고 있는 정신세계의 영역, 즉 마음을 초 인공지능(artificial super or ultra intelligence)이 가질 수가 있는가 하는 문제에 봉착하게 된다. 쿠쿠나 트롬은 알고 보면 알파고와 등급이 같은 약인공지능이다. 당연히 이들은 마음이 없을 것이고 그렇다면 인간보다 1,000배 이상의 높은 지능을 가진 초 인공지능은 주관적인 마음을 갖게 될 수 있을까? 실제로 우리는 옆 사람의 마음도 모르는데 하물며 AI 로봇의 마음을 어떻게 안다는 것인가? 사람의 마음도 사실 볼 수가 없기 때문에 그것을 행동주의(behaviorism)로 보려고 하는 경향도 일부 있지만 AI 속에 행동을 일으키는 알고리즘(algorithm)과 딥러닝(Deep Learning)을 사람의 정신과 마음의 체계로 이해하기는 어렵다. 한정시켜 보더라도 인공지능이 스스로 생각하고 혼자서 프로그램을 만들고 동시에 조작하고 개정하는 일은 거의 불가능하기 때문이다.

이렇듯이 인공지능을 우리 스스로가 인간지능의 반열에 올려놓고 마음대로 재단할 필요가 전혀 없다. 서로 비교하지 않아야 한다. 우리는 먼저 인간지능의 위대함을 탐구해야 한다. 인간의 지능은 인간의 본성, 마음과 연결된다. 즉 인간 본성은 인간집단의 지능을 발전시키고 생명진화의 시발점이다. 자연과학이나 물리학의 관점을 사회과학이나 인문학으로 풀어내는 사고의 전환이 필요하다. 그래서 이제는 인성이 중요하다. 인간만의 탁월성을 발견해야 한다.

2) 인공지능 AI는 바로 내 곁에 있다

인공지능과 로봇은 인간의 삶 자체를 편리하게 만들어준다. 인공지능은 대단히 빠른 속도로 진화하고 있다. 인류의 삶을 뛰어넘어 인류 자체를 바꿀 수 있는 힘을 갖게 될 지도 모른다. 인간들의 일자리가 위협받게 되며, 실제로 빅 데이터를 이용한 분석 기사나 정밀한 수술 등은 이미 로봇이 대신하고 있다. 인간이 하는 일을 AI가 하게 된다면 사람들은 무엇을 해야 할까?

멀지 않는 장래에 인간의 소설보다 더 흥미로운 컴퓨터의 소설이 등장하고 언론인들의 일자리를 알고리즘 기계가 대체할 수도 있다. '내러티브 사이언스'의 크리스티안 해먼드(Kristian Hammond)는 오는 2030년이 되면 기사의 90%를 인공지능이 쓰게 될 것이라고 언급했다. 엑스프라이즈 재단의 피터 디아만디스(Peter Diamandis) 회장도 가까운 미래에 로봇들이 급속하게 인간들의 생활 속으로 진입하게 될 것이라고 예측했다. 사실 우리 인간의 곁에 바로 다가온 인공지능이나 10년 안으로 인간의 일상으로 들어올 AI 로봇들은 지금 바로 우리 곁에 있다.

가장 먼저 가까이 다가온 AI 로봇은 '드론'이다. 차세대 융합기술의 꽃이라고 할 '드론'은 군사적 목적으로 최초로 만들어졌다. 세계 최초로 상용화된 스마트 폰으로 조종하는 드론은 프랑스의 패럿(Parrot)이 개발했다. 그리고 지난 2014년 대한민국 최초로 상용화된 드론을 만든 바이로봇(Byrobot)의 드론들이 레저용으로 인기를 끌고 있다.

3D 로보틱스(Robotics)사에 의해 드론의 가격이 대폭 낮춰져 대중화된 쿼드콥터의 시대를 열었으며 솔로 드론(SOLO Drone)은 세계에서 처음으로 개발된 스마트 드론으로 누구나 쉽게 고품질의 영상을 만들 수 있도록 도와준다.

이제 의료용 드론은 시속 100km까지 비행이 가능하며 구급차가 현장에 신속하게 도착하기 어려운 곳에 드론으로 출동하면 목적지까지 1분 안에 도착할 수 있다. 심장마비 환자에 대비한 심장제세동기를 빠른 시간에 공급할 수 있다는 것은 사람의 생명 연장과 직결된다.

일본 시가현 사가대학과 IT기업인 오프팀과 공동 개발한 오프팀 아그리(OPTIM AGRI) 드론은 적외선 열 카메라를 이용해 해충의 위치를 파악하고 그 위치에 농약을 살포해 해충을 잡는다. 해충에게 직접 약을 뿌리기에 효율적이고 토양오염이나 환경 피해도 적다고 한다.

초소형 정찰 드론 '블랙 호넷(PD-100)은 군사 분야에서 두각을 나타낸다. 3대의 적외선 카메라와 야간 열화상 카메라 장착돼 반경 2.4km 이내에 있는 적의 동태를 직접 촬영해 전송할 수 있다. 발진에 소요되는 시간은 불과 3분도 걸리지 않고 소음이 없다.

또한 피자 전문 기업 도미노 그룹 돈 메이지 대표는 "드론을 활용하면 배달영역 확대 외에 빠르고 안전한 것이 장점"이라며 "배달이 불가능한 지역에도 피자를 제공할 수 있으며 도시 지역의 고객은 전보다 빠른 시간에 피자를 먹을 수 있다"고 말했다. 이외에도 아침에 모닝콜을 해 주는 드론, 오늘의 스케줄을 알려주는 집사 로봇형 드론, 나를 24시간 보호해주는 보디가드 드론, 테러범 진압 전문 드론 등 새로운 형태의 드론들이 인간의 삶 속에 깊숙이 들어와 있다.

인공지능이 탑재돼 스스로 운행하는 무인자동차(driverless car) 역시 일종의 AI 로봇이다. 최근 세계의 주요 자동차 기업들은 무인자동차 개발에 뛰어들었다. 자동차 회사가 아니면서 가장 혁신적인 무인차 사업을 진행하고 있는 구글(Google)과 공유경제의 총아 우버(Uber)까지도 끊임없이 무인차 개발에 주력하고 있다. MIT의 에밀리오 프라졸리(Emilio Frazzoli) 교수는 "로봇은 15년 안에 자동차 바퀴를, 30년 안에는 자동차 전체를 정복할 것이다. 로봇이 인간을 대체하는 것은 이미 나타나고 있다"라고 밝혔다.

[그림4] 1950년대의 무인자동차 상상도(출처: Business Insider)

구글은 지난 2009년부터 무인차 개발을 시작했으며 오는 2020년 내로 최고 수준의 '꿈의 무인차' 출시를 준비하고 있다. 우버는 지난 2015년 피츠버그에 무인차 연구소를 설립하고 스타트업 인수 및 구글과 카네기멜론대 공학 연구진 등 고급인력을 대거 스카우트 했다. 무인차가 택시산업에 들어오게 된다면 과거에 우버 때문에 망한 택시기업들의 전철을 밟지 않겠다는 의지를 보인 것이다.

[그림5] 미래 무인차 상상도(출처 : autoherald)

[그림6] 우버의 무인차 상상도(출처 : autoloans.ca)

구글의 벤처 캐피털인 Google Ventures는 지난 2013년 이미 우버에 약 3,000억 원을 투자했다. 우버와 구글은 협력하는 듯 하면서도 무인차 시장의 뜨거운 경쟁자이다. 우버의 차량공유제와 무인자동차 시스템은 궁합이 잘 맞는 조합이다. 운전자가 필요치 않은 완전한 무인자동차가 등장하면 차량공유제를 통해 자동차를 이용하는 소비자는 자동차를 빌리고 반납하는 번거로움을 들 수 있다. 아마 자동차 시장과 택시 산업에 환상적인 변화가 일어 날 것으로 본다.

위에서 언급을 했지만 드론과 무인자동차뿐만 아니라 인간과 한없이 가까워지는 인공지능 로봇들을 우리는 많이 보게 될 것이다. 예를 들면 인간이 할 수 없는 일을 대신하는 AI 로봇도 등장하게 된다. 의료나 의학 분야에서 로봇 외과의사는 사람 의사보다 더 정확한 외과수술을 하게 되며 로봇 간호사는 사람 간호사 보다 환자의 회복을 위해 더 활력적인 역할을 한다. 무거운 환자를 안전하게 옮겨 주기도 하며, 치매환자, 정신질환자들에게 더욱 친근감을 준다.

또한 소매점이나 마트의 도우미 로봇, 야간순찰 로봇, 경비 로봇, 심부름 로봇, 가정용 청소 로봇 등은 처음에는 인간의 일자리를 빼앗는 듯 보이지만 실제로는 인간이 그동안 할 수 없다고 생각했거나, 위험성이 많은 일을 로봇이 대신해 주는 것으로 보아야 한다. 지진이나 화재 같은 재해 재난 사고 시에는 로봇이 현장에 투입되기도 한다.

인간의 일자리를 인공지능이 위협하는 경향은 분명히 있지만 인간에게 꼭 필요한 새로운 인공지능 AI의 시대가 우리의 삶과 라이프 스타일 속으로 바짝 다가온 것은 사실이다. 이것은 마치 지난

1990년대까지 아날로그 사회의 상징이었던 유선전화기, 필림 카메라, 책들이 2000년대에 들어 디지털사회로 바뀌면서 스마트 폰, 디지털카메라, 인터넷으로 우리들의 삶과 일상이 바뀌어 버린 것처럼 현재의 디지털 사회는 앞으로 20년 안에 인공지능 로봇의 사회로 완전히 탈바꿈 할 것이다.

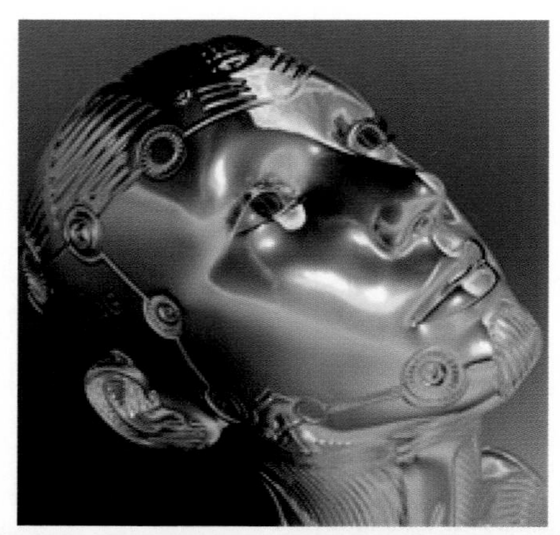

[그림7] 휴머노이드와 안드로이드 상상도(출처 : pixbay)

그렇다면 인간이 꿈꾸는 로봇의 결정판은 어떤 모습일까? 사람과 외모가 비슷하고 두 발과 두 팔이 있는 진짜 사람과 같은 휴머노이드(Humanoid)가 아닐까? 이제 AI 로봇들은 인간을 닮아 가면서 점점 안드로이드(Android) 같은 우수한 전자두뇌와 인공피부까지 갖게 되면 실제 인간과 구분이 안 되는 상황도 도래 할 것이다. 인간보다 힘이 더 세고 지식을 더 많이 갖고 있는 로봇, 만약에 하늘까지 날 수 있는 휴머노이드와 안드로이드가 탄생하면 이들은 인류에게 무서운 존재가 될 수도 있다. 대략 오는 2020년경에 인간을 대신할 만한 기능을 가진 휴머노이드 버전을 우리는 볼 수가 있으며, 2130년경에는 진짜 인간과 구별되지 않는 안드로이드 로봇이 인간의 특성조차 복제할 수 있어 인류를 대 혼돈의 시기로 몰고 갈 수도 있다.

3) 인공지능시대의 패러독스(PARADOX)는 무엇인가?

(1) 미래 직업군의 변화와 윤리문제

클라우스 슈밥(Klaus Schwab)은 제4차 산업혁명 시대가 오면 인공지능, 3D 프린팅, 나노기술, 로봇공학, 무인운송수단, 생명공학, 에너지 저장기술, 신기술 산업, 신소재 관련 산업, 사물인터넷 등의 등장으로 인해 인간의 일자리가 위협받게 될 것이라고 예고했다.

지난 18세기 중엽에서 19세기 초반까지 영국을 중심으로 증기기관과 기계화를 통한 대량생산까지 제1·2차 산업혁명을 통해서 육체노동의 필요성이 감소됐고 그로 인한 실업의 피해는 농민들과 공장노동자들에게 돌아갔다. 이어서 지난 1960년대에 시작된 제3차 산업혁명은 인터넷과 컴퓨터 정보화 및 자동화 시스템 발달에 따라 컴퓨터 사용에 익숙하지 않던 화이트칼라(White Collar)의 실업으로 이어졌다. 그리고 불과 반세기가 지난 제4차 산업혁명의 소용돌이 속에서 우리는 대량 실업의 위기를 직면하고 있다.

그러나 산업혁명이 실업만으로 이어진 것은 결코 아니다. 핵심 기술의 변화는 새로운 직업을 창출하기도 했다. 제1차·2차 산업혁명으로 인해 증기동력과 공장의 기계화와 자동화가 도입됐지만 기술에 능숙하게 적응할 수 있는 고학력 화이트칼라 노동자들의 직업군이 만들어졌다. 반면 제3차 산업혁명으로 컴퓨터 기기의 사무자동화가 도입됐고 고학력 화이트칼라 사무직의 노동자들은 연구개발자들로 대체됐다. 이런 추이를 분석해 보면 제4차 산업혁명을 통해 실업을 맞게 될 직업군도 분명히 있지만 새로운 직업군도 반드시 생길 것이라고 예상된다.

한국고용정보원은 우리나라의 주요 직업 400여개 가운데 인공지능과 로봇기술을 활용한 자동화에 따른 직무 대체 확률을 분석해서 'AI·로봇과 사람 간 협업의 시대가 왔다'를 발표했다. 여기에 따르면 자동화 대체 확률이 낮은 직업군으로는 화가, 조각가, 사진작가, 작가, 지휘자, 작곡가, 무용가, 가수, 예능강사, 패션 디자이너, 배우, 제품 디자이너 등 감성에 기초한 예술 관련 직업이 선정됐다.

하지만 반대로 자동화 대체 확률이 높은 직업군에는 콘트리트공, 도축원, 청원경찰, 조세행정사무원, 경리사무원, 택배원, 과수직물 재배원, 주유원, 부동산 중개인, 건축도장공 등 단순·반복적이고 정교함이 떨어지는 동작을 하거나 사람들과 소통하는 일이 상대적으로 낮은 특징을 갖고 있는 직업이 선정됐다. 이 직업군들 중 일부는 벌써 대체가 진행되고 있는 직업도 있다. 그러나 대체 확률이 낮은 직업들 중에서도 인공지능의 예술적 감각이 더욱 발전된 모습으로 개발된다면 대체 확률이 높아질 수도 있다. 예를 들면 지난 1996년 혼다자동차가 만든 인공지능형 로봇 아시모(Advanced Step in Innovative Mobility, ASIMO)는 2018년 5월 13일 디트로이트 심포니 오케스트라 연주회에서 인공지능형 로봇 지휘자로서 훌륭하게 데뷔했다.

그러나 여기서 짚어 볼 문제는 인간들의 윤리적 선택의 문제가 대두된다. 운전자를 대신해 운행하는 무인자동차(driverless car)의 경우에 갑작스러운 충돌상황에서 운전자를 보호해야할지 아니면 충돌 대상(사람을 포함한 생물체나 어떤 중요한 물체)을 선택해야 할지는 인공지능에게는 감내하기 어려운 윤리적 선택의 문제일 것이다. 물론 사람이 운전을 한다고 해도 항상 최선의 선택을 할 수는 없다. 그러나 인공지능으로 움직이는 자율주행 자동차의 경우 얼마나 윤리적으로 최선의 선택을 할지는 미지수이다. 기술개발이 곧바로 상용화로 이어지지는 않지만 윤리적인 문제와 시장에서의 상용화 문제를 심사숙고해야 할 것이다. 여기에는 분명히 인간들의 역할이 존재할 것이며 직업 대체나 새로운 직업의 창출속도도 조율이 가능할 것이다.

(2) 빅 데이터는 빅 브라더를 만들 것인가?

최근 스마트 폰을 비롯한 SNS의 급작스런 발전으로 엄청난 데이터를 수집할 수 있게 됐다. 이것은 바로 빅 데이터를 생성할 수 있으며 이를 관리하고 활용할 수 있는 기술도 발달하게 됐다. 실제로 우리가 들고 다니는 스마트 폰은 내가 움직이면 그 자체가 데이터가 생성된다. 수많은 사람들이 이동하며 이들의 움직임이 데이터로 저장되고 분석된다. 이렇듯이 전 세계 SNS 사용자들에 대한 빅 데이터는 나도 모르게 어마어마하게 형성되는 것이다. 이러한 빅 데이터는 여러 분석과정을 거쳐 작게는 한 사람의 생활패턴을 알 수 있지만 크게는 이 빅 데이터를 활용해 세계의 여러 기업들이 기업 전략 마케팅에서 큰 효과를 보고 있다.

이와 같이 빅 데이터는 전 세계적으로 인류 문명의 전 영역에 걸쳐서 엄청난 가치의 정보를 제공하고 있다. 원래 빅 데이터의 본질은 정보를 이용해 불확정성을 제거하며 지능혁명을 통해 미래 산업구조의 변화에 발 빠르게 대응하는 것이다. 그러나 빅 데이터 내의 수많은 개인정보를 비정상적으로 활용해 인간 스스로를 통제하려는 시도가 있다면 매우 불행한 결과를 가져 올 수도 있다.

이는 조지오웰(George Orwell)의 '1984년' 이라는 소설 속의 빅 브라더(Big brother)가 모든 사람을 감시하고 통제하듯이 마치 거대하고 보이지 않는 그 누군가가 인간들을 통제하기 위해 현대판 팬옵티콘(Panoption, 원형감옥)의 세계로 회귀하는 것처럼 새로운 텔레스크린(Telescreen), 사상경찰, 마이크로폰, 헬리콥터가 세상을 통제하고 있으며, 이미 그러한 세상에 우리는 살고 있는지도 모른다.

이는 조지오웰의 또 다른 소설 '동물농장'의 나폴레옹과 이미지가 오버랩 돼 우리는 자유 속에서 살고 있지만 정보를 독점하는 빅 브라더와 나폴레옹이 나타난다면 新 전체주의의 폭압과 폭정에 인간들은 노예와 같은 삶을 살지도 모른다.

[그림8] 조지 오웰의 빅브라더 영화 장면 / 동물농장 포스터(출처 : google / amazon.fr)

아마도 4차 산업혁명의 시대에는 막강한 힘의 데이터를 소유한 자와 소유하지 못한 사람들의 양극화 현상 즉 인공지능시대의 패러독스(Paradox)가 더욱 심화되리라 예상된다. 이러한 사회현상을 사전에 차단하고 모든 인간이 진정한 자유와 평등, 정의로운 이상향 사회를 만드는 일은 가능할 것인가? 만약 불가능하다면 인간에게 남은 희망은 무엇이며 우리가 할 일은 무엇인가에 대한 치열한 논쟁과 사회적 숙의과정이 꼭 필요하다.

3. 새로운 시대의 인간 관계력은 어디서 오는가?

지금의 시대는 과히 SNS(Social Network Service)의 시대라 해도 모자람이 없다. 오히려 스마트 폰(Smart phone)과 좀비(Zombie)의 합성어인 스몸비(Smombie)란 합성어가 등장할 정도로 인간들은 스마트 폰의 노예가 돼가는 실정이다. 길을 걸어가면서도 밥을 먹을 때도 심지어는 잠을 잘 때도 SNS를 떼어놓지 못한다.

물론 SNS는 지극히 사회적 현상의 하나로 인간관계에 있어서 소통의 창구로 볼 수 있다. 그러나 인간들은 개인의 자각여부를 떠나서 타인이나 사회를 대할 때 페르소나(Persona)라는 사회적 인격의 가면을 쓴다. 현대의 정신분석학이 페르소나 자체를 부정적으로만 보질 않지만 자아를 잃어버리고 내면의 삶을 거부하면서 혼자가 됐을 때도 무의식의 자기위장으로 혼돈의 세계를 살아간다면 이는 위험천만한 사회가 아닐 수 없다.

[그림9] 스몸비 풍자화 / SNS를 통한 인간의 소통 이미지(출처 : naver / pixbay)

사회적 행동규범은 성찰적 인성 세계를 통해서 구현된다. 사실 소통의 역할과 자기성찰의 간극에서 방황할 수도 있다. 오직 스스로의 삶에만 골몰하면 소통의 여지가 있을 리 없고, 잠시도 SNS의 코드를 뽑아 놓지 못한다면 성숙한 자아를 만들어 내는 것도 불가능할 것이다. 그러나 분명한 것은 제4차 산업혁명의 시대에 우리는 소통과 성찰의 두 마리 토끼를 다 잡을 수 있는 균형적인 삶을 추구해야 한다는 것이다. 일상의 면면을 전시하고 타인의 생활을 탐색하면서 자기과시적 삶을 살아가거나 스스로의 일거수일투족을 타인의 시선으로 감시받는다면 그것은 또 다른 조지오웰의 세계일 것이다.

최근 애플 공동 설립자인 스티브 워즈니악(Steve Wozniak), 배우 수잔 서랜던(Susan Sarnadon) 등 유명인들이 경쟁하듯 페이스북 계정을 삭제하고 있다. 바로 페이스북 탈퇴운동(#DeleteFacebook)이다. 이것은 그동안 폭발적인 성장을 계속해 온 세계적인 소셜미디어 기업인 페이스북이 신뢰면에서 위기에 직면했다는 사실을 말한다. 물론 개인정보 유출사건과 가짜뉴스 척결에 관해 충분한 신뢰를 얻지 못한 실책도 있었지만 'SNS 탈출 러시'는 비단 이 때문만은 아니다.

우리나라에서도 점차 'SNS 피로감'을 호소하는 사람들이 생겨나고 있다. 시장조사기관 트렌드모니터가 지난해 7월 SNS 계정을 가진 2,000명을 조사한 결과 10명 중 3명이 'SNS 피로증후군'을 경험했다고 응답했다. 그러나 계정삭제까지는 망설인다고 답했다. 비록 인터넷 공간으로 사이버 세계에 불과하지만 하루아침에 자신만의 사회적 관계를 단절하는 용기가 선뜻 생기지 못하고 있다. 이제 사람들은 소셜네트워트(SNS)의 노예가 됐고 심지어는 단톡방(단체 카톡방의 줄임말)에서 탈출하고 싶지만 그렇게 하지도 못하고 있다.

[그림10] SNS 탈출 상상도 / Cyber 內 인간관계력의 투명성 이미지(출처 : naver / pixbay)

우리나라는 미국의 퓨 리서치 센터(Pew Research Center)가 37개국 4만 448명을 조사한 결과에서 스마트 폰을 보유한 성인 비율이 94%로 전 세계에서 가장 높게 나타났다. 주기적으로 인터넷을 사용하거나 스마트 폰을 소유한 성인 비율을 의미하는 침투율에서도 96%로 단연 세계 최고를 기록했다. SNS 이용률은 미국, 호주와 공동 3위에 올랐다. 이를 두고 퓨 리서치 센터는 '한국은 가장 밀접하게 연결된 사회(Most heavily connected society)'라고 분석했다.

제4차 산업혁명의 핵심은 '연결'이다. 아마도 인류의 미래는 싫던 좋던 '초 연결사회(Hyper Connected Society)'가 될 것이다. 사람과 사물 그리고 공간 등 세상 만물이 인터넷으로 서로 연결되고 모든 것들로부터 새롭게 생성되고 수집된 각종 정보가 공유·활용되는 사회 시스템을 구축할 것이다.

인공지능(AI), 사물인터넷(IoT), 빅 데이터(Big Data), 클라우드(Cloud) 등 디지털 기술의 비약적인 발전은 사람-사물-데이터를 연결하는 '연결의 영역 초월'을 조금씩 확장시키고 있다. 이 가운데 스마트 폰을 통한 초 연결사회로의 진입은 새로운 문화와 가치를 만들어 내고 있다. 공유되는 지식과 정보의 양이나 속도가 엄청나게 증가한다. 누구와도 거리와 관계없이 연결되는 새로운 시대의 인간관계력(人間關係力)은 실패할 수도 있고 성공할 수도 있다.

제4차 산업혁명 시대의 새로운 사회관계력(社會關係力)은 어떻게 만들어 가야할지 인류는 새로운 도전에 직면해 있다. 새로운 소통의 도구인 SNS 홍수 속에서 인간의 편리함만을 추구한다면 나약한 인간은 방황하지 않을 수 없다. 사람이 아닌 기계의 도움을 받고 기계와 소통하는 가운데 우리는 피상적인 '페르소나'에 자아를 성찰할 수 있는 시간을 다 잃어버릴 수도 있다. 물론 지능정보 기술을 탑재한 가상현실 세계에서 오히려 간섭받지 않는 개인의 삶을 누릴 자유도 있다.

그러나 과학기술이 발달하고 경제 규모는 커지는데도 행복지수는 떨어지고 우울증과 자살률이 늘어나는 것은 심각한 문제이다. 기계를 통한 사이버 공간에서의 거짓 소통과 가짜 존중은 관음과 애증 결핍이다. 인공지능과 사이보그의 등장은 인간의 존재를 무력화시키고 '사회적 동물'인 사람들의 인간관계력도 무미건조하게 만들 것이다.

이세돌 9단이 알파고의 바둑대결에서 1승 4패로 패했듯이 인간지능이 인공지능을 이길 수는 없으나 인간들은 패배에도 박수를 보내는 따뜻한 영혼을 가진 만물의 영장이다. 인공지능은 인간들이 갖고 있는 사회적 관계력을 가질 수 없다. 그러나 인간지능은 인간성에 바탕을 둔 인간관계력을 발휘해 아름다운 인간미를 만들어 낼 수 있다.

숀 갤러거는 2년 전 "우리가 현재 만드는 로봇들은 감각이 제외된 어떤 상태, 공감이라고는 할 수 없는 그런 상태에 직면해 있다"라고 말한 것을 보면 인공지능의 뇌는 인간의 보조 수단일 뿐이라는 결론에 도달한다. SNS 탈출은 가능하다. 가끔씩 SNS를 떠나 휴가를 다녀오면 된다. 그리고 절제하면 된다. 이제는 진성성과 윤리성에 기반을 둔 참 소통과 사람 존중의 새로운 시대를 만들어야 한다는 의미이다. 사람 중심의 제4차 산업혁명이 우리는 필요하다.

[그림11] SNS 內 에서도 인간성에 바탕을 둔 관계력이 필요하다(이미지 출처: pixbay)

1) 변화는 새로운 기회이다

지난 1811년 영국에서는 '러다이트(Luddit)운동'이 일어났다. 러다이트운동을 '기계파괴운동'이라고도 부르는데 당시 영국에서는 산업혁명으로 인해 기계가 등장했고 그로 인해 노동자들은 일자리를 잃을 것이라는 불안감에 떨고 있었다. 이에 N. 러드라는 지도자를 중심으로 직물 기계 등 각종 기계를 깨부수는 극단적인 형태의 노동운동이 발생한 것이다. 그러나 산업혁명으로 오히려 경제가 좋아지면서 러다이트 운동은 시대적 대세를 거스르는 역사적 소동으로 끝나고 말았다.

사람들은 제4차 산업혁명의 시대가 오면 인공지능과 로봇에 의해 인간의 일자리가 위협을 받게 되고 결국에는 인공지능에게 인간이 지배를 받는 시대가 올 수도 있다는 불안감 속에서 19세기 초에 일어났던 '러다이트운동'을 기억해 냈는지도 모른다. 아마도 제4차 산업혁명으로 인해 대체되거나 사라질 직업군에 종사하는 사람들은 현대판 '러다이트운동'이라도 해서 기존의 틀을 지키고 싶을 것이다. 그러나 역사가 말해 주듯이 제4차 산업혁명의 물결을 거부한다는 것은 쉽지 않다. 과학기술의 발달은 점차 세상을 살기 좋은 사회로 바꾸게 될 것이다. 이로 인해 준비되지 않았거나 변화된 세상에 따라가지 못하는 사람들은 미래의 새로운 소외계층으로 떠오르게 될 것이다.

앨빈 토플러(Alvin Toffler)는 "미래는 언제나 늘 빨리 다가올 뿐만 아니라 예측하지 못한 방식으로 찾아온다"라고 했다. 의학의 발달로 인해 길어진 인간 수명은 필연적으로 평생교육을 요구한다. 하루가 멀다 하고 쏟아져 나오는 정보는 넘쳐나고 있다. 제4차 산업혁명의 시대는 스마트 폰을 통한 모바일 혁명의 시대이다. 그러나 우리가 편리한 만큼 필요 없는 직업도, 사라질 직업군도 더욱 증가될 전망이다.

클라우스 슈밥(Klaus Schwab)은 제4차 산업혁명을 이끌어갈 세 가지 메가 트렌드로 무인운송수단·3D프린팅·첨단 로봇공학·신소재 등의 물리학 기술, 사물인터넷·블록체인·플랫폼 비즈니스 등의 디지털 기술, 유전공학·합성생물학·생물공학 등의 생물학 기술을 주창했다. 관련 분야에 종사하지 않는 일반 기성세대들은 '과연 저러한 기술들이 나와 관련이 있을까?'라는 의문을 충분히 가질 수 있을 것이다.

그러나 기성세대들의 평균 퇴직연령이 50대가 되면서 실직자들은 계속 증가하고 있다. 지난 2014년 노동연구원 자료에 따르면 50대 이상 고 연령층은 창업하기 쉬운 자영업자로 직업전환도 꾸준히 증가하고 있다. 기대수명이 80세를 훌쩍 넘긴 시대에서 과연 현재 기성세대는 어떻게 해야 할까 고민하지 않을 수가 없다.

사실 저 출산과 고령화는 세계적인 추세이다. 저 출산과 고령화로 인해 생산가능인구가 줄고 부양할 노인의 수가 늘어난다는 것은 소비 위축, 경기 침체, 생산성 저하 등 개인적, 사회적 뿐만 아니라 국가적으로도 매우 부정적인 영향을 줄 수 있다. 미래 노인 세대보다 훨씬 적은 인구수를 가질 청년 세대들은 사회보장제도 시스템에 대한 불만을 토로할 것이다. 따라서 지금은 당장 막막할 수도 있으나 제4차 산업혁명과 관련된 새로운 유망 직업에 대한 관심을 가져야 한다.

[그림12] 저출산과 노인인구 증가로 인한 초 고령사회는 시급한 국가적 해결과제이다
(이미지 출처: pixbay)

앞으로 진로탐색이나 직업탐방은 청소년이나 청년 학생들만의 전유물이 아니다. 오히려 제4차 산업혁명으로 대체될 직업 종사자들과 기성세대들에게 더욱 중요한 과제가 되고 있다. 미래에 창출되는 유망 직종이나 직업에 대한 끊임없는 연구와 탐색만이 제4차 산업혁명 시대를 이기는 길이다. 세계적인 경영학자 피터 드러커(Peter F. Drucker)는 "미래를 예측하는 가장 좋은 방법은 스스로 미래를 만드는 것"이라고 했다. 제4차 산업혁명의 새로운 기회는 바로 나 자신의 파괴에서부터 출발하는 것이다.

2) 인공지능시대 인성교육의 필요성

오늘날 비약적인 발전을 이룬 에어비엔비(Airbnb), 우버(Uber), 구글(Google) 등은 파괴적 혁신기업이다. 구글은 지난 2007년 아이폰을 첫 출시한 이래 지속적인 성장 속에서 2010년 자사의 첫 자율주행자동차를 선보였다. 혁신의 발전과 파괴적 변화속도는 엄청나게 빠르다. 뿐만 아니라 수많은 분야와 발견이 융합되고 상호의존적이며 조화롭게 사물을 만들고 성장시키고 있다. 눈부신 성장을 거듭한 인공지능은 신약 개발 소프트웨어부터 문화적 관심사를 예측하는 알고리즘까지도 개발이 가능하다.

앞으로는 인공지능로봇과 컴퓨터가 자율 프로그래밍으로 최적의 솔루션을 찾아내는 자동탐색에서부터 앰비언트 컴퓨팅(Ambient computing)으로 사람들을 도우면서 점차로 인간 생태계의 일부로 자리 잡게 될 것이다. 이렇듯이 제4차 산업혁명은 인류에게 엄청난 혜택을 제공하지만 인류 스스로에게 찾아드는 불평등은 더욱 심각해 질 수밖에 없다. 빠른 혁신과 파괴적 변화는 삶의 기반과 복지 전반에 긍정적·부정적 영향을 동시에 줄 것이다. 사실 우리가 택시를 부르거나 항공편을 검색하고 물건을 구매하며 가격을 지불하는 행위는 원격으로 얼마든지 가능하며 이는 과학기술의 혜택이다. 인터넷과 스마트 폰의 발전은 새로운 상품과 서비스 등의 재화를 거의 무상 수준으로 활용하도록 함으로써 인류복지와 삶의 효율성을 소비자적인 관점에서 매우 긍정적으로 만들었다.

그러나 제4차 산업혁명으로 인한 제반 문제는 대부분 공급과 관련된 노동과 생산 부문에서 발생한다. 특히 일부 소수의 사람들에게만 혜택과 가치가 집중되는 이유는 플랫폼 효과(Platform effect)에서 찾아 볼 수 있다. 시장을 독점하는 강력하고도 소수인 몇몇 플랫폼은 디지털 네트워킹을 창출해 규모수익의 증대를 도모한다. 그 결과 제4차 산업혁명의 최대 수혜자는 이노베이터(Innovator), 투자자, 주주와 같은 지적·물적 자본을 제공하는 사람들이다. 이에 따라 노동자와 자본가 사이에 부의 불평등은 더욱 심화되고 있다.

뿐만 아니라 제4차 산업혁명의 엄청난 발전 이면에는 생명의 존엄성 문제가 중요한 이슈로 떠오르면서 기업 환경의 심각한 윤리 문제라든가, 사이버 윤리 등의 새로운 가치와 덕목이 필요하게 된다. 특히 과학기술 만능의 시대에서 인간의 감정과 정서가 그릇된 문명 속에 함몰돼 딱딱한 기계처럼 화석화돼 가고 있다.

요즘 청소년들은 인터넷 게임과 매스미디어의 영향 속에서 가상공간과 현실을 구분하지 못해 폭력을 가하고도 상대방의 아픔을 느끼지 못하는 공감능력이 부족한 리셋 증후군(Reset syndrome) 청소년들이 점점 늘어나고 있다. 그들은 심각한 범죄행위도 게임으로 착각하며, 남에게 피해를 주었다는 죄책감도 단지 버튼(button) 하나만으로도 리셋(reset)시킬 수 있다고 믿는다. 감정이나 생각이 마치 화석이나 바위처럼 점점 굳어져 가고 있는 것이다.

[그림13] SNS의 홍수 속에서 자아를 찾지 못하고 방황하는 청소년 (이미지 출처: pixbay)

이러한 현상은 인간이 사람과 교류하는 시간 보다 기계와 교류하는 시간이 많아짐에 따라 기계를 점점 닮아가는 테크노필리아(Technophilia) 현상이 나타나기도 하지만 현실과 가상공간을 구별하지 못하는 병적인 이상행동, 즉 테크노포비아(Technophobia) 현상도 증가하고 있기 때문이다. 이러한 현상의 혼재는 우리 사회 공동체 정신의 결핍으로 이어지고 있으며 물질문명과 정신문명 사이의 괴리는 사회 전반에서 여러 부작용을 초래하고 있다. 특히 탈공동체 문화의 진화는 인간 본연의 삶을 파괴할 뿐만 아니라 인류의 퇴보를 가져올 수도 있다.

오늘날 제4차 산업혁명의 시대에는 산업기반 사회에서 지식기반 사회의 전환으로 빠르게 이동하고 있다. 사고의 대전환이 필요한 시기이다. 이제 학교는 배우고 익히는 암기력과 단순한 습득력으로부터 탈피해 상황과 현상에 대해 빠르게 받아들이고 응용하는 창조적 능력을 가르쳐야 한다. 과학기술의 놀라운 발전 속도에 걸맞는 윤리적 의사결정을 할 수 있는 훌륭한 인재를 양성해야 한다. 이를 위해서 청소년의 올바른 가치관을 확립하는 효과적인 인성교육 체계를 만들어야 한다. 청소년 스스로에게 인간으로서 가치 있는 삶을 살아갈 수 있도록 유도해야 한다.

과학기술의 미래 시대에는 환경오염과 지구 온난화, 인간과 인공지능의 대결로 야기되는 인간의 존엄성과 윤리적 문제, 대량실업과 실직, 빈부격차에 따른 사회갈등, 개인 사생활 침해 등 장차 인류의 위기 현상으로 나타날 수 있는 크고 작은 다양한 리스크(risks)가 몰려오고 있다. 따라서 미래를 예측하기 힘든 제4차 산업혁명 시대에 필요한 인간의 첫 번째 덕목은 바로 '휴머니즘

(Humanism)'이다. 사람을 소중하게 생각하며 인간관계에 신뢰를 더하고 공감하고 소통하는 리더를 세상은 원하고 있다.

제4차 산업혁명의 시대는 어쩌면 더욱 더 절실하게 인격에서 나오는 신뢰감, 공감과 소통능력 그리고 논리적이고 이성적인 사고를 요구할지도 모른다. 공상이 상상이 되고 상상이 현실이 되는 미래에는 똑똑한 지성보다는 따뜻한 가슴을 품은 인성의 소유자가 진정한 리더가 될 수 있다. 인간과 로봇, 인간지능과 인공지능이 공생하는 시대에는 인간의 고유 가치를 추구하는 인성교육이 그 무엇보다 중요하다. 과학기술은 점점 발전하고 있지만 그것을 사용하는 인간에 대한 윤리적 가치는 인간이 찾아내어 발전시켜야 할 고유영역이다.

미디어의 발달로 시민의 목소리와 요구는 점차 커져가고 있다. 우리 사회에서는 가정과 학교, 기업과 정부 모두 자율과 책임을 고취시키는 시민의식과 준법과 규율을 통한 올바른 공동체의식을 발현시키는 윤리교육이 공정한 사회를 만드는 첩경이 될 수 있다.

프랑스 정부는 지난 2013년부터 고등학교 이하 전 과정에서 1968년에 폐지된 윤리교육을 부활해 시행하고 있다. 프랑스 內 각종 인종차별과 폭력사태 등 사회문제가 심각해지면서 올바른 국가관, 교사와 친구 간 상호 배려와 존중의식을 고취시킬 목적으로 시행하게 된 것이다. 페이옹(Vincent Peilon) 프랑스 교육부장관은 "돈과 경쟁, 이기심보다는 지혜, 헌신, 더불어 사는 삶이 더 중요하다는 것을 깨닫게 해 주고 싶다"면서 "학생들은 양심에 따라 자신의 의사를 결정하는 법을 배울 것"이라고 말했다.

우리나라도 예외는 아니다. 한국교육개발원이 전국 성인 1,800명을 대상으로 실시한 여론조사에 따르면 정부가 가장 시급히 해결해야 할 교육 문제로 '인성, 도덕성 약화'를 첫 번째 당면과제로 꼽았다. 이는 학교폭력에 의한 걱정의 목소리뿐만 아니라 경제성장을 위한 능력 위주의 학습에서 더불어 살아가는 인성교육에 대한 필요성의 인식이다. 우리의 교육현장에는 올바른 국가관과 윤리관을 함양하는 전인교육, 글로벌 사회에서의 세계 시민의식 교육이 절실하다. 학생들의 인성교육을 위한 실천형 학습프로그램의 개발과 나 자신보다는 공동체 의식을 체화해가는 인성 커리큘럼의 학교 내 또는 학교 밖 모델화가 시급히 요구된다.

인간 중심의 제4차 산업혁명 시대를 구현하는 길은 인간의 비인간화에 대한 심각한 고민과 성찰을 통한 교육만이 진정한 유토피아의 길을 안내한다. '인간은 사회적 동물이다'라는 아리스토텔레스(Aristoteles)의 말이 아니더라도 인간은 함께 어울릴 때 진정한 나를 발견하고 삶의 의미와 행복을 누리며 사람 냄새 나는 세상을 만들 것이다.

4. 제4차 산업혁명시대와 인성의 발견

인간이 인공지능과 근본적으로 다른 점은 바로 '휴머니즘(Humanism)'을 소유하고 있다는 것이다. 인간의 지능은 아무래도 인공지능을 이길 수는 없겠지만 인간은 인간을 존중하고 공감해 주는 인간성이 존재하고 인성과 감성을 갖고 소통하는 인간관계력이 있다. 그리고 공동체를 이루는 거대한 집단지성의 사회적 관계력을 갖고 있다. 제4차 산업혁명은 인간성 존중의 휴머니즘을 당연히 추구해야 한다. 이를 구현하기 위해서는 다 같이 함께 창의적으로 생각하는 통합적 사고(Integrative-Thinking)와 공통의 사회적 꿈을 향해 더불어 살아가는 따뜻한 영혼을 가지는 것이다.

제4차 산업혁명 시대는 성실한 엘리트 인재에서 창의적이고 융합적이며 새로운 아이디어를 이끌어 낼 수 있는 차세대 인재를 요구하고 있다. 또한 새로운 시대의 인간상(人間像)을 만들기 위해 필요한 것은 상호 존중과 배려, 협력과 소통이다. 반목과 갈등의 사회에서 서로를 존중하고 배려하며 그 속에서 사회적 비전을 제시하고 사람들을 설득하고 통합하는 지도자가 필요하다.

[그림13] 제4차 산업혁명 시대는 휴머니즘에 바탕을 둔 인재상이 필요하다
(이미지 출처: pixbay)

지금의 학교현장은 로봇교육과 코딩교육을 강화해야 한다고 야단법석이다. 꿈과 영혼이 따뜻한 인재, 소통과 존중을 아는 리더십을 만드는 인성교육은 거의 전무하다. 공동체의 소중함과 안전을 지키기 위해서는 서로 존중하고 배려하며 협력하는 포용과 따뜻함이 있어야 한다. 이제는 인성도 가르치고 배워야 한다. 초 연결사회에서 인류의 집단지성을 발휘하기 위해서도 인성은 필수적이다. 나보다는 타인의 꿈을 꾸어주는 인성교육이야말로 제4차 산업혁명 시대 속에서 진정한 인재를 만드는 길이다.

제4차 산업혁명의 성공을 위해서는 범정부 차원의 몇 가지의 인성교육의 혁신이 이뤄져야 한다. 첫째, 생명윤리교육의 강화로써 생명의 존엄성과 인간의 정체성을 확립하는 교육이 필요하다. 인간의 생명 존중을 뛰어넘어 다른 생물체의 생명, 환경과 관련된 생명도 소중하다는 것을 느끼는 주제를 갖고 합리적 의문을 갖는 토론형 교육을 해야 한다.

예를 들면 인간의 존엄성과 자살, 인간 유전자의 복제문제, 복제된 인간의 존엄성과 평등권, 낙태와 안락사 문제, 성전환 문제, 인간생체실험, 동물실험의 필요성, 동식물의 서식처 파괴와 오염물질의 배출 등을 다뤄 볼 수 있다. 또한 자아와 인성의 고결함(Integrity)을 유지하도록 하는 청소년 체화형 프로그램을 도입해야 한다. 다분히 성적을 얻기 위한 단순한 봉사활동보다는 자신의 꿈과 비전을 만드는 다양하고 창의적인 봉사활동 프로그램을 개발해 행복한 공동체의식, 즉 더불어 살아가는 삶과 사랑의 힘을 느끼게 할 수 있는 가슴 뛰는 꿈의 인성프로그램을 세련되게 시행해야 한다.

둘째, 정보화 시대의 윤리교육의 강화는 무엇보다도 중요하다. 사이보그(Cyborg)와 휴머노이드(Humanoid)의 등장, 가상현실에서의 아바타를 능가한 자신과 동일한 복제인간의 탄생까지 이어진다면 인간과의 공존문제를 포함해 정보통신 윤리교육은 정보화의 역기능에 따른 피해를 줄이기 위한 필수적인 인성교육이라고 할 수 있다.

정보통신 윤리교육은 학교 교육의 전 과정에서 기본교육(Basic education)으로 다뤄야 한다. 또한 전통적인 공동체와 가상현실 속의 사이버 공동체에 대한 균형 잡힌 공동체 교육(Balanced education for community)은 문화적 차이와 다양성을 극복할 수 있도록 다문화 교육(Multicultural education)의 형태를 띠어야 한다.

셋째, 사람의 마음을 움직이는 것은 내가 존중받고 있다는 사실에 있다고 한다. 꿈의 세상을 건설한 월트 디즈니(Walt Disney)는 창작 열정이 있는 직원에게는 전문가로서의 존경심을 표현한다. 당연히 디즈니랜드의 일터는 행복하다. 내가 존중받고 싶으면 타인을 존중하고 배려하는 법을 가르치고 배워야 한다. 학교가 그 시작이다.

넷째, 제4차 산업혁명 시대는 이미 '초 연결사회'로 진입하고 있다. 사람과 사람, 사람과 사물, 사람과 로봇간의 공존을 위한 소통하는 마음교육은 꼭 필요하다. 소통은 소소한 대화도 잘 들어주고 공감해주는 감성능력에서 출발한다. 그리고 격의 없는 대화와 토론문화가 그것을 만들어낸다. 이제 학교교육은 단순 주입식과 암기식이 아닌 토론과 논쟁을 중시해야 한다. 우리사회의 절실한 '타협과 합의정신'도 이러한 토론문화를 통한 疏通의 關係力으로 키워갈 수 있다.

다섯째, 윤리의식과 도덕적 책무로 무장된 리더를 양성해야 한다. 학교라는 공간은 교사가 가르치고 학생이 배우는 기관이다. 우리가 일반적으로 생각하는 교사의 책임은 법적으로 정해진 수업시간을 준수하고 학생들을 잘 가르치면 된다. 그러나 최근 미국의 경우에는 교사의 부주의로 학생에게 사고가 발생하면 교사에게 법적 책임을 묻는다. 민사소송으로 이어지면 불법 행위로도 간주된다. 학교 교사에게는 이제 도덕적 책무도 주어지는 셈이다. 사회적 책임을 다하는 도덕적 리더의 탄생은 현장 교사의 얼굴이며 자산이 된다. 그 만큼 학교 교사들의 역할이 크다는 의미다.

얼마 전 홍콩의 한 대학에서 교양프로그램을 통해 유교의 '인의예지(仁義禮智)'의 진정한 가치를 가르치는 모습이 방영됐다. '어질고, 정의롭고, 예의바르고, 지혜로운 미래형 군자들이 만드는 과학기술이 전 인류를 번영하게 만든다'라는 메시지는 예사롭지 않다. 인성의 근본, 사람이 마땅히 갖춰야 할 네 가지의 성품을 바르게 설명하고 있다.

또한 중국 춘추시대 제나라의 명재상 관중(管仲)은 국가의 4유(維)는 바로 '예의염치(禮義廉恥)'라고 했다. 관자(管子)는 "네 가지 근본 중, 한 줄이 끊어지면 나라가 기울고, 두 줄이 끊어지면 위태롭고, 세 줄이 끊어지면 엎어지며, 네 줄이 모두 끊어지면 멸망한다. 기운 것은 바르게 하고 위태로운 것은 안정시키며, 엎어진 것은 일으킬 수 있는 여지가 있으나, 일단 멸망해 버리면 다시는 손쓸 도리가 없게 된다"라고 했다.

'노블레스 오블리주(Noblesse Oblige)'라는 말은 국가의 존속에 직결된다는 함의가 들어있다. 신분에 상응하는 도덕적 의무를 다하지 못하는 사회 지도층의 갑질 문화는 반드시 배격돼야 한다. 그들의 도덕적 권위의 상실은 '가이 포크스(Guy Fawkes)'의 저항을 가져온다. 이것은 사회에 대한 책임과 기본적인 의무를 다하지 않는다면 개인은 물론 국가공동체 전체에 불행한 결과를 가져오게 된다는 것을 의미한다.

우리의 교육은 이제 개인의 성장만 생각하기 보다는 공동체의 유지 및 발전에 초점을 두어야 한다. 기본적으로 합리적 사고와 가치를 담아내며 '차이'의 소중함과 '배려와 존중'의 유익함을 공감하도록 해 '더불어 사는 사회와 너그러운 사회를 만들어 내는 것'이 제4차 산업혁명 시대에 풀어 가야할 과제이다.

인간은 인공지능, 로봇틱스(Robotics) 등을 포함한 기계와 공존하면서도 이를 선도하며 인간의 아름다움(美)을 대자연과 우주의 신비로움과 함께 끝까지 지키기 위해서는 따뜻한 마음을 가져야 한다. 디지털 혁명의 시대, 그 바깥의 세계를 발견해야 한다. 아날로그의 내러티브(narrative)가 있어야 한다. 그래야 산업혁명은 계속 이어질 것이다. 과학기술의 발전에 상응한 윤리적 인프라를 건설하고 공정하고 정직한 미래사회 실현을 위한 제도적 장치도 병행돼야 한다.

대한민국은 국내·외적으로 많은 도전과 과제를 부여받고 있다. 한반도 평화통일의 대전환을 만들고 일류국가로 도약하기 위해서는 제4차 산업혁명과 관련된 핵심 산업 위주의 파괴적인 혁신이 필요하다. 우리 경제의 규모를 4차 산업혁명과 함께 더 큰 코리아로 역동적으로 키워야 한다. 제4차 산업혁명의 성공은 우리 사회 전반의 대혁신을 전제로 한다. 국가공동체의 번영과 국민의 행복한 삶을 추구하는 국가 차원의 선제적 대응과 깊은 통찰력이 필요하다.

정의로운 인성과 도덕적 책임으로 성장하는 청소년들은 미래 사회의 자산이다. 국가적 차원에서 '제4차 산업혁명 시대의 윤리강령'을 제정해 대비해야 한다. 사회 지도층 인사뿐만 아니라 학교 현장의 교육자와 인성교육 전문가들이 윤리적으로 더욱 무장하고 솔선수범해야 한다. 제4차 산업혁명 시대를 성공으로 이끄는 길은 바로 '인성의 참된 발견'에 달려 있다. 가까운 미래에 제5차 산업혁명이 다가올 것이다. 그 때도 물론 사람이 우선되는 사회가 돼야 한다.

Epilogue

미래 시대를 예측한다는 것은 매우 어려운 일이다. 우리는 미래를 변화시킬 수 있을까? 아니면 미래의 변화에 그저 순응하면서 살아야 할까? 제4차 산업혁명의 높은 파도와 인구문제, 지구 온난화 문제 등 산적한 지구촌 문제는 결코 미래가 낙관적일 수는 없다는 전제를 암시하고 있다. 그러나 인간의 존재는 무엇인가? 만물의 영장이라고 하지 않는가? 아마도 인간의 집단지성은 인간존재의 목적론을 달성하는데 결정적인 역할을 할 것이다. 인간의 역사는 항상 가슴 벅찬 도전의 연속이 아니었던가? 바로 내 곁에 와 있는 인공지능과 제4차 산업혁명의 핵심인 빅 데이터의 시대, 우리는 행복혁명을 위한 과학기술 혁명의 도도한 물결에 선제적으로 동참해야 한다.

미래학자 앨빈 토플러(Alvin Toffler)는 그의 저서 '제3의 물결'에서 인류의 역사는 3번의 물결에 의해서 만들어졌다고 했다. 첫 번째 물결은 농업기술의 물결, 두 번째 물결은 산업화의 물결, 세 번째 물결은 정보통신의 물결이다. 인터넷과 스마트 폰이 나오기 전에 그의 혜안에 놀라울 뿐이다. 레이 커즈와일(Ray Kruzweil)은 미래의 기술발전 속도가 너무나도 빠르기 때문에 어느 특정한 기점이 되면 인간으로서 이해하고 인지할 수 없는 상황이 도래한다고 한다. 바로 싱귤래리티(singularity), 특이점이라고 명명한다. 과연 인공지능이 인간지능을 뛰어넘는 특이점은 올 것인가? 그렇게 된다면 인공지능을 비롯한 과학기술의 발전이 미래 인간의 행복을 완전하게 보장할 수 있을까? 물론 인공지능의 발달이 인간의 삶을 편리하게 만들어주는 것은 사실이다.

앨빈 토플러가 예언한 것처럼 제3의 물결에 이어서 혹시 제4의 물결은 인공지능 AI의 물결이 아닐까 생각된다. 인간의 인공지능에 대한 연구와 투자는 매우 열정적이다. 그러나 그 인공지능을 소유하는 인간지능에 대한 연구는 미약하다. 인공지능의 시대, 인간을 다시 물어야 한다. 인간지능을 열어주는 인간의 마음과 인체의 뇌구조에 대한 많은 연구가 필요하다. 인공지능 AI는 이제 더 이상 과학기술과 물리학의 관점이 아니라 인문사회과학의 관점에서 통찰해야 한다.

이러한 관점에서 인간의 한계를 뛰어넘는 특이점의 시대가 얼마 남지 않은 시기에 미력하나마 인공지능과 인간본성의 만남을 연구하면서 공존을 위한 인성의 발견과 인성교육의 정향성(定向性)을 제시한 것은 시의적절하다고 본다.

이제 제4차 산업혁명의 대 변화 속에서 인간은 어떻게, 얼마만큼 올바르게 교육받고 자라날 수 있는가? 인간 존재 자체에 대한 근원적인 물음에서부터 어떤 인성교육을 받아야 할지, 그래서 어떠한 인성을 가진 인재를 만들어 낼 것인지에 대한 전반적인 연구와 검증이 필요할 때이다. 미래 인성교육의 부재는 인공지능의 빅 브라더를 만들 수도 있다는 사실을 명심하면서, 포스트 휴머니즘(Post Humanism)과 트랜스 휴머니즘(Trans Humanism) 시대에 인성교육에 대한 새로운 패러다임(Paradigm)의 전환이 요구된다. 이 질문은 이제 우리에게 남겨진 과제이다.

참고문헌

- 강선주 외, 나는 누구인가, 21세기북스, 2015
- 김우창, 자유와 인간적인 삶, 생각의나무, 2007
- 김재인, 인공지능의 시대, 인간을 다시 묻다, 동아시아, 2017
- 김환석 외, 포스트 휴머니즘과 문명의 전환, GIST PRESS, 2017
- 다니엘 핑크, 새로운 미래가 온다, 한국경제신문, 2013
- 데이비드 색스, 아날로그의 반격, 어크로스, 2017
- 박영숙·제롬 글렌, 유엔미래보고서 2045, 교보문고, 2015
- 서재흥, 인성아 어디갔니?, 책읽는 귀족, 2015
- 신배화, 결국 인성이 이긴다, 오리진하우스, 2017
- 신시아 브라운, BIG HISTORY, 바다출판사, 2017
- 심성보, 민주시민을 위한 도덕교육, 도서출판 살림터, 2014
- 유현준, 도시는 무엇으로 사는가, 을유문화사, 2015
- 윤홍식, 인성교육, 인문학에서 답을 얻다, 봉황동래, 2016
- 이영숙·필립 핏치 빈센트, 인성을 가르치는 학교 만들기, 좋은나무성품학교, 2014
- 이인식, 2035 미래기술 미래사회, 김영사, 2016
- 이혜영 외, 트랜스휴머니즘과 포스트휴머니즘, 한국학술정보, 2018
- 채사장, 시민의 교양, ㈜웨일북, 2016
- 최재용 외, 이것이 4차 산업혁명이다, 매일경제신문사, 2017
- 최혜림, 스피릿, 호연글로벌, 2017
- 클라우스 슈밥, 클라우스 슈밥의 제4차산업혁명, 메가스터디(주), 2016
- 피어 몰란드, 무엇이 불평등을 낳는가, 메가스터디(주), 2017
- 함유근·채승병, 빅 데이터, 경영을 바꾸다, 삼성경제연구소, 2012
- 허재, 3D 프린터의 모든 것, 동아시아, 2014
- 글로벌교육문화연구원(편), 인성교육의 이론과 실제, 누리에듀, 2015
- 대동철학회 출판기획위원회(편), 인성교육의 철학적 성찰, 교육과학사, 2016

- 몸문화연구소, 지구에는 포스트휴먼이 산다, 필로소픽, 2017
- 매일경제 IoT혁명 프로젝트팀, 사물인터넷, 매일경제신문사, 2015
- EBS〈인간의 두 얼굴〉제작팀·김지승, 인간의 두 얼굴, 지식채널, 2014

5

4차 산업혁명은 '고객 맞춤형' 서비스이다

안 경 식
(컨설팅학 박사)

현재 아이비씨 컨설팅 대표로 '중소·벤처기업의 전략적 파트너'라는 경영철학으로 23년차 1만 3,000여개 기업을 컨설팅하였으며, 중소벤처기업부 비즈니스지원단 상담위원과 창조경제혁신센터, 아이디어 마루에서 스타트업들에게 창업전략 멘토링을 진행하고 있다.

기술지도사, 국제공인컨설턴트, 산업현장교수로 국내외 기업의 프로젝트와 투자유치, 성장 전략 등을 지원하고 있으며, 컨설팅학 박사와 창업학 석사로 창업 혁신모델과 글로벌 성장 전략을 위한 강의와 자문을 수행하고 있다.

이메일 : visionaks@naver.com

연락처 : 010-4652-8781

4차 산업혁명은 '고객 맞춤형' 서비스이다

Prologue

최근 많은 영역에서 4차 산업혁명이 화두로 떠오르고 있다. 기업, 정부, 노동, 사회, 가정 등의 모든 영역에 변화를 유발할 것처럼 이야기 되고 있는 것이 현실이다. 4차 산업혁명이 얼마나 많은 변화를 초래할 지에 대한 견해는 다양하다.

인공지능, 빅 데이터, IoT, 3D프린팅, 자율주행차, 블록체인 등으로 대변되는 정보기술의 혁신적 발전이 제조업이나 서비스업과 같은 기업들의 경영환경과 경쟁력에 많은 변화를 유발할 것이라는 예측에는 이견이 없는 듯하다.

4차 산업혁명에서 중요한 것처럼 보이는 것은 초 지능, 초 연결, 초 산업으로 대변되는 기술혁신이지만 이보다 더 중요한 것은 아이디어와 혁신적 비즈니스 모델이다. 많은 스타트 업들이 기술혁신에만 집중하고 있지만 기술혁신만으로는 기업 생존을 보장하지 못한다. 4차 산업혁명 시대가 열리고 페이스북, 구글 등 최고의 스타트 업들이 글로벌 비즈니스 시장을 점령했다.

우리 스타트 업들도 초기 아이디어에서부터 키워주는 엑셀러레이터와 멘토링 같은 정부 지원정책까지 가세하면서 창업 생태계는 활발히 돌아가는 듯 보인다. 아이디어 하나로 거액의 투자를 받는 스타트 업도 많이 생겨났다. 하지만 하늘아래 새로운 것이 없다는 말처럼 스타트 업 역시 항상 새로운 기술혁신만으로 승부하기 힘들다. 치열한 경쟁 속에서 고객과 시장의 선택을 받는 스타트 업 만이 살아남고, 더 많은 스타트 업들은 몇 년 후에 조용히 살아져 갈 뿐이다.

비슷한 제품이나 서비스로 시작했는데 왜 어떤 스타트 업은 성공하고, 어떤 스타트 업은 실패하는 걸까? 4차 산업혁명의 중요한 기술들과 솔루션을 잘 융합해 가치 있게 만들었다고 자부하고 여러 번의 현장 테스트를 거쳐 출시했는데 시장과 고객의 반응은 냉담하다. 투자를 위한 피칭에서도 고객에 대한 어떤 문제해결을 할 수 있는지를 맨 먼저 질문하고 해답이 구체적이고 현실적이지 못하면 바로 피칭을 중단 시킨다. 스타트 업에게 시간 낭비하지 말라고 냉담한 조언을 하기도 한다.

기업에서 발생하는 4차 산업혁명 시대의 변화 내용을 보면 공통적으로 기계중심, ICT 중심과 같은 기술 중심의 이야기들이 대부분을 차지하고 있다. 심지어는 자율주행차가 인간 운전자를 대체하고 인공지능이 인간의 많은 직업을 대체할 것처럼 이야기하고 있다. 그러나 4차 산업혁명 시대에도 변치 않는 키워드가 있다. 바로 '고객'과 '품질'이다. 인공지능과 빅 데이터가 아무리 좋은 결과를 제시해 주더라도 제품이나 서비스의 품질에 대해 고객이 만족해야 하는 것은 만고불변의 법칙이다.

따라서 4차 산업혁명 시대에 고객이 느끼는 품질이 어떻게 달라지는가에 대해 논의해야 할 시기가 온 것이다. 4차 산업혁명 시대에는 고객들도 SNS나 초연결 등을 통해 기존보다 훨씬 정제된 다양한 정보를 접하게 되며, 이에 따라 기존 제품이나 서비스가 제공하던 수준보다 높고 색다른 형태의 품질을 요구한다. 필자는 4차 산업혁명 시대의 품질에 대한 고객 요구변화를 고객의 기대(Expectation), 경험(Experience), 감성(Emotion)이라는 3개 키워드를 중심으로 이야기해 보고자 한다.

먼저, 전통적으로 품질만족은 제품이나 서비스에 대해 고객이 기대(Expectation)하는 기본적인 성능과 품질수준을 만족시키는 것을 목적으로 하고 있다. 고객의 기대 품질수준을 만족시키기 위해 수많은 기법들이 개발되고 적용돼 오고 있으며, 많은 사례들과 함께 적용하고 보고되고 있다. 현재까지는 제품이나 서비스의 기본적인 성능을 만족시키면서 불량 없는 제품, 고객이 만족하는 서비스를 제공하는 것에 기업들이 노력을 기울이고 있다. 향후에도 IoT, 빅 데이터, 인공지능 등의 초 연결 기술들이 널리 활용돼 고객의 기대(Expectation)를 만족 시킬 수 있는 많은 기법이 개발되고 적용돼질 것으로 예상된다.

두 번째, 품질만족을 위해서는 고객의 경험(Experience)이 중요하게 고려돼야 한다. 서비스 산업의 경우 고객이 서비스를 체험하게 되므로 서비스의 전 과정에서 고객 품질 요인을 체크하고 관리해야 한다는 것이다. 제품의 경우에도 기본적인 성능만을 고려해 판매하는 것이 아니라 고객이 구매 후에 사용하는 전 과정에서의 경험을 고려해 성능, 사후 서비스, 모니터링, 고객관리 등을 수행해야 한다. 4차 산업혁명 시대에는 IoT와 같은 센서를 통해 고객 경험에서 발생하는 더 많은 품질요소를 모니터링 할 수 있고 모니터링 된 고객 경험을 분석해 더 나은 경험을 제공 할 수 있는 방안을 개발하는 것이 필요하다.

세 번째, 품질만족을 위해서는 고객의 감성(Emotion)을 고려할 수 있어야 한다. 진정한 고부가가치 제품이나 서비스가 되기 위해서는 고객의 기대 수준(Expectation)과 경험(Experience)에서의 품질 만족을 뛰어넘어 고객의 감성을 자극하고 만족시킬 수 있어야 한다. 물론 고객 감성에 대한 품질을 관리하기란 매우 어려운 주제이며 이에 대한 연구도 많지 않은 것이 현실이지만 향후 수준 높은 품질 경영을 위해서는 달성해 나아가야 할 과제이며 국내 제조 및 서비스 기업들이 앞으로 추구해야 할 방향이라고 판단된다.

4차 산업혁명을 구성하고 있는 수많은 키워드들은 인공지능, 자율주행차, 딥러닝 등 매우 전문적이고 기술적인 용어가 주류를 이루고 있다. 하지만 품질 분야에 있어서는 전통적 품질 개념이 고객이 기대(Expectation)한 품질에서 크게 벗어나지 않는다는 것이다. 이에 따라 고객의 경험(Experience) 품질, 감성(Emotion) 품질까지로 고려의 범위를 확장함으로써 국내 기업들의 품질 수준을 높여 나아가길 기대한다.

또 한 가지 중요한 것은 고객은 수시로 변하고 있다. 아니 진화하고 있다. 과거에는 기술혁신을 통해서 우수한 제품과 서비스를 출시하기만 하면 고객은 열광하며 구매하고 사용했다. 그러나 지금은 고객의 근본적인 문제를 해결하거나 개인들에게 딱 맞는 '고객 맞춤형' 서비스를 요구하고 있다. 따라서 이제는 제품도 '고객 맞춤형' 서비스 모델로 혁신하고 고객의 가치를 창출할 수 있어야 한다. 이렇게 하지 않으면 고객이 자신에게 맞는 사업모델을 만들어 버리는 시대로 패러다임이 변화됐다. 그 이유는 4차 산업혁명 시대라 해도 기술보다는 사람이 먼저이기 때문이다.

필자는 25년 동안 벤처기업들의 '전략적 파트너'로서 컨설팅을 해 왔고 많은 성공기업과 실패기업들의 경영자와 함께 해 왔다. 그리고 현재 스타트 업들의 멘토로 활동하고 있다. 진실로 스타트 업의 멘토로서 조언하고 싶다. 기술혁신이 4차 산업혁명을 촉발한 것은 사실이다. 하지만 기술혁신 만으로는 지속적이고 성공적인 사업 모델은 되지 않는다. 왜냐하면 또 다른 기술이 융합되고 연결돼서 새로운 혁신적 비즈니스 모델로 거대한 물결이 돼 날마다 다가오기 때문이다. 그러면 이러한 도전들을 이겨내려면 어떻게 해야 극복할 수 있을까? 그 방법과 체험한 노하우를 우리 스타트 업들에게 전달하기 위해 이 책을 집필하게 됐다.

스타트 업의 가장 핵심적인 경영전략은 고객에게 필요한 비즈니스 모델을 개발하고 제공하는 것이다. 성공한 비즈니스 모델을 보면 공급자 중심이 아닌 수요자(고객) 중심인 것을 알 수 있다. 그런데 이 고객들이 4차 산업혁명 시대를 맞이해서 변화된 것이다. 이 거대한 변화의 중심에 반드시 고객이 있고, '맞춤형 서비스'를 요구하고 있다. 이제 고객이 원하는 것을 만들지 않으면 사업은 반드시 실패한다. 이런 고객의 욕구를 충족하기 위해서는 '고객 맞춤형' 서비스를 위한 혁신 모델이 필요하다. 말이 쉽지 비즈니스 모델 캔버스 하나 탁상에 놓고 아이디어 발상들을 스티커로 붙여서 해결될 일이 아니다. 고객의 니즈와 문제점을 찾아내기 위해 고객이 있는 곳으로 달려가야 한다. 그리고 고객에게 핵심적인 질문을 통해 문제점을 확인하고 해결방안도 제시해야 한다.

이번 독자와 스타트 업의 만남은 이 어려운 문제를 단 하나의 질문으로 해결하는 방법과 노하우를 알려드릴 것이다. 기업 생존의 문제를 단순한 이론적 강의나 이론 지침서로 해결할 수 없다. 직접 수많은 스타트 업들과 현장에서 질문지를 통해서 예상고객을 만났고 그들의 의견을 소중히 받아서 고객 가치제안을 만들어 냈다. 그리고 우리가 당초에 고객에게 제공하려고 했던 아이디어나 솔루션에 고객의 문제해결을 반영한 혁신 모델을 만들어 가는 것이다. 이로써 스타트 업의 혁신 모델 첫 단추가 '고객 맞춤형'으로 채워지게 된다. 다시 한 번 강조하자면 4차 산업혁명은 고객의 기대와 요구가 가중되고 있는 시대이다. 따라서 4차 산업혁명은 진화된 고객에 대한 '맞춤형 서비스'이다.

스타트 업들의 열정과 기업가정신으로 혁신적 비즈니스 모델을 만들어 보자. 스타트 업 멘토의 경험으로 '고객 맞춤형' 혁신 모델을 제안한다. 이 책은 스타트 업들에게 고객가치제안의 혁신 모델로 활용되길 기대하면서 '고객 맞춤형' 서비스 모델을 실행하는데 도움이 될 것이다.

1. 4차 산업혁명은 '고객 맞춤형' 서비스이다

1) 고객의 가치제안 모델이 필요하다

스마트 폰이 세상에 나오고부터 모든 고객들은 직접 제품과 서비스를 요구하고 선택하게 됐다. 이에 부응하듯이 4차 산업혁명 시대가 열리고 많은 혁신적인 기술들이 등장하면서 모든 물리적 경계와 산업이 융합되는 초 지능, 초 연결, 초 산업 서비스가 가능하게 됐다. 따라서 스타트 업과 기존 기업은 현실적으로 고객의 갈증을 풀어줄 가치와 비전을 제시해야 하는 시대가 다가왔다. 그러나 많은 기업과 스타트 업들은 고객가치 제안(Customer Value Proposition)에 대해서 정확히 잘 모른다는 것이 신기하다. 가만히 생각해보면 생각의 차이 이고 관점의 차이일 수 있다.

만약 이런 질문을 해 보면 관점과 인식의 차이를 알 수 있다. 여러분과 조직은 고객을 중심으로 일하고 있습니까? 스타트 업이나 기존 기업들은 80% 이상이 당연히 고객을 중심으로 일하고 있다고 답하고 있다. 반대로 같은 질문을 고객들에게 하면 고객 중심이라고 답한 고객은 8%에 불과하다. 엄청난 관점과 인식의 차이를 알 수 있다. 고객이 진짜 원하는 가치를 찾아내고 문제점을 해결하는 제품과 서비스가 제공될 때 고객이 인정하는 고객가치 제안의 사업 모델이 될 수 있다.

회사는 오직 내가 만들고 있거나 운영하고 있는 제품과 서비스를 팔거나 공급하는 것에만 관심이 있다. 반대로 고객 입장에서 수많은 선택지 중에서 굳이 내 회사가 공급하는 제품이나 서비스를 선택해야 하는 것에 대한 고민은 정확히 없기 때문일 것이다. 가치 제안에 대해서 생각해 보기 전에 우선 사업이란 것은 무엇일까? 다음 사전에서 검색해보면 사업의 사전적 정의는 '생산과 영리를 목적으로 지속하는 계획적인 경제 활동'이라고 한다. 다른 말로 표현하자면 제품 서비스를 공급하고 그 대가를 받는 것이라고 할 수 있다.

그럼 사람들은 어떤 제품과 서비스를 대가를 지불하면서 구입할까? 어떤 경우에는 가성비를 따져가면서 구입하기도 하고 어떤 경우에는 예약을 하고 줄을 서서 사기도 한다. 구매나 사용에 대한 의사결정의 기준이 사람마다 다르고 상황마다 다르고 제품과 서비스마다 다르다. 경우에 따라 다르다고 하지만 기본적으로 구입하는 제품과 서비스는 상품으로써 문제의 해결, 필요의 충족, 인간 욕구의 만족 등과 같은 가치를 고객에게 줄 때 구매가 이뤄지고 사용이 된다. 결국 우리가 고객에게 제안하는 가치는 적어도 문제의 해결, 필요의 충족, 인간 욕구 등이 만족 돼야 한다.

또한, 고객이 생각하는 가치는 편익과 비용으로 나눠 생각해 볼 수 있다. 감성적이거나 기능적이거나 비용 측면에서 얻을 수 있는 것이 있어야 하고 시간이나 돈을 절약할 수 있는 것이 고객 가치가 될 수 있다. 지금까지 우리가 고객에게 줄 수 있는 그리고 고객이 느낄 수 있는 고객 가치를 시장과 경쟁 측면에서 정리하는 전략이 '고객 가치 제안(Value Proposition)'이였다. 앞서 이야기한 것처럼 고객이 굳이 우리 제품이나 서비스를 구매하거나 사용하게 되는 이유가 바로 고객 가치 제안이 녹아 있고 고객들이나 경쟁사들도 고객 가치 제안을 통해서 드러나는 차별화 요소들이나 경쟁 요소를 알게 되고 판단하며 결정하게 되는 것이다.

아래 그림처럼 고객 가치 제안(Value Proposition Canvas)이라고 하는 도구를 이용해서 정리 해 보자. 처음 한 번만 정리하고 끝이 아니라 시장과 고객 그리고 경쟁 상황이 변하기 때문에 수시로 업데이트하고 고객과 현장의 경험들을 반영할 수 있어야 한다.

실제로 현장에서는 실태조사가 용이하지 않기 때문에 적당히 표본조사 해서 사업계획서나 제품소개서 등에서 다양하게 활용하고 있다. 고객이 느끼는 가치라는 것은 어떻게 보면 굉장히 추상적이고 사람이나 회사에 따라 모두 다르게 느끼는 부분이라서 일반화하기 어렵지만 계속해서 집중하고 들여다봐야 하는 것이다. 왜냐하면 시장과 고객 그리고 경쟁상황이 계속해서 변하기 때문이다.

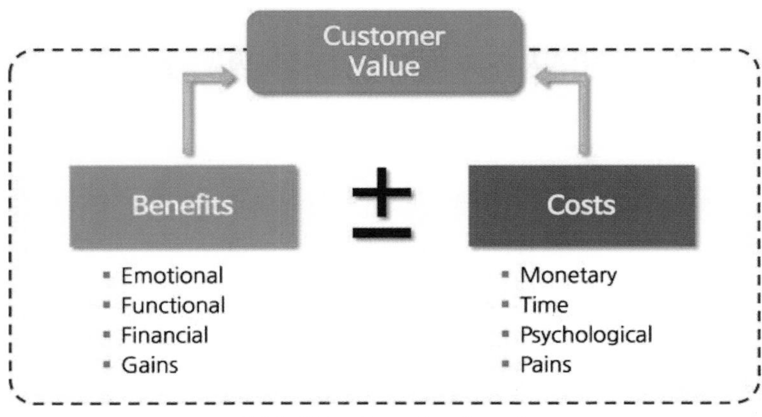

[그림1] Value Proposition Canvas〉

현실적으로 전통적인 고객 조사에는 한계가 있고 고객의 니즈와 문제해결을 위한 접근법은 쉽지가 않다. 직접적인 질문들을 통해서 고객을 만날 수 있는 기법들을 다음에 소개할 예정이다. 이 개발된 기법들을 잘 활용한다면 고객의 문제를 해결하는 혁신적인 비즈니스 모델을 구축하게 될 것이다. 그리고 우선 고객 가치 제안을 정리해보자. 우리 제품과 서비스에서 제공하는 가치가 고객이 진실로 느끼는 가치가 돼야 비로소 고객이 인정하는 것이 된다.

필립 코틀러는 〈마케팅의 핵심〉에서 가치 제안(Value Proposition)이란 '소비자들의 욕구를 만족시키기 위해 고객들에게 기업이 전달하기로 약속한 가치 또는 이익과 혜택들의 집합'이라고 정의했다. 오스터 왈더는 〈비즈니스 모델의 탄생〉에서 '기업이 고객에게 무엇을 줄 수 있는지를 총괄한 실체 그 자체'라고 했다. 고객에게 도움이 되는 가치의 특징은 양적(가격, 속도)일 수도 있고, 질적(디자인, 고객의 경험)일 수도 있다. 애시 모리아는 '린 스타트 업'에서 '제품이 가진 차별 점은 무엇이며 구입할 관심을 끌 가치가 있는 이유'로 정의했다. 종합해서 보면 해당 사업이 고객에게 제공하기로 한 약속, 이익, 혜택 같은 것이라고 할 수 있다. '고객 가치 제안'은 고객에게 제공하고자 하는 가장 핵심적인 비즈니스 모델이다.

4차 산업혁명의 거대한 시대 변화에서 우리는 고객의 변화도 읽어야 한다. 초연결성의 시대, 고객의 변화는 고객 가치 제안을 넘어 고객 가치를 창조하는 시대가 된 것이다. 우리 스타트 업들은 고객의 눈으로 고객의 니즈와 문제점을 발견하고 고객의 경험을 반영한 솔루션을 구축해야 성공할 수 있다. 고객중심으로 한눈에 확인할 수 있는 '고객 맞춤형' 서비스의 혁신 형 비즈니스 모델을 구축하는 것이 성공의 지름길이다. 반대로 '고객 맞춤형' 서비스 모델을 구축하지 않은 스타트 업들이나 기존 기업들은 자신들의 뜻과 상관없이 실패라는 늪으로 너무 쉽게 빠져들게 될 것이다.

2) 왜 스타트 업의 90%가 실패하는가?

우리가 매일 뉴스에서 접하는 스타트 업은 성공한 스타트 업이나 글로벌 유니콘 기업들일 것이다. 수많은 실패 기업들이 날마다 사라져 가고 있지만 왜 사라졌는지 이유조차 잘 알려져 있지 않다. 그러나 그 이유는 분명하다. 고객의 외면을 받았거나, 시장에서 더 이상 찾지 않아서 사라질 수밖에 없었기 때문이다. 타산지석으로 삼아야 할 조사 자료가 있다. 전 세계적으로 스타트 업의 천국이라고 평가되는 실리콘밸리에서도 아이디어 단계에서 사업 성공단계까지의 생존률은 1%에 불과하다. 많은 스타트 업들이 최고의 아이디어와 첨단기술 그리고 나름대로의 검증된 비즈니스 모델을 갖고 사업을 시작 했지만 그 결과는 참담했다.

미국 벤처캐피털 전문 조사 기관인 CB 인사이트에서 실패한 기업 101개사를 대상으로 '스타트 업이 실패한 이유'를 분석해 보고서를 발표한 적이 있다. 그 보고서 결과에 따르면 가장 큰 이유가 놀랍게도 '시장이 원하지 않는 제품 및 서비스'가 42%를 차지한 것으로 보고 됐다.

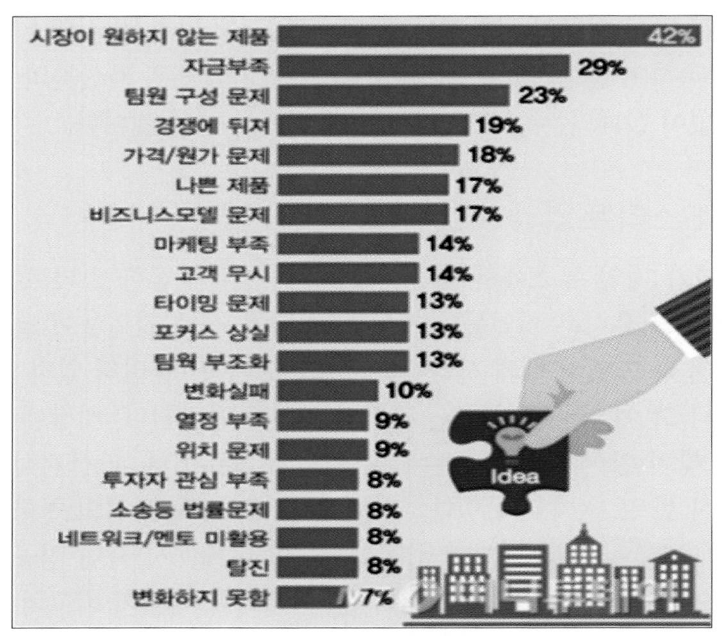

[그림2] CB Insight Report, 2014

그리고 나쁜 제품 17%, 비즈니스 모델 문제 17%, 마케팅 부족 14%, 고객 무시 14% 등 고객과 시장에 대한 정확한 문제해결 없이 일방적인 비즈니스 추진이 실패의 원인 중 73%로 나타났다. 그리고 비즈니스 모델 문제 때문에 종합적인 실패의 원인이 90%인 것으로 분석 됐다. 좀 지난 보고서이지만 우리 스타트 업계의 열악한 생태계를 감안 할 때 많은 시사점과 교훈을 준다. 우리가 비즈니스를 하는 가장 근본적인 이유가 고객에게 가치를 제공하고 그 수익을 창출하는 것인데 가장 근본적이고 핵심적인 것을 간과 한 것이다.

알리바바 그룹의 마윈 회장은 "먼저 시장과 고객의 니즈를 파악한 뒤 해결방법을 찾아내야 한다. 그래야 성공의 가능성도 높아진다"라고 언급한 바 있다. 스타트 업은 시장 및 고객의 니즈 분석을 통해 고객이 원하는 문제해결 방안을 자사의 솔루션에 반영해, 고객의 욕구를 충족시킴으로써 핵심적이고 전략적인 비즈니스 모델을 만들 수 있다. 스타트 업들이 단순히 4차 산업혁명의 혁신기술이나 우수한 솔루션만을 믿고 고객의 가치를 일방적으로 제공하는 방식은 시간이 지나면서 고객과 시장의 외면을 받아 사업실패의 근본 원인이 된다는 사실을 알아야 한다.

지난 몇 년 동안 스타트 업의 투자 검토와 멘토링을 진행하다 보면 빠르게 고객의 문제해결을 통한 가치제안 모델에 접근하는 기업도 있는 반면, 제자리를 못 찾고 어려움을 겪는 스타트 업들을 너무나 많이 보아왔다. 이들에게 만연한 첫 번째 생각은 '자신에게 필요하면 고객도 필요할 것이란 생각'이다. 고객중심의 사고가 아니라 창업자 자신의 기술과 아이디어만을 맹신하는 것이다.

지금은 열광하는 사이트가 된 '유투브'도 지난 2004년 어느 날 동영상을 공유할 만한 사이트가 없다는 것을 알아냈다. 공동 창업자들과 '친구를 사귀는데 도움이 되는 동영상' 공유 사이트를 만들기로 한다. 공동 창업자들은 '좋아요', '안 좋아요'로 순위가 올라가고 내려가고 하는 서비스가 환상적이라고 생각했다. 다른 사람들도 당연히 좋아할 것이라고 생각했다. 그러나 현실은 그렇지 못 했다. 고객이 원하는 핵심가치 즉 '동영상 공유 자체를 편리하게 사용하는 것'을 원했다. 결국 사이트는 본인들이 만들었지만 활용은 고객에게 맡기기로 했다. 또 고객의 니즈를 확인하기 위해 몇 가지 테스트와 솔루션을 '고객 맞춤형'으로 변경했다. 그 결과 오늘날 유투브는 동영상 공유 사이트 플랫폼의 최대 기업으로 도약했다.

둘째로 '기술이 뛰어나면 고객이 선택할 것'이라는 생각이다. 창업자들은 '기술이 뛰어난 제품이면 고객들에게 충분한 가치를 줄 수 있을 것이다'라는 착각을 한다. 창업자 생각처럼 기술이 뛰어나면 좋은 제품인가? 좋은 제품과 서비스는 고객이 판단하는 것이다. 고객이 요구하는 문제를 해결하는 '고객 맞춤형' 서비스에 가치를 두고 판단하는 것이다. 스타트 업들이 무엇인가를 만들기 위해서는 기술이 있어야 하지만 기술이 사업을 성공시키는 것은 아니다. 고객의 문제를 해결하는 것은 뛰어난 기술에만 있는 것이 아니다. 고객이 원하는 맞춤형 서비스를 찾아서 그 가치를 제공하는 것이다.

셋째로 '모두에게 필요하므로 모두가 구입할 것이다'라는 생각이다. 스타트 업의 창업자들은 누구나 필요하기 때문에 고객을 전 국민이라고 생각한다. 어떤 고객은 특정 브랜드를 선호하고, 어떤 고객은 특수한 기능성에 구매를 결정하기도 한다. 아무리 좋고 훌륭한 제품이라도 고객의 타깃 시장을 세분화해 좁힌 시장고객 군에게 감동과 가치를 제공한다면 시장을 확대하는 것은 시간문제다. 스타트 업들은 인적·물적 자원의 한계가 있기 때문에 특히 타깃 고객층에 집중할 필요가 있다. 하지만 여전히 의욕만 앞세우고 전 국민을 대상으로 마케팅 하고자 하는 스타트 업이 적지 않은 것이 현실이다.

그 외에도 '완벽한 사업계획을 세운 후에 실행하려는 생각'과 '투자나 정부의 정책지원만 바라보고 사업하려는 생각'들이 스타트 업들의 실패의 원인이 되고 있다. 스타트 업의 실패를 줄이려면 잘못 생각하고 있는 것을 바로 잡아야 한다. 첫째, 창업자에게 필요한 제품이라 해도 고객에게는 가치가 있어야 한다. 고객의 문제를 해결한 고객가치를 서비스해야 한다. 둘째, 기술이 뛰어난 제품은 단지 기술이 뛰어난 제품일 뿐이다. 고객은 뛰어난 기술을 사는 것이 아니다. 가치 있는 제품과 서비스를 사는 것이다. 셋째, 모두에게 필요한 것이라도 필요함을 느끼는 정도가 사람마다 다르다. '고객 맞춤형' 서비스로 더 급하게 필요한 고객을 찾아야 한다. 넷째, 완벽한 사업계획이란 없다. 고객을 만나고 질문하는 과정에서 고객의 가치를 발견하고 자사의 솔루션을 계속해서 수정해 나가는 것이다. 다섯째, 성장에도 신경을 써야 하겠지만 그 보다도 고객의 가치를 제안하는 혁신형 비즈니스 모델을 구축하는 것이 성공의 지름길이 된다.

3) 혁신 모델은 고객과 시장이다

비즈니스 모델이라는 것은 어떤 제품이나 서비스를 어떻게 소비자에게 편리하게 제공하고 어떻게 마케팅하며 어떻게 돈을 벌겠다는 사업 아이디어 또는 스토리를 말한다. 이러한 비즈니스 모델을 혁신적으로 만들려면 고객과 시장중심으로 만들어야 한다. 일선 현장에서 고객과의 소통을 통해 고객들의 니즈를 정확히 파악해야 한다. 그리고 고객 니즈에 대한 문제분석과 해결방안을 도출해서 스타트 업들이 보유하고 있는 아이디어나 솔루션에 반영해야 한다. 그리고 이를 세분화된 시장의 사용자들의 경험을 통해 다듬고, 수정해 최종 제품과 서비스로 고객이 원하는 가치를 제공하는 과정과 스토리가 바로 비즈니스 모델이다.

성공한 스타트 업의 비즈니스 모델을 보면 공급자 중심이 아닌 수요자(고객) 중심인 경우가 대부분이다. 특히 글로벌 유니콘(자산가치 10억 달러 이상) 기업들의 비즈니스 모델을 보면 성공한 이유가 '고객 맞춤형' 서비스인 것을 확인할 수 있다. 고객의 잠재적 니즈 선점이 미래의 고객과 시장을 선점하는 것이다. 고객의 니즈를 직접 확인하기 위해서는 단순하지만 특별한 기법들이 필요하다. 그리고 확인된 니즈를 솔루션에 반영해 다시 한 번 고객의 경험과 체험을 통해서 감동과 가치를 이끌어내야 한다. 단순히 우수한 기술력만 믿고 비즈니스 모델의 목적과 방향을 잡는다면 고객과 시장이 원하지 않는 제품과 서비스로 인해 실패의 길로 가게 된다.

고객을 제대로 이해하지 못한다는 것은 결국 내 사업이 무엇인지 잘 모르는 것이다. 고객과 매일 소통하고 만나지 않으면 내 사업이 어디로 가고 있는지 알 수 없다. 고객을 이해하지 못하거나 잘못 이해하면 경영 또는 서비스 지표의 변화를 제대로 파악할 수 없다. 재미난 것은 많은 창업가가 고객과 시장을 아주 잘 알고 있다고 철석같이 믿고 시장조사를 등한시한다는 사실이다. 사업 초기 제품과 서비스에 대한 시장반응이 기대 이상일 경우 이런 오류에 빠진다. 심지어 사용자가 100만 명에 이르는 서비스를 만든 창업가조차 고객을 잘 이해하지 못했다고 고백하기도 한다. 따라서 고객의 정확한 니즈파악과 문제해결이 가장 우선이다. 직접적인 조사나 소셜 네트워크 서비스(SNS)을 통해 고객과 즉각적이며 유기적인 관계를 형성하며 고객의 문제를 해결해 나가는 것이 필요하다.

이를 미연에 방지하는 것이 직접 시장조사다. 고객과의 만남을 통한 직접 시장조사 방법(또는 정성적 시장조사)은 초 연결 시대에 더욱 쉽고 저렴하게 활용할 수 있게 됐다. 구글, 아마존, 우버, 디디추싱, 텐센트, 알리바바 등의 탄생은 초 연결 시대의 대표적 산물인 소셜 네트워크 서비스(SNS) 덕분이다. 이들은 수많은 온라인 커뮤니티와 페이스북, 각종 모바일 툴을 통해 고객이 평가하고 공유하는 특정 이슈와 시장에 대한 정보를 얻고 고객과 즉각적이며 유기적인 관계를 형성할 수 있었다.

직접 시장조사를 위한 고객과의 소통은 단순히 물건을 팔기 위한 목적이 아니다. 제품·서비스·산업에 대해 고객이 무슨 생각을 갖고 있으며 어떤 문제점과 개선점이 있는지 파악하기 위한 것이다. 내 이야기를 멈추고 고객의 이야기를 경청하는 것이 중요하다. 직접 시장조사로 고객의 감성·가치·인식을 분석해 왜 지금과 같은 행동과 의사결정이 나오는지를 이해하고 이를 바탕으로 향후 사업전략을 구축하는 것이다. 직접 시장조사는 만들려는 제품 또는 서비스에 부합하는 고객을 직접 관찰하며 결과를 얻는 조사 방법이다.

직접 시장조사는 자료를 모으는 데이터 수집이라기보다 고객 경험 탐구의 관점이 더 크다. 간접 시장조사가 숫자와 통계자료 등을 토대로 진행하는 것이라면 직접 시장조사는 내가 만들려는 제품 또는 서비스에 부합하는 고객을 관찰하는 데 치중한다. 따라서 어떤 고객을 조사 대상으로 삼을지가 관건이다. 해당 시장의 유경험자가 창업하는 경우 어떤 고객이 조사 대상으로 적합한지 판별하는 과정이 비교적 수월할 수 있다. 그러나 무경험자에겐 이 과정이 고단할 것이다. 잘못 선정된 고객으로부터 얻은 조사 결과는 아무런 소용이 없기 때문이다.

직접 시장조사를 진행하는 스타트 업은 매출과 구전효과에 영향을 주는 고객과 시장 흐름의 변화에 촉각을 세워야 한다. 아울러 경쟁력이 있다고 여겨지는 제품 스펙에 대한 고객 반응을 살피고 적절한 의사결정을 내려 개발비용을 최소화해야 한다.

스타트 업에게 돈과 시간, 인력은 너무나 제한적이다. 대기업처럼 자원이 풍부하다면 모를까 스타트 업에게 시장조사는 버거운 일이다. 이때 효과적으로 활용할 수 있는 방법이 순 추천 고객지수(Net Promoter Score) 방식의 고객 설문이다. 직접적인 단 하나의 결정적인 질문과 그 이유를 묻는 객관식 질문이다. 이 방식은 다음 장에서 상세히 다루고 직접 체험하게 될 것이다.

사업을 벌이고 있는 회사는 고객 데이터를 갖고 있어 설문대상을 선정하기가 쉽다. 그러나 고객 데이터가 전혀 없는 스타트 업은 누구를 설문대상으로 정해야 할지 감을 잡을 수 없는 경우가 많다. 이때 조사 대상 후보군으로 삼을 수 있는 것은 경쟁제품 또는 대체제품을 사용하는 고객이다. 이 방법은 현재 모든 산업의 경계가 없어진 4차 산업혁명 시대에는 정확한 방법이 아닐 수도 있다.

4) '고객 맞춤형' 서비스가 혁신 모델이다

스타트 업의 토대는 혁신적 비즈니스 모델에 있다. 비즈니스 모델이란 조직이 가치를 창출하고 전달하며 확보하는 방법에 대한 구조적 설명이다. 스타트 업이 처음 아이디어를 구상하거나 신규 사업을 시작할 때는 비즈니스 모델에 매우 신경을 쓴다. 하지만 일단 사업이 시작되면 초심은 사라지고 개발과 판매 그리고 자금 확보에 집중한다. '포춘(Forture)'지의 제프 콜빈(Geoff Colvin) 편집장은 비즈니스 모델에 대해 이렇게 기술했다. "비즈니스 모델의 혁신은 새롭게 갖춰야 할 핵심 역량이다. 이는 무척 어려운 과제이며 미래의 승자와 패자를 가르는 척도가 될 것이다." 그러려면 비즈니스 모델의 정의가 가치 창출과 전달, 확보를 위해 스타트 업들은 이들 주요 요소를 충분히 탐색하고 차별화된 고객가치를 창출해야 한다.

이제 제4차 산업혁명의 성공을 위해 파괴적 혁신이 최종 추구하는 가치는 '고객에 대한 맞춤형 서비스'가 될 것이다. 제4차 산업혁명이 주는 기회가 강렬한 만큼 그것이 불러올 문제점과 파급 역시 벅차고 무겁다. 그러므로 모두가 함께 제4차 산업혁명의 영향력과 효과에 적절히 대비해 이를 도전의 기회로 바꿀 수 있도록 노력해야 한다.

세상은 더욱 빠르게 진화하고 발전해 초연결사회가 돼 더욱 복잡해지고 분화되겠지만 결국 고객에 대한 맞춤형 서비스가 혁신적 비즈니스 모델로 진화돼 모두에게 이득이 되는 방향으로 준비하고 설계하는 기회가 될 것이다. 이러한 고객 맞춤형 서비스를 글로벌 트렌드와 함께 스타트 업들이 핵심전략으로 준비하려면 모든 기업의 활동을 고객의 가치라는 관점에서 시작해야 한다.

혁신적인 비즈니스 모델도 고객이 인지하는 가치와 고객이 부담하는 비용의 관계에서 고객에게 가장 중요한 가치(Core Value)를 창조하고 타깃 고객의 임펙트를 최대화해야 한다. 그리고 고객의 '핵심 가치'를 창출하기 위해 '핵심 비용'의 틀을 특화시키는 전략에서 가장 중요한 것은 비즈니스 모델(맞춤형 서비스)을 고객이 있는 현장에서 혁신요소를 찾아내어 가치 시스템으로 구축하는 것이다.

먼저 스타트 업(Startup)이라는 용어 즉 창업 초기 벤처기업이라는 정의를 알아보자. 스탠퍼드 대학교의 스티브 블랭크(Steve Blank) 교수는 스타트 업을 이렇게 정의했다. '스타트 업은 반복 가능하고 확장시킬 수 있는 비즈니스 모델을 찾기 위해 구성된 임시 조직이다'라고. 스타트 업이 집중해야 할 전략적 정의이다. 따라서 반복 가능하고 확장 시킬 수 있는 비즈니스 모델은 무엇일까?

대부분의 우리는 창업에 대해 제대로 배우거나 경험해 본적이 없다. 학교의 정규 과목이 있는 학교는 극소수이고 그나마 경영학의 일부와 기업가 정신 등 외국 유명 대학교의 일부 과목만 배우다 보니 창업을 실행하는 데는 많은 시행착오를 겪게 되는 것은 당연지사다. 스타트 업들은 자신들이 필요하면 고객도 필요하다고 생각한다. 대부분의 창업 아이템은 그들이 경험하고 불편한 것을 개선하려는 아이디어나 기술개발(솔루션)에서 출발한다. 그러다 보니 사용할 고객에게는 물어보지도 않고 자신만의 생각으로 제품을 만드는 경우가 다반사이다.

고객은 판단하고 또 선택에 있어서 대안도 갖고 있다. 제4차 산업혁명 시대의 진입은 '고객 맞춤형' 서비스로 점차 특화(IoT, 빅데이터, 인공지능)되는 과정에서는 더욱 그러하다. 실제로 상품과 서비스를 구축한 후 마땅한 수요처를 찾지 못해 고민하고 타이밍을 놓치는 경우가 대부분이다. 결국 사업의 출발점은 고객을 관찰하며 고객의 니즈와 문제점을 해결하는 혁신 요소에 맞춰져야 할 것이다.

비즈니스 모델을 디자인하려면 '내가 제공할 아이디어와 솔루션의 고객은 누구인가? 고객을 위해 무엇을(고객 가치) 할 수 있는가? 고객이 이 제품을 어떻게 사용할 수 있도록 할 것인가?'에 대한 완벽한 해답이 내게 있어야 한다. 이러한 스타트 업의 고민을 앨빈 토플러(Alvin Toffler)는 이렇게 설명했다. "이전에는 관련 없던 개념, 데이터와 정보, 지식을 새로운 방식으로 결합할 때 상상력과 창의력이 생겨 날 수 있다." 이미 많은 유니콘 기업들이 '고객 맞춤형' 서비스를 혁신 모델로 플랫폼을 구축했거나 인프라구축으로 고객의 정보와 열광하는 콘텐츠를 제공하고 있다. 우리 스타트 업도 고객이 필요로 하고 열광하는 '맞춤형 서비스' 모델로 승부할 때이다.

고객의 문제를 해결하며 고객가치를 혁신 모델로 삼은 유니콘 기업을 소개한다. 하버드 비즈니스 스쿨에 다니던 앤서니 텐은 싱가폴로 돌아왔다. '왜 동남아시아에는 우버의 공유자동차가 없을까?'를 고민하며 택시운전자들에게 물어 보았다. 그들의 대답은 "우버의 자동차 공유시스템은 수수료가 너무 높습니다. 또 위성 위치 수신 장치와 카드결제 단말기가 너무 비싸서 달수가 없어요"라고 했다. 고객의 문제와 그 해결방법을 찾은 앤서니 텐은 우버의 자동차 공유시스템에 '고객 맞춤형' 서비스의 혁신 모델로 지난 2011년 '그랩(Grab)'을 창업했다.

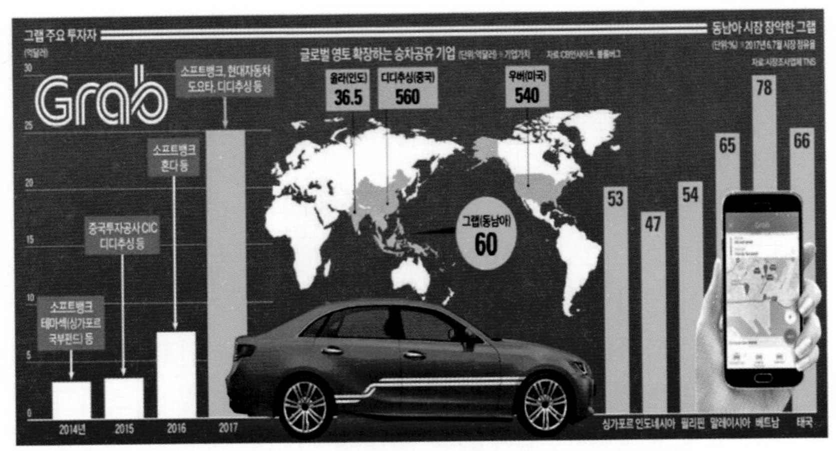

[그림3] 그랩의 기업가치와 투자액, 한국경제 (2018년 03월 20일)

동남아시아판 우버(Uber)로 출발한 그랩은 혁신적인 서비스로 각광을 받으며 동남아시아 8개국에 확산됐다. 이번 2018년 인도네시아 아시안게임에서 매인 광고판을 장식한 '그랩'은 '고객맞춤형' 혁신 모델을 기반으로 필리핀, 싱가포르, 인도네시아, 말레시아, 태국, 베트남, 라오스, 미얀마 등 8개국의 170개 도시에 자동차 공유사업을 하고 있다. 등록된 운전자 수만 230만 명이 넘는다. 그리고 기업가치가 540억불(한화 60조원)이고 세계 자동차 공유시장에서 중국, 미국에 이어 세 번째 큰 시장으로 급성장 했다. 그랩의 성장 사례에서 보듯이 '고객 맞춤형' 서비스가 4차 산업혁명 시대의 가장 좋은 혁신 모델이 된 것이다.

2. '고객 맞춤형' 모델로 문제를 해결하라!

1) '고객 맞춤형' 모델 구축 프로세스

지난 20여 년간 스타트 업과 벤처기업의 전략적 동반자로서 창업 컨설팅을 현장에서 경험한 필자는 혁신적인 비즈니스 모델의 출발은 고객의 가치창출에 있다고 생각한다. 아이디어와 솔루션(기술)을 최초로 개발했다고 해도 유사 기술과 관련 솔루션이 너무 많아서 차별화가 쉽지 않다. 그래서 혁신적인 비즈니스 모델을 만들어야 하는데 이것이 쉽지가 않다. 흔히 비즈니스 모델하면 어떻게 돈을 벌 것인지 수익구조를 만드는 것이라고 생각한다. 하지만 비즈니스 모델은 우리가 생각하는 것보다 어렵고 광범위한 개념이다. 자신의 비즈니스가 고객에게 정말 제대로 된 가치를 제공할 수 있는지, 얼마나 경쟁력이 있는지, 사업 인프라는 잘 구축돼 있는지, 수익은 어떻게 창출할 수 있는지 등 비즈니스의 전체 구조와 흐름을 그리는 것이 비즈니스 모델을 설계하는 것이다.

스타트 업들이 비즈니스를 설계하고 점검하기 위해 비즈니스 모델 캔버스(Business Model Canvas)라는 툴을 이용할 수 있다. 비즈니스 모델 캔버스는 오스터 왈더 박사와 예스 피그누어 박사가 〈비즈니스 모델의 탄생(Business Model Generation)〉이라는 책에서 소개한 바 있다. 이 모델은 고객, 유통채널, 핵심자원 등 아홉 가지 항목을 채워나가면서 비즈니스 모델을 완성시키도록 하고 있다. 이 모델은 IBM, 에릭슨, 딜로이트와 같은 글로벌 기업과 캐나다 정부, 공공기관에서도 적극 활용하고 있는 검증 받은 모델이다. 그러나 고객의 세분화와 고객의 문제점 그리고 고객가치 제안 등 핵심 요소들을 간단하게 생각해서 캔버스에서 정리하는 정도로는 가치 맵이나 혁신적인 비즈니스 모델을 구축할 수 없다.

스타트 업에서 가장 중요한 것은 '가치 제안(Value Proposition)'이다. '가치'란 지금까지 강조해 온 '고객의 문제를 어떻게 해결할 것인가?'를 의미 한다. 스타트 업들에게는 간단하고 직접적인 고객의 니즈에 대한 조사와 질문이 필요하다. 따라서 이러한 현실적인 중요한 문제를 해결할 프로세스를 단계별로 제시하고, 활용할 것을 권고 한다.

(1) 1단계 : 스타트 업(Startup) 단계

① 아이디어와 솔루션 개발
② 창업 아이템(미완성 상태) 선택
③ 스타트 업 팀 빌딩(Team Building)

(2) 2단계 : 고객가치 제안(Customer Value Proposition) 단계

① 고객 세분화(Customer Segment) – 고객은 누구인가?
② 고객 문제와 문제에 대한 대안(NPS 2가지 질문 활용) – 고객의 문제는 무엇이며, 어떻게 해결할 것인가?
③ 혁신가치 제안(Value Proposition) –블루오션 전략(ERRC 워크프레임)으로 창조, 제거, 증가, 감소 요소를 통한 고객의 가치를 높이고 비용은 낮추는 '고객 맞춤형' 요소를 창출한다. 혁신 모델과 경쟁력 우위를 확보한다.

④ 블루오션 전략 캔버스 작성(경쟁자와 가치는 높이고 비용은 감소)으로 경쟁력과 가치를 명확화 한다.

(3) 3단계 : 혁신 모델과 린 스타트 업(Lean Startup) 구축 단계

① 린 스타트 업 캔버스(Lean Startup Canvas)에 대상고객(세분화), 고객의 문제점과 해결 방안 그리고 고객가치 제안을 최종 작성한다.
② 고객에게 가치 있는 솔루션인지 검증, 솔루션 문제점 파악, 수정.
③ 아이디어(만들기) 〉 제품(측정) 〉 데이터 분석(학습) 〉 수정(재구축, 만들기) 〉 제품(측정) 〉 데이터 분석(학습) 〉 수정, 만들기를 반복해 린(Lean)으로 완성한다.
④ 솔루션과 수익 모델, 유통채널 등을 고객 서비스 위주로 혁신 모델을 구축한다.

(4) 4단계 : 디자인(Design) 사용자 경험(UX)/사용자 체험(UI) 확인 단계

① UX 액추어리(Actually) 및 핵심 컨셉 시나리오(Key-Concept Scenario) 〉 UX 흐름과 구성요소 〉 인간근본 욕구 분석 〉 핵심 기능/서비스 도출(Killer UX Function) 〉 사용자 경험 기반의 서비스(UX Service Concept Planning) 전략 기획 〉 페르소나(다른 모습, Persona) & 사용자 모델링(User Modelling)

② 체험 스토리보드(UI Storyboard) 〉 GUI 무드보드(Moodboard) 검증 및 구축
③ 제품-서비스 시스템(PSS : Product-Service System)의 구축
이해관계자(Stakeholder) 요구조건 및 목표 가치 도출 〉 관련자 행위 디자인 〉 PSS 기능 모델링 〉 기능-행위 연계 및 PSS 개념(안) 생성 〉 PSS 개념(안) 구체화 〉 PSS 개념(안) 프로토타이핑의 단계

(5) 5단계 : 플랫폼 비즈니스 모델(Platform Model) 구축 단계

① 플랫폼의 3가지 유형(제품, 고객, 거래시장) 검토 및 혁신가치 창출
② 고객과 시장에 대한 기술적 변화 단계 구축
③ 플랫폼 비즈니스 모델로 변화 단계 구축

본 장에서는 '고객 맞춤형' 서비스 창출 단계인 2단계와 다음 장에서는 혁신 모델 구축을 위한 3단계를 직접 실행할 수 있도록 전략과 적용 모델들을 간단하게 소개하고 스타트 업들이 어려워하는 '고객 가치제안'이 가능하도록 실행 가능한 활용 방법을 소개하고자 한다.

2) 고객 가치를 제안하라!

기업 혁신이란 '기업이 혁신적인 기술이나 제품 혹은 혁신적 비즈니스 모델을 만들어 내는 것'을 말한다. 그렇다면 혁신의 조건은 무엇인가? 이 단순하고 심오한 질문에 많은 경영학자들은 "새로운 고객가치를 만들거나, 방법을 조합하거나 창조하는 것이다"라고 말한다. 즉 새로운 고객가치를 만들기 위해 기업은 끊임없는 혁신

이 필요하다. 이러한 혁신 모델을 실행하기 위해서 고객의 가치명제(Customer Velue Proposition)가 필요하다. 이 고객 가치명제는 외부적으로는 고객의 가치를 확대하고 내부적으로는 사업의 효율화를 구축해 비즈니스 미션을 달성하고자 하는 것이다. 기존 기업이 아닌 스타트 업들은 경험과 데이터가 빈약하고 고객에 대한 지식이 전무하다. 따라서 먼저 이해도 쉽고 따라할 수 있는 '린 스타트 업(Lean Startup Canvas)' 캔버스를 먼저 소개한다.

린 스타트 업(Lean Startup)에서는 스타트 업들의 가장 큰 위험요소로 '고객이 원하지 않는 것을 만드는 것'이라고 규정한다. 그래서 고객이 원하는 것을 만들 수 있는 방법을 제시한다. 이것이 린 스타트 업의 출발점이 된 스탠퍼드 대학교 스티브 블랭크 교수의 '고객개발 방법론'이다. 이렇게 출발된 린 스타트 업은 실리콘밸리에서 혁신적인 스타트 업의 전략 모델이 됐다.

스타트 업이 해야 할 핵심적인 일을 '린(Lean)'이 의미하는 것처럼 '낭비 없이 빠르게' 할 수 있도록 하는 방법론을 제시하고 있다. 린 스타트 업의 방법론 핵심은 사업 아이디어부터 사업 전반을 고객에게 검증(고객 맞춤형)받으며 진행한다는 것이다. 알고 보면 지극히 당연한 이야기다. 하지만 지금까지 이러한 방법론을 하나의 강의주제로만 사용했지 치열한 생존 현장에서 고객이 누구인지 모르는 스타트 업들에게 고객가치의 핵심 방법론을 체계적으로 알려주지 못했다. 고객가치를 발굴하기에 앞서 린 스타트 업 캔버스에서 어떠한 일에 집중해야 하는지 순서를 살펴보자.

Problem	Solution	Unique Value Proposition	Unfair Advantage	Customer Segments
Top 3 problems 1 고객 문제 문제 대안	Top 3 features 솔루션 3	Single, clear, compelling message that states why you are different and worth buying 고객가치제안 카테고리 2	수익모델 Can't be easily copied or bought 7	Target customers 1 대상고객 최우선 고객
	Key Metrics Key activities you measure 핵심 지표 6		**Channels** Path to customers 유통 채널 4	

Cost Structure	Revenue Streams
Customer Acquisition Costs Distribution Costs Hosting People, etc. 손익분기 계획 5	Revenue Model Life Time Value Revenue Gross Margin 3년간 손익계획 5

Lean Canvas is adapted from The Business Model Canvas (http://www.businessmodelgeneration.com) and is licensed under the Creative Commons Attribution-Share Alike 3.0 Un-ported License.

[그림4] 린 스타트 업 캔버스(Lean Canvas)

위의 캔버스를 살펴보면 각각의 블록에 굵은 숫자가 적혀 있다. 이것은 스타트 업들이 전략캔버스를 사용해 비즈니스 모델을 만드는 순서이다. 첫 번째 단계는 두 가지 순서로 구성된다. 하나는 고객의 니즈와 문제점을 3가지 이상 파악하고 문제에 대한 해결방안을 찾는 것이다. 둘째는 고객과 시장을 세분화하면서 최우선 대상 고객을 선정하는 것이다. 그 대안과 해답을 찾았을 때 '고객 가치 제안'의 카테고리를 구축하고 자사가 갖고 있는 기술(아이디어)과 솔루션에 고객의 문제해결 방법을 융합하고 유통채널, 투자 원가, 핵심지표, 수익 모델 순으로 비즈니스 모델이 완성 되는 것이다. 여기서 많은 스타트 업들이 마케팅과 수익모델에만 집중해 고객과 시장을 무시하고 자신들의 솔루션과 첨단 기술을 과신한 나머지 90% 이상이 실패하는 것을 보고서 분석으로 확인했다.

아주 쉬워 보이는 고객의 니즈와 문제점이라도 결코 쉽지 않다. 그 이유는 앞에서도 언급했지만 4차 산업혁명 시대에 고객이 제품과 서비스를 '고객 맞춤형'으로 요구하기 때문이다. 100인 100색인 셈이다. 많은 스타트 업들이 고객들의 요구를 무시하고 실을 바늘 귀에 꿰지 않고 바늘에 대충 묶는 식으로 고객의 문제와 해결방안의 첫 번째 순서를 대충 넘기며 일을 진행하고 있다. 그리고 결정적인 순간에 고객이 원하지 않는 사업 모델인 것을 알았을 때는 다시 시작해야 하거나 이미 실패의 길로 들어선 다음이다. 그러면 어떻게 고객의 니즈와 문제점을 알아낼까? 그래야 문제해결도 할 수 있으니까. 그것은 결정적인 질문 하나면 된다.

3) 고객에게 '결정적인 질문'을 하라!

이러한 '고객 맞춤형'의 혁신적 비즈니스 모델을 달성하려면 고객의 핵심가치를 찾아야 한다. 이때에 고객에게 결정적인 단 한 가지 질문을 하는 유용한 방법이 순 추천 고객지수(NPS : Net Promoter Score)이다.

(1) 순 추천 고객지수(NPS)에 대한 소개 및 고객관계 측정의 기본원칙

순 추천 고객지수(NPS: Net Promoter Score)는 지난 2003년 하바드 비즈니스 리뷰를 통해 〈The One Number You Need to Grow(HBR, Fred Reichheld, 2003)〉 연구보고서에 처음 발표됐다. 또한 〈성장에 필요한 단하나의 수치(The One Number You Need to Grow)〉라는 연구보고서에도 발표됐다. 지난 2006년 〈1등 기업의 법칙(The Ultimate Question: Driving Good Profits and True Grow, Harvard Business School Press, 2006)〉이라는 책으로도 발표 됐다. '프레드 라이컬트(Fred Reichheld)와 롭 마키(Rob Markey)의 2006년도 연구보고서와 〈결정적인 질문〉'이

라는 책에서 단 한 가지 질문에 대한 답변을 근거로 고객을 분류하는 단순하고도 실용적인 방법을 설명하고 있는데 그 질문은 다음과 같다.

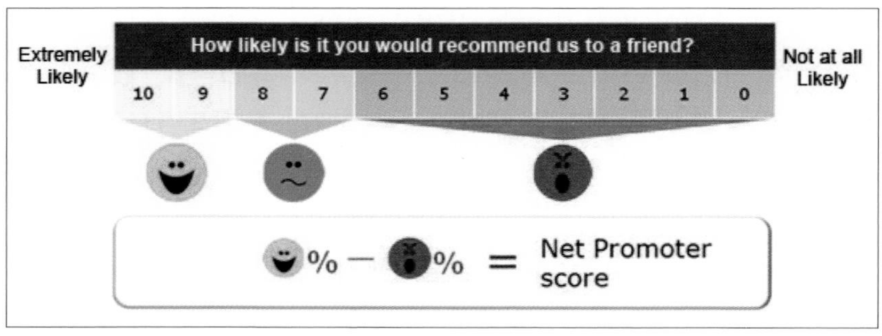

[그림5] 순 추천 고객지수 (NPS: Net Promoter Score), www.hbr.org/books〉

① 0에서 10까지의 척도에서 우리 회사 제품 / 서비스 / 브랜드를 친구나 가까운 동료들에게 추천할 의향이 얼마나 있습니까?
② 이 질문 다음에 최소 한 개의 후속 질문을 제시할 것을 권고한다.
③ 이러한 점수를 준 주된 이유는 무엇입니까? (객관식 질문이 좋다)

0에서 10까지의 간단한 척도를 사용해 기업들은 고객들의 감정과 태도를 빠르게 측정해낼 수 있다. 베인&컴퍼니 컨설팅 사는 이 단순하고 결정적인 질문으로 〈추천한 고객 수 – 불 추천한 고객 수 = 순 추천 고객지수(NPS)〉를 측정하고 이 값으로 각 산업에서 각 사의 포지션과 영향력, 고객문제 해결을 위한 혁신적 툴로 활용하고 있다.

(2) 스타트 업들의 순 추천 고객지수(NPS) 활용 방법

우리 스타트 업들도 기존에 사용하던 복잡한 고객조사 설문지보다는 간단하고 결정적인 질문으로 고객의 문제점과 해결방법 모색을 통한 고객가치 제안의 도구로 활용할 수 있다. 먼저 우리 스타트 업들의 아이디어와 제공되는 솔루션을 간단하게 설명하고 친구나 가까운 동료에게 추천할 의향을 물어보면 된다. 그리고 추천, 유보, 불 추천한 이유를 두 번째 질문(반드시 예측되는 문항과 기타 등을 객관식, 열거법)을 통해 다양한 의견을 도출할 수 있다.

예를 들면 등산용 배낭에서 여러 가지 문제점이 발생되고 있고 독일 기술인 에어 매쉬를 사용해 고객이 원하는 혁신적인 제품을 만들고자 등산객들에게 질문한 사례이다.

① 저희 회사는 독일에서 개발되고 라이선스 계약된 3D 에어 매쉬 원단을 사용해 통풍과 쿠션이 있는 기능성 등산용 백을 개발하고자 합니다. 바쁘시더라도 고객님이 원하는 혁신적인 제품이 개발될 수 있도록 고견을 주시기 바랍니다.(샘플 등 실물 제시)

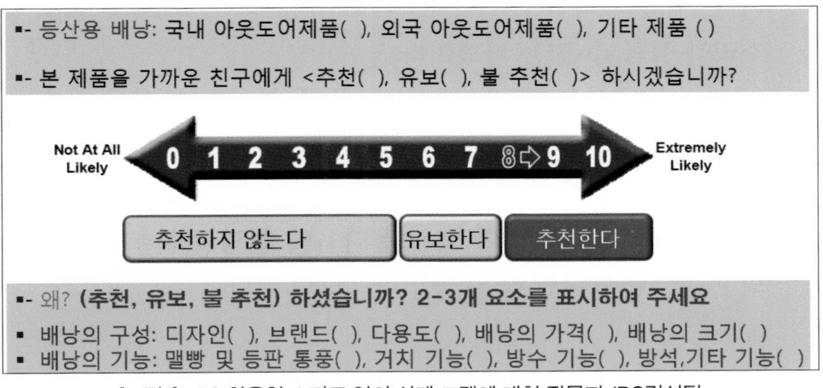

[그림6] NPS 활용한 스타트 업의 실제 고객에 대한 질문지, IBC컨설팅

② 스타트 업이 개발할 솔루션이나 아이디어를 구체적으로 설명하는 자료가 필요하다. 약간의 설명으로도 고객들이 우리의 제품과 서비스를 이해할 수 있도록 간단명료한 자료나 데모버전이나 시제품이면 좋다. 그리고 이 제품과 서비스가 완성됐을 때 고객의 가치는 무엇인지 알 수 있는 설명자료 또는 동영상을 보여준 뒤 단 한 가지 질문이라고 부탁한다.
③ [그림6]과 같이 사전에 준비한 단 하나의 질문 즉 순 추천 고객지수(NPS)를 체크해 달라고 부탁한다.
④ 그리고 반드시 왜 추천, 유보, 불 추천 했는지 이유를 객관식 10문항 정도(사전에 예측한 질문)에서 2~3개 정도 이유를 확인한다.
⑤ 여기서 추천(8점 이상)한 고객은 우리의 제품이나 솔루션에 만족을 한다는 뜻이므로 더욱 잘 만들어 가면 된다.
⑥ 그러나 가장 중요한 고객의 평가는 유보 또는 불 추천 고객이다. 고객이 내면에 있는 욕구불만이나 문제점을 이야기하기는 어렵지만 객관식에 열거된 문제점을 체크하기는 쉽다. 즉 고객의 집단지성은 위대하지만 개별적인 표현은 부족하기 때문에 미리 예측한 불만 요소나 개선요소를 열거해서 평가받는 것이다. 이것은 어떤 설문조사보다도 가장 정확한 고객의 맞춤형 소리를 들을 수 있는 기회이다.
⑦ 이러한 방법으로 린 캔버스의 첫 번째 블록인 고객에 대한 문제점은 찾은 셈이다.
⑧ 그리고 문제점에 대한 해결방안을 찾아야 한다. 브레인스토밍법 등 여러 가지 기법이 있지만 다음에 설명할 블루오션 전략의 ERRC 액션 프레임 워크를 이용하면 된다.

이처럼 순 추천 고객지수(NPS)는 고객의 현재 평가를 통해 고객의 니즈를 포착할 수 있는 기회가 된다. 그리고 현재의 평가를 넘어선 기업의 미래성장을 가늠해 볼 수 있는 혁신적이고 전략적인 의사결정을 위해 비즈니스 모델의 핵심 요소를 찾아내는 예측의 방법으로 활용이 가능한 툴이다. 비즈니스 모델이란 하나의 조직이 어떻게 가치를 창조하고 전파하며 포착해내는지 합리적이고 체계적으로 창출해 내는 것이다. 고객의 니즈를 '예측'이 아닌 '발견'을 이끌어내야 비로소 새로운 비즈니스 모델을 구축할 수 있다. 모든 구성원들이 혁신적인 모델(고객 맞춤형)을 만들기 위해서는 실제로 고객에게 니즈에 대한 직접적인 질문을 해야 한다. 그러면 문제점에 대한 해결방안도 찾을 수 있을 것이다.

3. 고객가치 혁신 모델을 구축하라!

1) 블루오션 전략을 활용하라!

(1) 블루오션 전략 및 전략 프로세스

블루오션은 경쟁사를 이기는 데 포커스를 맞추지 않고 구매자와 기업에 대한 가치를 비약적으로 증대시킴으로써 시장점유율 경쟁에서 자유로워지고 이를 통해 경쟁이 없는 새로운 시장 공간을 열어 가자는 것이다. 블루오션을 창출하고자 하는 기업은 가치비용의 상충관계(trade-off)를 거부하고 차별화와 저비용을 동시에 추구하는 전략으로 다음과 같다.

첫째, 블루오션을 창출하라.

블루오션은 미개척 시장 공간으로 새로운 수요 창출과 고수익 성장을 향한 기회로 정의된다. 블루오션은 기존 산업의 경계선 바깥에서 완전히 새롭게 창출되는 경우도 있으나 대부분은 기존 산업을 확장해 만들어졌다. 기업은 기존 시장의 한계를 완전히 뛰어넘어서 새로운 시장 공간을 창출해야 한다. 그리고 수익과 성장의 새로운 기회를 잡기 위해 블루오션을 창출하는 전략이다. 블루오션의 가치혁신은 기업 활동이 회사의 비용구조와 구매자에게 제공하는 가치, 두 가지 모두에게 긍정적 영향을 주는 곳에서 창출된다.

둘째, 분석적 툴과 프레임워크를 통해 실행하라.

가치혁신과 블루오션 창출에 중추적인 역할을 하는 분석 프레임워크인 전략 캔버스를 통해 살펴본다. 전략 캔버스는 매력적인 블루오션 전략을 구축하기 위한 상태분석의 진단 도구이자 실행 프레임워크다. 이것은 두 가지 용도로 활용될 수 있다.

① 이미 알려진 시장 공간에서 업계 참가자들의 현 상황을 파악해 일목요연하게 보여준다. 때문에 전략 캔버스는 경쟁자들이 지금 어디에 투자를 하며 업계가 제품과 서비스, 유통에서 경쟁하는 요소는 무엇인지를 이해할 수 있게 한다.
② 고객들이 기존 시장의 경쟁상품으로부터 얻는 것은 무엇인지를 보여준다.
③ 새로운 가치곡선 도출에 필요한 구매자 가치 요소 재구축을 위해 4가지 가치요소(ERRC) 액션 프레임워크를 개발 적용하고 있다.

- 업계에서 당연한 것으로 받아드리는 요소들 가운데 제거할 요소는 무엇인가?
- 업계의 표준 이하로 내려야 할 요소는 무엇인가?
- 업계의 표준 이상으로 올려야 할 요소는 무엇인가?
- 업계가 아직 한 번도 제공하지 못한 것으로, 창조해야 할 요소는 무엇인가?

④ 좋은 전략의 3가지 특징은 전략 캔버스에서 볼 수 있듯이 '포커스(Focus)'는 기업이 모든 주요 경쟁요소에 대해 노력을 분산하지 않는 것이다. 경쟁자를 벤치마킹하는 대신 대안 품 관찰을 통해 다른 플레이어들과 '차별화(Divergence)' 돼 있음을 보여준다. 전략적 프로파일 '멋진 슬로건(Tagline)'은 전달 메시지가 뚜렷하고 강렬하게 전략을 전한다.

셋째, 시장 경계선을 재구축하라.

블루오션을 창출하는 명확한 패턴을 찾아냈다. 좀 더 구체적으로 말하자면 시장 경계선을 다시 만드는 6가지 기본 접근법을 발견했다. 이것을 '6가지 통로 프레임워크'라 명명했다.

① 대안 산업을 관찰하라.
② 산업 내 전략적 그룹들을 관찰하라.
③ 구매자 체인을 관찰하라.
④ 보완적 제품과 서비스 상품을 관찰하라.
⑤ 구매자에 대한 상품의 기능적 또는 감성적 매력 요소를 관찰하라.
⑥ 시간 흐름을 관찰하라.

넷째, 숫자가 아닌 큰 그림에 포커스 하라.

블루오션 전략을 통해 전략 캔버스 작성은 현재 시장 공간에서 기업의 전략적 포지션을 시각화할 뿐 아니라 미래 전략을 도식화해 볼 수 있다는 것을 발견했다. 전략 캔버스를 중심으로 전략 기획 프로세스를 수립함으로써 주요 관심사를 큰 그림 위에서 포커스 할 수 있다. 기업이 어떻게 현재와 미래에 이 혁신요소들에 투자할 것인가를 잘 묘사하는 전략적 프로파일(가치곡선)을 볼 수 있다.

다섯째, 비 고객을 찾아라.

비 고객을 찾기 위해서는 기업은 다음과 같은 두 가지 기존의 전략적 관행에 도전해야 한다. 하나는 기존 고객에 포커스를 두며 다른 하나는 구매자 차이점을 맞추기 위해 고객층을 더욱 세분화하는 것이다. 새로운 수요를 창출하기 위해 고객보다는 비 고객을 구매자의 차이점보다는 공통점을, 세분화 추구보다는 비세분화를 먼저 생각해야 한다.

여섯째, 정확한 전략적 시퀀스를 만들어라.

블루오션 전략의 시퀀스는 구매자의 효용성, 가격, 비용, 도입의 순서로 수립할 수 있다. 그 출발점은 구매자의 효용성이다. 예외적인 효용성 장애가 명확하게 해결되면 두 번째 단계인 정확한 전략적 가격책정으로 넘어갈 수 있다. 이 두 단계는 기업의 비즈니스 모델의 수입적인 측면을 다룬 것이다.

다음 그림은 블루오션 전략 수립의 프로세스를 정리한 것이다.

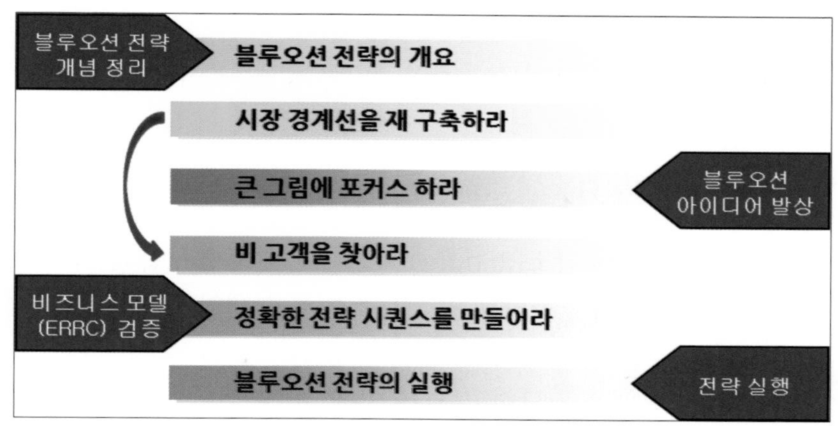

[그림7] 블루오션 전략모델 프로세스

이렇게 찾아진 요소들을 ERRC 전략 캔버스에 요약해 고객의 가치는 높이고 비용은 낮추는 것이 블루오션 전략의 핵심이다.

(2) 스타트 업들의 블루오션 전략(ERRC 액션 프레임워크) 활용 방법

① 앞에서 설명 드린 순 추천 고객지수(NPS)의 추천, 유보, 불 추천의 3가지 고객의 평가를 통해 문제점을 발견할 수 있었다. 린 캔버스의 첫 번째 블록인 고객에 대한 문제점에 대한 해결 방안을 찾아야 한다.

② 해결방안을 위한 활용기법이 아래의 그림과 같은 블루오션 전략의 ERRC(제거, 감소, 증가, 창조)를 통한 액션 프레임 워크이다.

③ 순 추천 고객지수에서 고객이 평가한 불 추천 요소가 제일 많은 순으로 우리 스타트 업들이 문제해결을 위해 위의 그림을 적용해야 한다.

④ 블루오션 전략 중 불 추천 요소는 ERRC 액션 프레임워크에서 제거(Eliminate)하거나 새로운 창조(Create)를 통해 고민하고 아이디어를 창출해 새로운 가치곡선(고객 맞춤형)을 만들어야 한다.

⑤ 그리고 유보나 추천 요소 중에서는 '무엇을 증가(Raise)할 것인가?', '무엇을 감소(Reduce) 할 것인가?'를 연구해서 가치곡선을 정립하고 린 스타트 업 캔버스에서 고객의 문제해결을 위한 아이디어나 솔루션을 수정하면 된다.

⑥ 이 방법은 매우 간단하고 쉽게 이해 될 수 있다. 그러나 '고객 맞춤형' 서비스를 위해 시간과 열정을 쏟고 100명 이상의 고객으로부터 재검증을 받아야 비로소 린 스타트 업 캔버스에 첫 번째 블록인 고객의 문제점과 그 해결방안을 찾은 것이 된다.

⑦ 그리고 스타트 업의 혁신적인 고객 맞춤형 모델을 전략 캔버스에 옮겨서 조직이 공유하고 시각화 및 경영전략에도 반영해 실행하는 것이 필요하다.

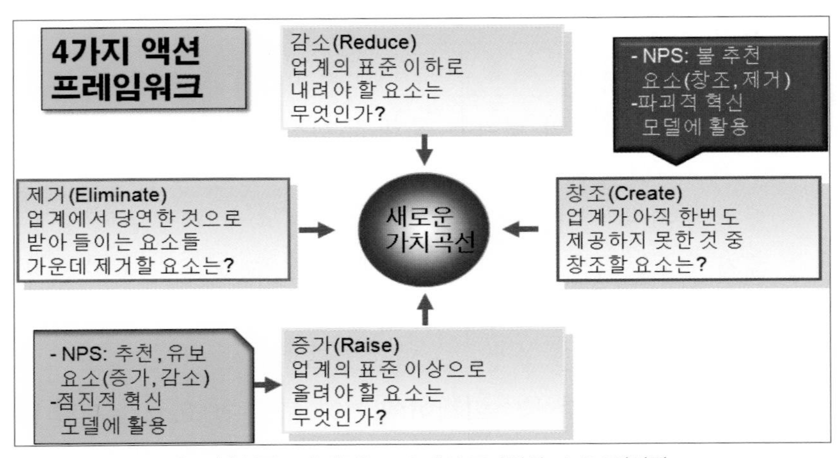

[그림8] 블루오션 전략(ERRC 액션 프레임워크), IBC컨설팅

스타트 업들은 비즈니스 모델과 사업계획에 대해 많은 평가를 받는다. 이때에 고객가치를 제안하기 위한 일련의 프로세스(린 스타트 업 모델, NPS, 블루오션 전략의 ERRC, 전략 캔버스)별로 자료와 장표를 제시하면서 '고객 맞춤형' 모델을 구축했다고 설명하면 우수한 평가를 받을 수 있고 고객으로부터 평가와 스타트 업의 생존에 대한 성패도 확보할 수 있다.

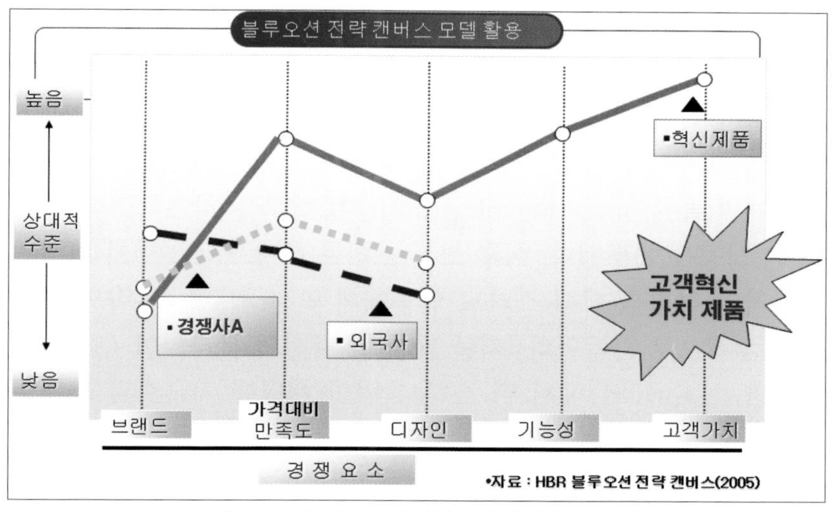

[그림9] 블루오션 전략캔버스, 상대적 수준과 경쟁요소 우위 비교

2) 린 캔버스를 활용하라!

(1) 린 스타트 업 캔버스(Lean Startup Canvas)

스타트 업도 기업이기 때문에 고객에게 가치 있는 무엇인가를 만들어 파는 일을 할 것이다. 린 스타트 업의 출발과 개념은 다음과 같다. 린 스타트 업은 실리콘밸리에서 창업의 성공과 실패를 겪은

사업가 에릭 리스(Eric Ries)에 의해 고안됐다. 에릭 리스는 첫 번째 벤처 기업 카탈리스트 리쿠리팅(Catalyst Recruiting)을 창업한 후 제품의 성능을 최대한 끌어올리기 위해 많은 시간과 노력을 투자했지만 정작 고객들은 그의 제품에 관심을 가지지 않아 실패했다는 사실을 깨닫게 됐다. 이를 계기로 그는 본질적으로 불확실성이 큰 벤처 기업이 시장에 성공적으로 안착할 수 있는 방법론에 대해 깊은 관심을 갖게 됐다.

다시 벤처 기업 IMVU를 창업한 에릭 리스는 실패를 반면교사로 삼아 전통적인 제품개발(Product Development) 방법론 대신 자신의 투자자이자 멘토였던 스티브 블랑크(Steve Blank)가 주창한 고객개발(Customer Development) 방법론을 비즈니스에 적용해 큰 성공을 거두었다. 이후 그는 스티브 블랑크의 조언과 자신의 개인적인 경험을 더해 스타트 업들에게 맞는 새로운 전략의 개념을 구체적으로 다듬었다. 지난 2008년 자신의 블로그인 〈Startup Lessons Learned〉에서 린 스타트 업의 개념을 처음으로 소개한 에릭 리스는 2011년 〈린 스타트 업(The Lean Startup)〉을 발간해 린 스타트 업을 대중에게 본격적으로 알리기 시작했다.

이러한 린 스타트 업이 고전적인 기업의 경영 기법을 적용하기 힘든 스타트 업 기업에 적합한 전략으로 소개되면서 큰 호응을 얻게 됐고 린 스타트 업을 연구하는 모임들이 자발적으로 등장하는 등 실리콘밸리에서 큰 반향을 불러 일으켰다. 에릭 리스 또한 린 스타트 업이 폭발적인 인기를 끌자 저술 활동과 강연 및 컨설팅 등을 통해 린 스타트 업 전도사로 활발히 활동하고 있다.

린 스타트 업의 핵심은 비즈니스를 수행하기 위한 아이디어와 고객에 대한 가설에 기반 한 제품을 빠르게 만들고 이에 대한 고객의 반응을 측정해 새로운 정보를 학습하는 과정을 반복적으로 수행하는 것이다. 이를 통해 제품을 개선하거나 혹은 비즈니스 모델을 조기에 바꿈으로써 실패로 인한 손해를 최소화하고 새로운 시도를 계속할 수 있게 된다. 에릭 리스는 린 스타트 업의 정의에 대한 질문을 받고 "린 생산방법, 디자인 중심사고, 고객개발, 애자일 개발 같은 기존 경영방법 및 제품개발 방법론의 토대 위에서 만들어 졌다"고 했다. 지속적인 혁신을 만들어내는 새로운 방식을 '린 스타트 업'이라고 명명했다.

실리콘밸리를 중심으로 빠르게 확산되기 시작한 린 스타트 업은 현재 벤처 기업뿐만 아니라 일반 기업과 정부 등 많은 기관들로부터 높은 관심을 받고 있으며 'Lean UX'와 'Lean Government' 등 다양한 방식으로도 폭넓게 응용되고 있다.

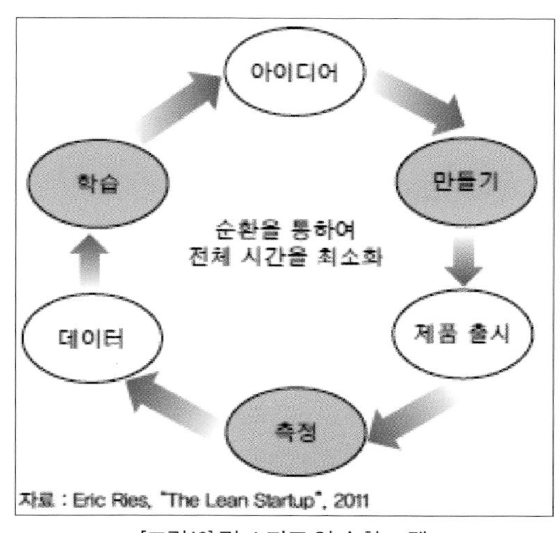

자료 : Eric Ries, "The Lean Startup", 2011

[그림10] 린 스타트 업 순환 모델

위의 그림은 에릭 리스가 스티브 블랭크의 고객개발 모델을 린(Lean)하게 실행하기 위해 그 핵심으로 만들기 〉 측정 〉 학습 순환 모델(Build, Measure, Lean feedback-loop)을 제시했다. 어떠한 사업 아이디어가 있다면 이것을 완벽히 만들어서 시장에 내어 놓는 것이 아니라 일단 조금이라도 만들어서 고객에게 보여주고 고객의 반응을 측정해 배우고 개선·적용하는 것이다. 이것은 새로운 것이 아니라 품질관리 사이클의 하나인 계획, 실행, 평가, 개선(PDCA)을 응용한 모델이다.

먼저 린 사고(Lean Thinking)는 고객가치를 제고하지 않는 모든 활동을 낭비라고 정의하고 반복적인 문제제기와 개선을 통해 고객가치를 철저하게 검증하는 경영문화를 의미한다. 린 스타트 업은 단순한 방법론이 아니라 이러한 조직문화의 형성과 함께 비즈니스 모델 캔버스 등과 같은 도구를 활용한 지속적인 고객 가치의 검증과 재해석을 요구하고 있다. 이를 위해 재무지표 및 전통적인 측정지표가 아닌 고객에게 가치를 주는 요소를 정확하게 파악하기 위한 혁신적 측정지표를 활용하고 있다.

(2) 스타트 업들의 린 스타트 업 캔버스(Lean Startup Canvas) 활용 방법

① 린 스타트 업 모델 설명의 핵심인 린 캔버스로 돌아가자. 고객가치 제안의 3단계인 린 스타트 업(Lean Startup) 구축단계는 지금까지 사업 아이디어에 대한 고객의 질문방법(NPS)과 평가결과에 대한 ERRC 적용과 전략 캔버스를 통한 경쟁우위 확인의 결과를 린 캔버스에 반영하는 프로세스이다.

② 이제까지 우리는 고객의 맞춤형 서비스를 만들기 위해 책상에서 한두 시간에 진행하던 린 캔버스 작성을 힘들고 어려운 고객의 평가와 검증을 거처 새로운 고객의 문제와 해결방법을 통해 '고객 맞춤형' 가치를 창출해 냈다.

③ 다음 린 캔버스의 두 번째로 목표 고객을 세분화해 스타트 업이 갖고 있는 기술과 역량을 세분화된 고객이나 시장에 집중하는 것이다.

④ 고객 세분화를 통해 대상고객을 전체고객, 유효고객, 목표고객으로 나눠볼 수 있다. 이 중 유효고객은 제품과 서비스가 접근할 수 있는 한 단계 세분화된 고객 군이다. 목표고객은 제품 구매 가능성이 가장 높은 고객 군, 향후 시장점유율 1·2위를 할 수 있는 고객 군을 생각하면 적절할 것이다.

⑤ 그리고 우리 스타트 업의 제품과 서비스에 대한 고유가치 제안을 할 수 있다. 이것은 우리의 제품을 고객의 가치와 바꾸고 사용해야하는 이유가 된다.

⑥ 이 결과를 바탕으로 우리가 착안한 아이디어와 혁신 기술을 최종적으로 솔루션에 반영하고 반복 수정해 최종적인 '고객 맞춤형' 서비스 모델로 완성시킨다.

⑦ 유통채널과 수익모델, 비용구조, 핵심지표 등 나머지 캔버스의 블록은 그동안의 경험과 고객의 가치제안을 통해서 구체화된 데이터를 연결하면 전체적인 린 캔버스를 완성시킬 수 있다.

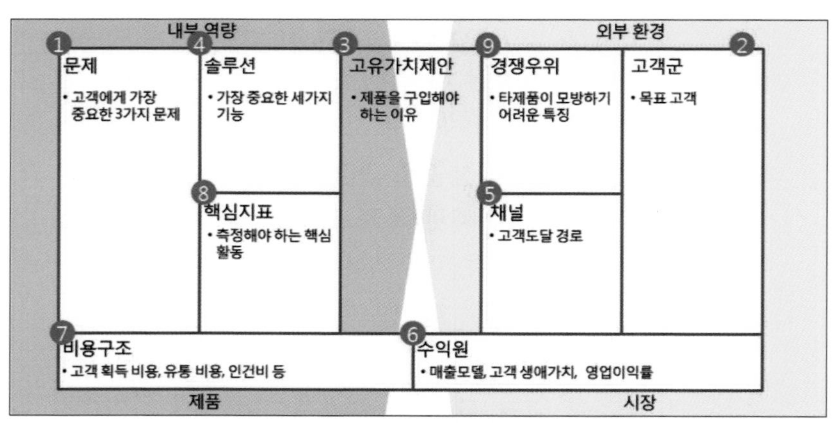

[그림11] 린 스타트 업 캔버스, 핵심요소 작성 순서

그동안 린 스타트 업 모델로 성공한 기업들을 살펴보자. 드롭박스, 자포스 등 실리콘 밸리 내 스타트 업 기업이 이미 적용 하고 있다. 해외 글로벌 스타트 업들의 경우 초기 시작했던 비즈니스 모델을 유지하는 경우는 적으며 빠른 시장 탐지와 고객 피드백을 바탕으로 사업을 수정하며 성장궤도에 진입하고 있다.

자포스(Zappos)는 온라인 신발 판매업체이며 로컬 상점과 소비자를 연결시키는 인터넷 플랫폼을 구축해 창업 10년 만에 연 매출 10억 달러에 이르는 거대기업으로 성장하고 있다. 자포스의 경우 사업 초기부터 창고와 기반시설을 구축하는 대신 간단한 시장 테스트를 통해 온라인 판매 가능성의 가설을 검증한 후 사업을 확대해 성장하고 있다. 드롭박스(Dropbox)는 클라우드 파일 공유업체로 '2008년 서비스 출시' 이후 5,000만 명의 이용자를 확보하고 있다. 처음 시장 반응을 측정하기 위해 최소기능제품으로 데모 영상을 만들어 초기 이용자 피드백 및 가입자를 확보하고 이를 통해 지속적으로 서비스를 향상해 성장하고 있다. 따라서 혁신이 요구되는 대기업에서도 린 스타트 업 방식을 도입하는 움직임이 보이며 점차 확대되고 있다.

지금까지 2·3장에서 고객의 니즈와 해결방안에 초점을 맞춘 검증을 통해서 '고객 맞춤형' 혁신 모델을 구축하는 방법을 강조하며 쉽게 활용할 수 있는 방법들을 소개했다. 필자가 이 책을 쓰는 진정한 이유도 4차 산업혁명 시대에서 스타트 업들이 '고객 맞춤형' 모델을 활용함으로 반드시 성공할 수 있다는 확신 때문이다.

4. 유니콘기업의 성공모델을 활용하라

1) 글로벌 플랫폼 서비스 모델

유니콘 기업의 60%가 융합형 기술과 '고객 맞춤형' 서비스 사업 모델로 '파괴적 혁신성'을 보유하고 있다.

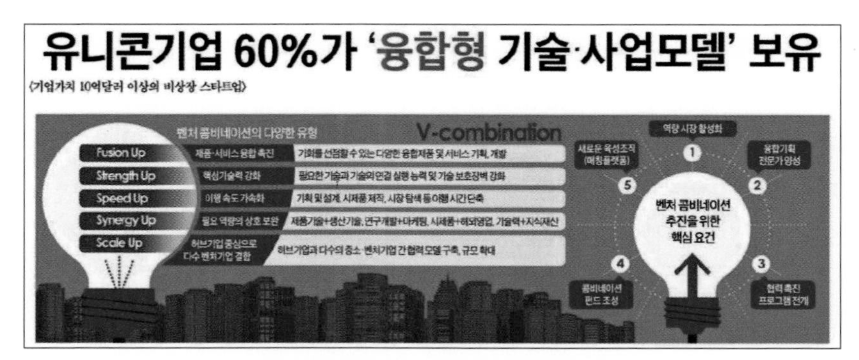
유니콘기업 60%가 '융합형 기술·사업모델' 보유
〈기업가치 10억달러 이상의 비상장 스타트업〉

[그림12] 한국경제 (2018년 09월 07일 B07면, 기획기사)

초 지능, 초 연결, 초 산업으로 요약되는 4차 산업혁명 시대의 비즈니스 모델은 앞에서도 언급한바 있는 '고객 맞춤형 서비스' 모델로 진화하고 있다. 그리고 가장 대표적인 비즈니스 모델이 글로벌 플랫폼과 공유형 모델이다. 4차 산업혁명의 최대 혁신으로 플랫폼 기업의 전성시대를 열었다. 플랫폼(Platform)이란 사람들이 기차를 이용하듯 수요와 공급이 만나도록 하는 생태계를 형성하는 곳으로 비즈니스의 새로운 수단으로 급부상하고 있기 때문이다. 이제 플랫폼은 누구나 쉽게 만나 원하는 가치를 교환하도록 하는 중요한 수단으로 경제는 물론 정치, 사회, 문화 등 다양한 분야로 확대되기에 이르렀다.

그동안 전통적으로 기업들은 파이프라인(Pipeline) 비즈니스 모델을 통해서 부를 창출했다. 파이프라인은 생산자와 소비자를 잇는 선형적 가치사슬을 통해 이익을 창출하는 구조이다. 소비자의 편익이나 문제해결과 상관없이 제조해서 파는 구조이다. 이와 달리 플랫폼 기업들은 모든 것을 공유하고 고객에게 자신들이 잘할 수 있는 고객가치를 찾아내어 이익을 창출한다.

플랫폼 모델의 대표주자는 구글, 아마존, 마이크로소프트, 우버(Uber), 에어비앤비(Airbnb), 이베이(eBay) 등이고 가장 강력하게 기존 질서를 파괴한 기업들이다. 또한 플랫폼은 경제와 사회의 다른 영역 이를테면 의료와 교육, 에너지와 행정 분야에까지 변화와 혁신으로 세상을 바꾸고 있다. 이것들은 정교한 '고객 맞춤형' 서비스 모델로 특별하게 고객의 니즈를 해결하고 있다. 에어비앤비의 경우 객실은 하나도 소유하고 있지 않지만 힐튼 호텔이나 메리어트 호텔과 똑같은 숙박업을 하고 있다. 정교한 가격책정과 예약시스템이라는 플랫폼으로 고객이 필요한 문제해결의 비즈니스 모델을 만들었다. 플랫폼을 만들지 못한 기업들은 이 플랫폼에 참여해 각자의 비즈니스 모델로 수익을 창출하는 공유경제를 만들고 있다.

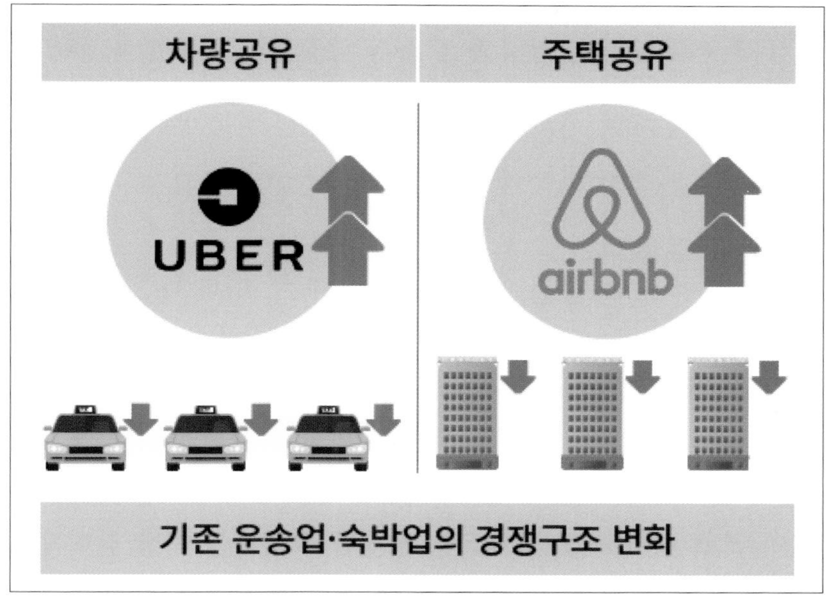

[그림13] 대한상의 브리프 59호(2018년 03월 29일)

인공지능(AI), 빅 데이터, 사물인터넷, 블록체인 등의 초연결성 혁신기술과 결합해 새로운 가치를 창출하면서 플랫폼 모델의 성장은 상상을 초월하는 파괴력으로 시장을 지배하고 있다. 플랫폼 서비스 모델은 왓슨이나 알파고 같은 인공지능 허브기술을 가진 기업과 이 기술을 활용하는 기업, 아마존이나 알리바바와 같은 전자상거래 쇼핑몰을 갖고 있는 기업과 이곳을 활용하는 기업, 사이버 결재 망을 만든 기업들이 융합해 공유모델을 만들고 스스로 진화

성장하고 있다. 4차 산업혁명 시대에 플랫폼 서비스 모델은 더욱 강력한 영향력과 가치를 만들어 낼 수 있다.

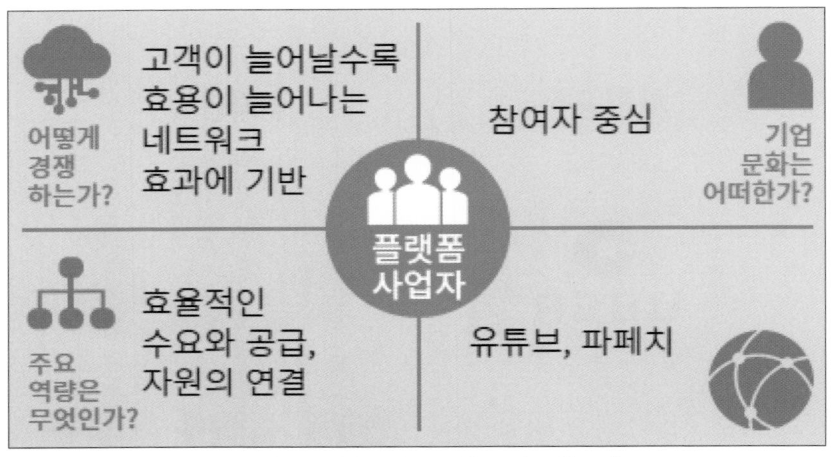

[그림14] 대한상의 브리프 59호(2018년 03월 29일)

유튜브(Youtube)로 대표되는 플랫폼 사업자는 시장 참여자를 고객과 연결해 가치를 창출한다. 과거 개인이 찍은 동영상은 그 자체로는 큰 가치가 없었지만 재미있는 이야기를 알고 싶은 사람, 음악에 열광하는 팬들, 요리법이 궁금한 사람들 등 다양한 수요와 연결시켜 막대한 규모의 새로운 미디어 광고시장을 만들었다. 요즈음엔 초등학교 학생의 장래희망 중 1순위로 부상한 것이 유튜브의 '크리에이터(creator)'이다. 크리에이터의 원래의 의미는 「새로운 것을 고안하는 사람」으로서 일러스트레이터나 게임 제작자 등 창조적 직업에 속해 있는 직업 또는 사람을 크리에이터(creator)라 한다.

유튜브 크리에이터(Youtube creator)는 유튜브에 자신의 영상을 올려 유튜브에서 나오는 광고 수입으로 수익을 챙기는 일종의 새로운 직업이다. 사람들은 이것에 왜 열광하는 것일까? 참여자 숫자가 증가할수록 보다 다양한 고객이 원하는 옵션을 제공할 수 있게 돼 있어 플랫폼 사업자의 효용성과 가치는 커지게 된다. 자발적 참여를 이끌어낼 수 있는 사업(고객 가치) 모델 구축이 성공의 핵심요소가 되고 있다. 우리 스타트 업들도 최종적인 비즈니스 모델로 글로벌 플랫폼 서비스를 구축해야 할 것이다.

2) 온디맨드와 정보제공 서비스 모델

4차 산업혁명의 또 하나 혁신은 고객이 원하는 대로 제품과 서비스가 제공되는 '온디맨드(On-demand) 모델' 즉, 고객 주문 서비스형 모델이 가능한 시대이다. 모바일 기술과 IT 인프라를 통해 고객의 수요에 따라 즉각 제품·서비스를 제공하는 '고객 맞춤형 서비스' 시대가 활짝 열렸다. 3D 프린터를 활용해 세상에 하나밖에 없는 나만의 신발, 자동차, 오토바이를 생산해서 제공할 수 있다. 과거 공급자가 주도하는 시장이 아니라 고객이 중심이 되는 시장이 도래한 것이다. 과거 제3차 산업혁명 시대에 각광을 받았던 대량생산-대량공급 시스템은 4차 산업혁명 시대에는 경쟁력을 잃을 수밖에 없다.

이런 거대한 변화를 이끌고 있는 대표적인 기업이 우버나 카카오택시이다. 콜택시 앱 우버는 스마트 폰을 통해 프리랜서 택시기사와 고객을 연결해준다. 고객이 원하는 대로 기사가 찾아가 원하는 서비스를 제공한다. 모바일 결제 시스템과 같은 IT 기술의 발달, 거래비용의 감소, 초연결성이 가져다준 혁신이 창출한 비즈니스 모델이다.

온디멘드 모델은 개인과 기업 등 서비스의 수요자가 서비스를 원할 때만 사용할 수 있기 때문에 비용을 대폭 줄일 수 있다. 이는 기업의 경영방식에도 전면적인 변화의 혁신을 촉발해서 온디맨드로 해결할 수 있는 분야는 채용의 필요성이 사라지고 기업과 개인 간의 경계도 허물어진다.

지난 2007년도에 설립된 가사노동 서비스업체 핸디(Handy)는 가사노동 전문가를 필요로 하는 고객들에게 주문 형 인력을 공급한다. 랜딩클럽(Lending Club)은 P2P 금융 중계업체로 자금의 여유가 있는 사람과 돈이 필요한 사람을 연결하는 은행과 같은 역할을 한다. 법률자문서비스업체 악시옴(Axiom)은 변호사를 필요로 하는 사람에게 맞춤형 변호사를 연결해준다. 개인은 굳이 로펌에 연락할 필요가 없다. 이는 개인이 온디맨드로 활동하지만 개인 법률사무소와 같은 역할을 하기 때문에 기업과 개인의 경계가 이미 허물어졌다고 할 수 있다.

신뢰받는 정보 제공자(Trusted Organizer)는 고객에게 의사결정을 도울 수 있는 믿을 수 있는 정보와 대안 제시가 핵심이다. 과거 기업들에게 제공된 경영컨설팅 서비스가 이제는 고객 개인에게 직접 제공되는 것이다. 제품과 정보의 홍수 속에서 고객에 대한 이해, 객관적인 분석으로 신뢰를 확보해 고객이 최선의 선택을 할 수 있도록 지원하면서 새로운 영역을 개척하고 있는 모델이다.

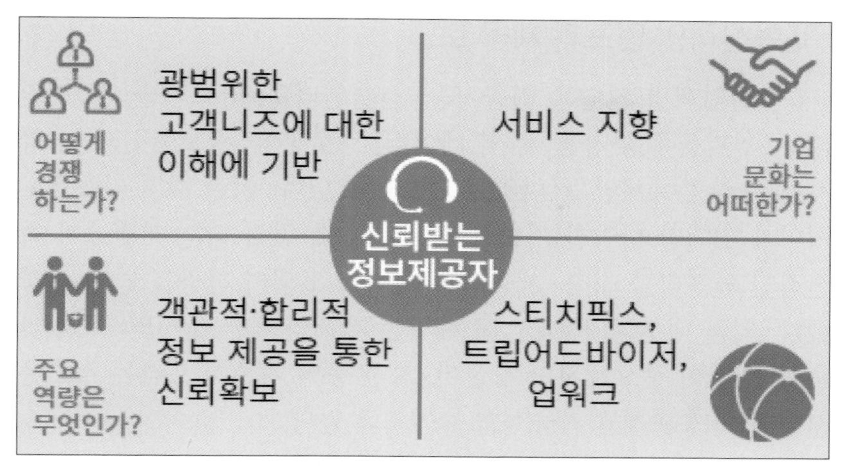

[그림15] 대한상의 브리프 59호(2018년 03월 29일)

미국 기업 스티치픽스(Stitchfix)는 소비자가 외모를 꾸미는데 신뢰할 만한 조언과 대안을 제시해 성공한 대표기업이다. 회원의 키, 체형, 취향, 예산, 생활양식 등에 대한 고객정보를 인공지능(AI)으로 분석하고 실제 전문가의 검토를 통해 최적의 의류, 신발, 액세서리 등 추천 상품을 고객에게 배송해 준다. 고객은 자신이 마치 헐리웃 스타가 된 것처럼 스타일리스트의 조언과 서비스를 경험할 수 있게 된다. 스티치픽스는 정보선택에 부담을 느껴 쇼핑몰을 이용하지 않던 고객을 시장으로 이끌면서 새로운 시장을 창출한 혁신 모델로 평가되고 있다.

3) 혁신적인 인프라 제공 모델

4차 산업혁명 기술은 인공지능, 사물인터넷, 나노기술, 3D프린터, 무인자율주행 자동차, 빅 데이터, 로봇공학, 정보통신기술, 양자컴퓨터, 블록체인 등 다양한 기술들이 있다. 이런 개별 기술로도 의미가 있지만 다양한 기술들이 융합해 초 연결 되는 시점에서 혁신적인 인프라를 구축·제공하는 서비스 모델이 각광을 받기 시작했다. 최근 대부분의 비즈니스에서는 제품의 빠른 출시와 '고객 맞춤형' 생산이 중요해지면서 설비, 자산 등의 기존 인프라는 소모품처럼 빠르게 교체될 가능성이 높아지고 있다.

이에 인프라 제공자(Infrastructure Provider)는 다른 기업들이 제품을 개발, 생산, 판매할 수 있도록 생산 설비와 시스템을 제공한다. 맞춤형 소량생산 주문뿐만 아니라 수요변화에 따른 대량 주문에도 대응해야 하는 대규모 투자도 하고 있다. 이처럼 인프라 제공자는 고객의 인프라 투자에 대한 리스크를 대신하는 것에서 새로운 가치와 시장을 창출하는 모델이다.

대표적인 인프라 제공기업으로는 다국적 기업인 플랙스(Flex)가 있다. 일반 소비자들에게는 잘 알려지지 않았지만 플랙스는 전 세계 30여 개국의 100여개의 공장을 갖추고 고객사에게 시제품 생산에서부터 대량생산, 물류까지 서비스를 제공하고 있다.

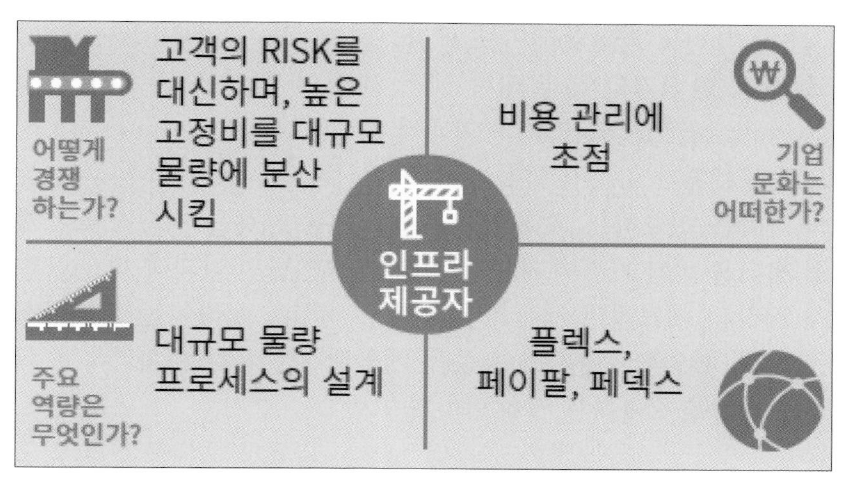

[그림16] 대한상의 브리프 59호(2018년 03월 29일)

플렉스는 애플, 시스코와 같은 글로벌 기업부터 스타트 업 기업의 제품까지 제품을 대신 제조하고 관련 서비스를 제공하면서 연평균 200억 달러 이상의 매출을 기록하고 있다. 단 투자비와 기술개발비가 막대하게 투자 된다는 점이 스타트 업에게는 부담이 되는 모델이지만 사이버 상에서 구축될 수 있는 블록체인 개발 운영 등의 모델은 스타트 업이 할 수 있는 모델이다.

4) 파괴적 혁신 시장선점 모델

스타트 업은 새로운 가치를 고객에게 제공한다. 고객은 그들의 취향, 성향, 생활패턴, 애로사항 등에 따른 '맞춤형 서비스'가 제공되길 원한다. 혁신은 고객들에게 끊임없이 가치를 제공하는 과정에서 만들어지는 현상이다. 스타트 업은 첨단기술과 전혀 새로운 가치를 바탕으로 고정관념을 탈피한 새로운 혁신 모델을 선보이며 고객을 선점하고 있다.

미국 하버드대의 클레이튼 크리스텐슨(Clayton Christensen) 교수는 '혁신기업의 딜레마'에서 기업의 혁신은 존속적 혁신(Sustaining Innovation)과 파괴적 혁신(Disruptive Innovation)으로 구분된다고 주장했다. 존속적 혁신은 과거보다 더 나은 성능의 제품을 선호하는 고객들을 목표로 기존 제품을 지속적으로 개선해 더욱 비싼 가격에 제공하는 전략이다. 반면 파괴적 혁신은 현재 시장의 대표적인 제품의 성능에도 미치지 못하지만 고객혁신(단순함, 편리함, 저렴함) 제품을 개발해 기존시장을 파괴하고 새로운 시장을 창출하는 것을 말한다.

파괴적 혁신이라는 것은 기존 시장의 선도 기업들이 예측하지 못한 방식으로 혁신적이고 고객 맞춤형 제품 및 서비스를 구축해 경쟁하는 혁신을 말한다. 파괴적 혁신과 시장선점 모델을 이끄는 선도기업은 중국의 '샤오미(小米)'이다. 현재 중국 내에서 가장 사랑받으며 높은 성장세를 보이는 기업이라면 업계 전문가들은 주저없이 샤오미를 꼽는다. 그것을 증명하듯 중국 내 스마트 폰 시장에서 승승장구하며 강자로 군림해온 애플과 삼성전자를 제치고 창업한 지 5년밖에 되지 않은 샤오미가 시장점유율 1위에 등극했다. 기업 가치 역시 지난 2011년 10억 달러에서 200배나 성장했고 2017년 현재 전 세계 스마트 폰 시장점유율 3위를 차지하며 괴물 기업으로 성장했다.

'좁쌀'이란 뜻의 샤오미라는 이름이 무색할 만큼 이제 중국 시장뿐만 아니라 해외 시장에서도 그 무한한 가능성을 인정받으며 거침없이 성장 중이다. 샤오미는 지난해 인도에 이어 올해 6월 브라질에 진출했으며 '월스트리트 저널'에 따르면 11월 중순부터 남아프리카공화국, 케냐, 나이지리아 등에서도 스마트 폰을 판매할 계획이라고 한다. '애플 짝퉁', '대륙의 실수'라 불리던 샤오미는 어떻게 이러한 어마어마한 성장세를 이뤄낸 걸까? '대륙의 실수', '가성비 갑'이라 불리는 샤오미의 가장 큰 경쟁력은 무엇보다 '가격'이다. 또한 '고객 맞춤형 사전 주문'으로 고객의 요구사항을 충족한 제품과 서비스를 만든다. 샤오미 폰은 철저히 온라인으로만 판매하기에 오프라인 유지비용이 들지 않는 것도 가격 경쟁력의 큰 요소 중 하나다.

샤오미는 삼성이나 화웨이 같은 거대 라이벌 회사가 버티고 있는 치열한 스마트 폰 시장에서 매년 꾸준하고도 빠른 성장세를 보임에도 불구하고 판매가를 올리지 않는 것으로 유명하다. 샤오미의 주요 모델인 저가 스마트 폰 '홍미(Redmi)'는 엘지와 삼성 스마트 폰의 절반 가격에 팔리고 있다. 이를 증명하듯 레이쥔은 창업 4년 만에 중국 내 시장점유율 1위에 오른 비결에 대해 다음과 같이 말했다. "샤오미는 원가에 가까운 정가 책정으로 일단 시장점유율을 올리는 데 집중했다. 그리고 인터넷 파생 서비스로 수익 모델을 창출했다. 이것이 샤오미 비즈니스 모델의 핵심이다."

그렇다면 샤오미는 오로지 저가 정책만으로 지금의 성장세를 이룩한 것일까? 애플을 베꼈다는 비난과 싸구려 중국산이라는 오명에서 벗어난 샤오미의 저력은 무엇일까? "많은 기업이 샤오미를 배우고 있지만 대부분 수박 겉핥기에 불과합니다. 우리는 하드웨어 플랫폼을 바탕으로 인터넷 부가가치 서비스에서 수익을 창출하는 확실한 비즈니스 모델을 완성했습니다. 그동안 우리가 쌓아온 개발 경험과 고객참여 생태계는 하루아침에 따라 할 수 없습니다" 라고 샤오미 창업자 레이쥔은 파괴적 혁신으로 고객과 시장을 선점했음을 말하고 있다.

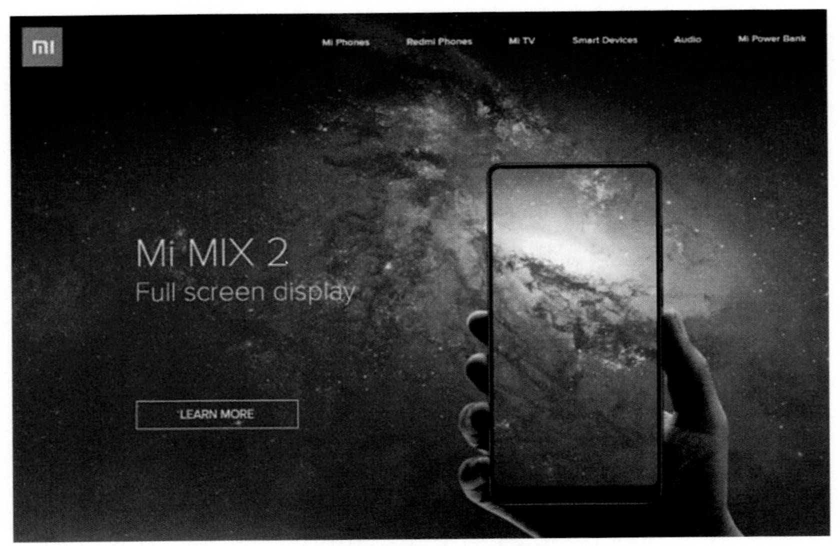

[그림17] 샤오미 폰 소개 홈페이지

이런 관점에서 보면 파괴적 혁신이 기존에 존재하지 않았던 새로운 형태의 시장에 도전했기 때문이다. 청년 레이쥔이 꿈꿨던 혁신의 힌트는 무엇일까? 이미 글로벌 IT업계를 선점한 구글, 애플, 아마존을 따라 해서는 생존이 불가능하다고 판단했다. 그래서 '트라이애슬론' 모델에서 힌트를 찾았다. 트라이애슬론은 소프트웨어+하드웨어+인터넷을 하나로 모은 중층 모델이자 샤오미가 후발주자로서 경쟁력을 확보하기 위한 벤치마킹 사고법이라고 할 수 있다. 알기 쉽게 표현하자면 애플+아마존+구글 모델을 구축하겠다는 것이다. 일곱 명의 공동 창업자가 후발주자가 할 수 있는 파괴적 혁신 모델과 시장선점 효과를 강점으로 추진했다. 모든 장점은 집중하고 모든 약점은 보완했다. 그리고 고객의 니즈(폰의 가격)를 찾아서 '고객 맞춤형' 서비스 모델을 실천해 성공에 도달했다.

샤오미의 성공은 단지 먼 나라의 이야기가 아니다. 한국은 세계 최고의 IT 강국이고 어디에서건 초고속 인터넷을 즐길 수 있는 통신 인프라 강국이다. 이러한 조건을 갖춘 우리 스타트 업들이 샤오미와 같은 콘텐츠 개발과 소프트웨어, 사물인터넷, 샤오미 생태계 등과 같은 시스템과 '고객 맞춤형' 모델로 파괴적 혁신을 추진해간다면 샤오미와 같거나 샤오미보다 더 막강한 유니콘 기업으로 거듭날 수 있을 것을 기대해 본다.

Epilogue

이제 4차 산업혁명은 우리의 생활 속으로 들어왔다. 이제까지 느끼지 못한 변화들을 날마다 체험하게 될 것이다. 단순히 패러다임의 변화가 아니라 모든 기업에게 변화를 요구하고 혁신적인 비즈니스 모델이 생존을 결정한다. 위기는 위험과 기회라고 한다. 4차 산업혁명의 본질은 무엇일까? 아마 본질은 융합과 초연결성의 기술혁신이다. 이러한 기술혁신은 단순히 하나의 기술로 해결되는 것이 아니라 기술과 기술, 기술과 시스템, 시스템과 시스템 등 다양한 기술혁신으로 진화될 것이다. 그 기술혁신의 중심에 사람(고객)이 있다. 기술혁신으로 진화돼 갈수록 인간의 기대치도 상승하게 된다. 다양한 진화의 요구에는 고객에 대한 문제해결을 찾아내어서 현재·미래형으로 제공해야 한다. 결국 기술혁신과 비즈니스 모델의 기본은 '고객 맞춤형' 서비스로 변화돼 있다는 사실이다.

이러한 융합과 초연결성의 기술혁신 시대에는 고객의 니즈를 끊임없이 발굴해야 한다. 우선 가까운 고객인 내부고객과 이웃부터 만족시켜야 한다. 그러면 만족한 직원들의 느낌이 생생하게 고객에게 전달될 것이다. 고객이 만족하게 되면 재 구매를 통한 충성고객이 되고 회사는 수익 창출의 효과로 나타난다. 스타트 업들에게는 새로운 도전이 바로 고객의 니즈이다. 스타트 업의 미래 전략은 매출과 수익증대가 아니라 고객의 니즈를 파악하고 문제를 해결해 충족시켜주는 것이다.

'고객 맞춤형' 서비스의 최종 목표는 고객의 니즈이다. 혁신적인 니즈 해결방법은 작은 아이디어에서 시작될 수 있다. 고객은 결코 큰 것을 원하지 않는다. 의외로 단순할 수 있다. 진심으로 다가가서 니즈의 해결점을 찾아줄 때 공감한다. 고객의 의견을 적극 수용하라. 고객을 직접 만나라. 그리고 단순한 질문을 하라. 현장에서 그 해답을 찾을 수 있다. 고객과 현장 체험을 통해서 고객의 니즈를 발견하라.

필자는 멘토로서 스타트 업들에게 "나무가 아닌 숲을 보라"고 말한다. 핵심내용은 비즈니스 모델을 만들 때 기술과 솔루션(나무)에 집중하느라 고객의 가치(숲)를 무시하는 경우가 너무 많다는 것이다. 그래서 예상 고객을 만나서 '결정적인 질문'을 통한 니즈와 문제점을 찾아내는 방법들을 소개했다. 찾아낸 고객들의 니즈를 블루오션 ERRC(제거, 감소, 증가, 창조) 액션 프레임으로 가치혁신을 만든 다음 전략 캔버스로 차별적이고 명확하게 표시하도록 설명했다.

좀 더 정확하게 린 캔버스로 옮겨서 고객가치제안을 중심으로 하는 혁신적 비즈니스 모델을 만들어야 한다. 캔버스 9개 블록 순서대로 스타트 업의 아이디어와 기술, 솔루션을 '고객 맞춤형'으로 반복해 수정 반영할 것을 강조 했다. 이것은 단순한 이론이 아닌 직접 멘토링을 통해서 사용하고 경험한 것들로 스타트 업들을 위해 공유했다. 많은 실제 사례를 모아서 '스타트 업 바이블' 솔루션을 만들어서 앱으로 제공하게 될 것이다.

스타트 업들에게 4차 산업혁명 시대는 위기이고 기회일 수도 있다. 날마다 변화무쌍한 새로운 혁신 모델들이 등장하고 산업의 경계가 없어진 현실에서 생존하기 위해서는 명확한 고객가치제안의 비즈니스 모델을 준비해야 한다. 그중에서 가장 혁신적인 모델은 '고객 맞춤형' 서비스 모델이다. 그 첫 번째 과정이 고객의 니즈와 해결방안을 찾는 방안이고 여러 가지 혁신도구를 활용해 실제 적용하도록 제시했다. 진심으로 내가 제안한 혁신 모델(고객 맞춤형) 구축 프로세스 활용으로 실패하지 않는 스타트 업이 되길 바란다.

4차 산업혁명 시대의 핵심 전략은 기술적 관점보다 고객의 문제해결을 통한 혁신 모델이다. 이 혁신 모델 구축으로 글로벌 유니콘 기업으로 성장하는데 도약의 발판이 되기를 기대해 본다.

참고문헌

- Alexander Osterwalder, Yves Pigneur, 〈Business Model Generation(2010)〉
- Clayton M. Christensen, 〈The Innovator's Dilemma(2010)〉, HBS Press 2010.
- Fred Reichheld, Rob Markey, 〈The Ultimate Question(2011)〉, Bain & Company.
- Mark W. Johnson, 〈Seizing the White Space: Business Model Innovation for Growth and Renewal(2010)〉, HBR December.
- Philip Kotler, Fenando Trias de Bes, 〈Winning at Innovation: The A to F Model(2011)〉, Books. google.com,
- W. Chan Kim, Renee. Mauborgne, 〈Blue Ocean Strategy(2005)〉, Harvard Business School Press.
- Alexander Osterwalder, Yves Pigneur, 〈Value Proposition Design(2014)〉, strategyzer.com
- 에릭 리스, 이창수, 송우일 공역, 〈린 스타트 업(2012)〉, 인사이트.
- 조성주, 〈린 스타트 업 바이블(2014)〉, 새로운 제안.
- 대한상의, 〈대한상의 브리프 59호(2018년 03월 29일)〉

사물인터넷으로
초 연결되는 미래사회

윤 성 임

사단법인 4차 산업혁명연구원이자 SNS마케팅 전문 강사이다. 전산학사와 컨설팅석사를 취득하고 (주) KT IT본부에서 오랫동안 직장생활 후 퇴직해 지금은 SNS마케팅강사 및 컨설팅과 함께 우리의 삶에 파고드는 4차 산업혁명 기술들을 쉽게 풀어주는 4차산업혁명 강사활동도 이어가고 있다.

이메일 : aceyun88@naver.com
연락처 : 010-2777-5004

사물인터넷으로
초 연결되는 미래사회

Prologue

매년 1월 초 미국 라스베이거스에서 세계 최대 규모의 IT전시회 CES2018이 열린다. CES는 세계 최대라는 명성과 1년 중 가장 먼저 열리는 대규모 전시회라는 점에서 그 해 등장할 주요 기술과 동향을 살펴볼 수 있는 전시회이다. 이번 CES2018에서는 가전/비 가전 제품은 물론, 각종 사회 인프라까지 인터넷에 연결하는 사물인터넷 기능을 갖추고 각 사물이 서로 연결돼 스마트 홈, 스마트 빌딩, 나아가 스마트 시티까지 구상할 수 있는 수준이었다고 한다.

[그림1] 사물인터넷 개념도1(출처 : 구글 이미지)

제4차 산업혁명은 범용기술로 ICT가 그 핵심이며 IoT, 클라우드, 빅 데이터, 모바일과 인공지능 등 지능정보기술로 진화하고 상호작용해 산업 전반에 걸쳐 자동화가 진행된다. 4차 산업혁명 기반기술인 IoT, 클라우드, 빅 데이터, 모바일과 인공지능의 기술 발전으로 거의 모든 사물들이 네트워크에 연결될 수 있고 대량의 데이터를 아주 빠르게 실시간으로 생성한다. 또한 클라우드에서 인공지능을 통해 학습하고 그 결과 연결된 사물들이 '스마트'하게 되고 사람들도 모바일 기기를 통해 언제 어디서나 '유비쿼터스(ubiquitous)'한 컴퓨팅 서비스를 향유하는 것이 4차 산업혁명시대 우리의 미래 모습이다.

이러한 추세는 더 많은 사람, 사물, 데이터, 지능이 연결될수록, 더 좋은 알고리즘과 컴퓨터 HW의 기능향상이 이뤄질수록 가속화될 것이다. IoT, 클라우드, 빅 데이터, 모바일과 인공지능이 상호보완적으로 작용하고 한 부문의 혁신이 다른 부문의 혁신을 촉발하는 선순환관계를 형성하는 4차 산업혁명의 특징을 초 지능, 초연결, 초 융합이라고 표현한다.

특히 사물인터넷(IoT)은 클라우드, 인공지능, 빅 데이터 기술 등이 요소 기술로 결합되면서 사물인터넷(IoT)-클라우드(Cloud)-빅 데이터(BigData)-모바일(Mobile) (ICBM) 융합형 서비스인 스마트홈, 스마트팩토리, 스마트시티, 스마트그리드, 스마트교육 형태로 우리 삶의 전 분야에 적용될 것으로 예상되고 있다.

앞으로 2~3년 후면 대부분의 사물들이 인터넷과 연결되는 이른바 사물인터넷(Internet of Things, IoT) 시대가 우리 앞에 성큼 다가왔다. 필자는 본문을 통해 사물인터넷이란 무엇이며 우리 미래의 삶이 어떻게 달라지는지 살펴보고자 한다.

1. 사물인터넷(IoT)의 개요

사물인터넷(Internet of Things) 용어는 사물인터넷 기술을 리드하고 있는 기업에서 여러 용어로 정의하고 사용하고 있다. GE사는 산업 인터넷(Industrial Internet 또는 Industrial Internet of Things로도 사용), 지멘스는 인더스트리 4.0(Industry 4.0), 시스코 시스템즈는 만물 인터넷(Internet of Everything), IBM은 스마트 플라넷(Smart Planet)을 사물인터넷과 유사한 개념으로 정의했다. 그리고 지난 2016년 스위스 세계경제포럼에서는 지멘스 등 독일 기업들이 추진하고 있는 인더스트리 4.0 용어를 재 정의해 4차 산업혁명이라는 용어를 정의했다.

1) 사물인터넷(IoT) 소개

사물인터넷(Internet of Things, 약어로 IoT)은 각종 사물에 센서와 통신기능을 내장해 인터넷에 연결하는 기술 즉, 무선통신을 통해 각종 사물을 연결하는 기술을 의미한다. 인터넷으로 연결된 사물들이 사람이 개입하지 않고 데이터를 주고받아 스스로 분석하고 학습한 정보를 사용자에게 제공하거나 사용자가 이를 원격 조정할 수 있는 인공지능 기술이다. 여기서 '사물'이란 가전제품, 모바일 장비, 웨어러블 디바이스 등 다양한 임베디드 시스템이 된다. 사물인터넷에 연결되는 사물들은 자신을 구별할 수 있는 유일한 아이피를 갖고 인터넷에 연결돼야 하며 외부 환경으로부터의 데이터 취득을 위해 센서를 내장할 수 있다.

[그림2] 사물인터넷 개념도2(출처 : 구글 이미지검색)

사물은 인간, 차량, 교량, 각종 전자기기, 자전거, 안경, 시계, 의류, 문화재, 동식물 등 자연 환경을 이루는 모든 물리적 객체를 의미한다. 모든 사물의 정보를 수집하고 상호 교류하는 환경인 사물인터넷은 1세대 유선 인터넷, 2세대 모바일 인터넷을 너머 디지털 발전의 3단계인 3세대 인터넷으로 불리고 있다.

그간 1·2세대 인터넷의 경우 정보를 쓰고 읽고 활용하는 주체가 사람이었다. 3세대 인터넷인 사물인터넷은 정보를 생성하고 읽고, 활용하는 주체로 사물이 등장했다는 점에서 커다란 의미를 가진다. 사물인터넷은 최근 몇 년 사이 불쑥 등장한 개념이 아니라 아주 오래 전부터 존재해 왔다고 볼 수 있다. M2M과 유비쿼터스가 대표적인 가장 유사한 개념으로 이해할 수 있다.

M2M은 사람이 직접 제어하지 않는 상태에서 장비나 사물 또는 지능화된 기기들이 사람을 대신해 통신의 양쪽 모두를 맡고 있는 기술을 의미한다. 또한 센서 등을 통해 전달, 수집, 가공된 위치, 시각, 날씨 등의 데이터를 다른 장비나 기기 등에 전달하기 위한 통신을 의미한다. M2M은 일반적으로 사람이 접근하기 힘든 지역의 원격제어나 위험품목의 상시 검시 등의 영역에서 적용된 반면, RFID는 홈 네트워킹이나 물류·유통 분야에 적용되다가 NFC로 진화해 모바일 결제 부문으로 영역을 확장했다. M2M과 사물인터넷은 사물 간 통신을 한다는 점에서 같아 많이 혼용해서 쓰이기도 한다. 하지만 M2M이 통신 주체인 사물을 중심으로 한 개념인데 비해 사물인터넷은 인간을 둘러싼 환경에 초점을 맞췄다는 점에서 차이를 보인다.

유비쿼터스는 사용자가 네트워크나 컴퓨터를 의식하지 않고 장소, 시간에 상관없이 자유롭게 네트워크에 접속할 수 있는 환경을 의미하는 것으로 지난 1991년 Mark Weiser(1952~1999)가 'The Computer of the 21st Century'라는 논문을 통해 유비쿼터스 컴퓨팅이라는 개념으로 소개했다. 앞으로 컴퓨터는 우리의 일상생활 속에 들어와 네트워크를 통해 서로 연결돼 눈에 보이지 않게 서비스를 제공하는 인간중심의 컴퓨팅 환경이 돼야한다는 유비쿼터스 컴퓨팅 개념이 바로 지금 IoT의 근간이라고 할 수 있다. 사물인터넷이 인간을 중심으로 바라본다는 점에서는 유비쿼터스(Ubiquitous)와 유사하다.

사물인터넷(Internet of Things)이라는 용어는 EPCglobal 단체를 통해서 사물에 유일한 아이디를 부여하는 표준바코드 기술을 연구한 MIT대학 오토-아이디(Auto-ID)센터의 캐빈애쉬튼에 의해서 지난 1999년에 처음 언급이 된 것으로 알려져 있다.

정보기술 연구 및 자문회사 가트너 그룹은 지난 2014년 가장 주목해야 할 10대 전략기술 가운데 하나로 사물인터넷(Internet of Things)을 꼽았다. 가트너 그룹은 지난 2009년 인터넷에 연결된 기기가 25억 대 수준에서 오는 2020년에는 인터넷과 연결된 기기의 수가 300억 개까지 늘어날 것으로 예측했다. 시스코 시스템즈는 500억 개 이상, ABI 리서치는 약 300억 개 이상 연결된 디바이스가 존재할 것이라고 전망하고 있다.

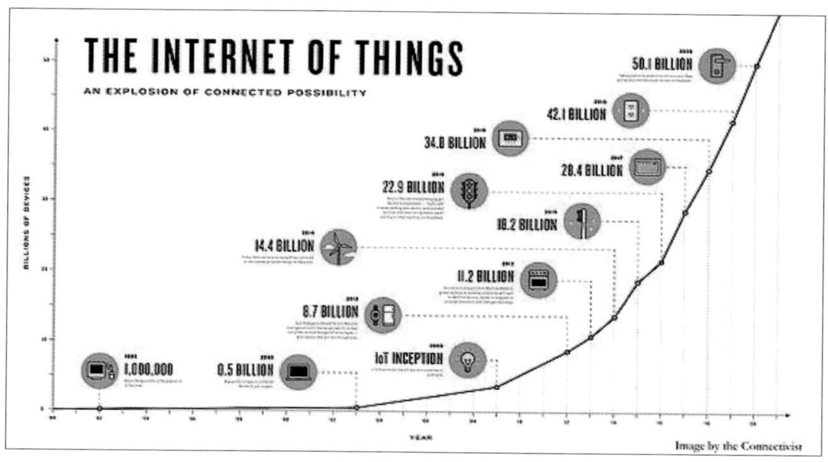

[그림3] IoT 연결기기 증가 추세(출처 : 구글)

네트워크 장비 업체인 시스코 시스템즈는 사물인터넷을 차세대 혁명으로 판단하고 올인(All-in) 전략을 내세운 대표적인 업체다. 시스코 회장 존 체임버스는 궁극적으로 사물인터넷이 더 확장돼 데이터가 지능적으로 의사소통하면서 새로운 가치와 혜택을 주는 만물 인터넷(Internet of Everything)으로 발달할 것으로 예상했다. 또한 사물인터넷에 대해 제대로 대처하지 않으면 어떤 IT업체라도 20년 후에는 생존하지 못할 것이라고 주장했다. 체임버스 회장은 PC에서 모바일 시대로 전환하면서 사람의 생활상이 완전히 달라진 것처럼 사물인터넷은 모든 산업과 업종에서 폭발적인 혁신과 변화를 일으킬 것이라고 예상했다.

이상과 같이 사물인터넷에 대해 정리해보았는데 조금 더 이해를 쉽게 하려면 아래의 유튜브 영상들을 추천한다.

- 사물인터넷이란 무엇인가?
  : https://www.youtube.com/watch?v=fEXiTp7pjj4
- MBC다큐프라임 '사물인터넷'
  : https://www.youtube.com/watch?v=iGRBWvrBuro
- [산업다큐 4.0 - 미래성장 보고서] 도시를 만들다, 사물인터넷편 (IoT)
  : https://www.youtube.com/watch?v=A5fVAxFjIbs
- Internet Of Things | Steve Stathis Tzikakis | TEDxAcademy
  : https://www.youtube.com/watch?v=0hz_UUdTDUA
- The internet of things | Jordan Duffy | TEDxSouthBank
  : https://www.youtube.com/watch?v=mzy84Vb_Gxk

2) 사물인터넷((IoT) 기술적 환경

앞서 알아보았듯이 사물인터넷은 실세계에 존재하는 모든 사물과 사이버 세계에 존재하는 모든 사물들이 인터넷을 통해 연결되고 이를 기반으로 다양한 서비스를 제공할 수 있는 미래 인터넷 기술로써 미래 초 연결 사회를 가능케 하는 기술로 부각되고 있다.

사물인터넷을 구축하기 위해서는 기술적인 환경 구축이 선행돼야 한다. 기술적인 설정은 크게 사물신원확인, 의사소통이 가능한 네트워크 구축, 사물에 감각 부여, 컨트롤 가능성으로 나누어 볼 수 있다.

(1) 사물 신원확인

사물인터넷에 참여하는 각각의 객체는 다른 객체로 하여금 스스로를 식별할 수 있게 해주는 신원이 필요하다. 근거리에 위치한 사물의 신원을 나타내는 기술은 RFID기술이지만 보다 넓은 범위의 네트워크상에서 개별 사물의 신원을 확인하기 위해서는 개별 사물에 IP주소를 부여해야 한다. 이에 따라 IP주소에 대한 수요는 증가했고 기존에 존재했던 32비트인 IPv4 체계로 증가하는 사물들의 주소를 모두 할당하는 데 어려움이 따른다는 한계가 나타났다. 이로 인해 128 비트인 IPv6 체계의 필요성이 대두되고 있다.

(2) 네트워크 구축

사물들은 스스로가 취합한 정보를 필요에 따라 다른 사물과 교환, 취합함으로써 새로운 정보를 창출할 수 있어야 한다. 사물끼리의 일관된 정보전달 방법을 확립하기 위해 HTTP를 대체할 MQTT 프로토콜이 제시됐고 OASIS(Organization for the Advancement of Structured Information Standards)에서는 MQTT를 사물인터넷의 표준 규약으로 사용하고 있다.

(3) 감각 부여(센서부착)

사물에 청각, 미각, 후각, 촉각, 시각 등을 부여해 주변 환경의 변화를 측정할 수 있도록 한다. 사물에 부여되는 감각은 오감에 한정되지 않고 RFID, 자이로스코프, 가이거 계수기 등을 통한 감각으로 확장될 수 있다. 예컨대 이불의 경우 감압센서와 습도센서를 통해 사용자가 수면 중 몇 번 뒤척였는지, 얼마만큼 땀을 흘렸는지 등을 측정할 수 있다.

(4) 컨트롤 가능성

임의적인 조작을 통해 사용자는 사물에게 행동을 지시할 수 있다.

다음은 사물인터넷을 구현하는데 필요한 기술 및 플랫폼에 대해 알아보자.

3) 사물인터넷((IoT) 기술 및 플랫폼

IoT의 영역이 확대됨에 따라 다양한 사물들의 연결을 위한 IoT 네트워크 및 IoT 플랫폼 등 관련 기술개발이 활발하게 이뤄지고 있다.

광범위한 지역의 수많은 사물을 낮은 전력소모로 안정적으로 연결하기 위해 저 전력 장거리 네트워크인 LPWAN(Low Power Wide Area Network)의 사용이 확대되고 있다. 또한 OneM2M, OCF(Open Connectivity Foundation) 등 개방형 연결 플랫폼과 글로벌 기업들이 자체적으로 제공하는 다양한 플랫폼들이 경쟁하고 있다.

이에 사물인터넷 구축 기반 3대 필수 기술과 가트너에서 지난 2017년과 2018년에 제시한 사물인터넷(Internet of Thing s: IoT) 관련 상위 10대 기술에 대해 알아보자.

(1) 사물인터넷((IoT) 3대 필수 기술

① 센싱 기술

일반적인 온도, 습도, 열, 가스, 조도, 초음파 센서 등에서부터 원격감지, SAR, 레이더, 위치, 모션, 영상센서 등 유형 사물과 주위 환경으로부터 정보를 얻을 수 있는 물리적 센서를 포함한다. 물리적인 센서는 응용 특성을 좋게 하기 위해 표준화된 인터페이스와 정보처리 능력을 내장한 스마트 센서로 발전하고 있다. 스마트 센서는 센싱 모듈을 통해 수집된 정보를 인터넷을 통해 공유하기 위해 기본적인 신호처리 및 알고리즘 수행이 가능한 모듈을 포함한다. 또한 센싱한 데이터로부터 특정 정보를 추출하는 가상 센싱 기능도 포함된다. 가상 센싱 기술은 실제 IoT 서비스 인터페이스에 구현돼 기존의 독립적이고 개별적인 센서보다 한 차원 높은 다중(다분야) 센서기술을 사용하기 때문에 한층 더 지능적이고 고차원적인 정보를 추출할 수 있다.

② 유무선 통신 및 네트워크 인프라 기술

사물에서 사물까지 엔드 투 엔드 사물인터넷 서비스를 지원하기 위한 유무선 통신 및 네트워크 인프라 기술은 말 그대로 기존 유무선 통신기술의 총합이다. 기존의 WPAN, WiFi, 3G/4G/LTE/5G, Bluetooth, 유선통신(Ethernet, 광대역 통신), BcN, 위성통신, Microware, 시리얼 통신, PLC, GPS 등 인간과 사물, 서비스를 연결시킬 수 있는 모든 유무선 네트워크를 의미한다.

4차 산업혁명을 대표하는 키워드 중 초 연결(Hyper-Connectivity)은 모든 사물간의 실시간 연결x연결을 의미하고, 그 초 연결 속에서 발생하는 빅 데이터의 실시간 전송과 처리속도 또한 엄청 빨라야 한다. 2018년 평창올림픽에서 선보였고 오는 2019년에는 본격적인 상용화가 예상되는 5G는 서비스로써의 사물인터넷, 인공지능, 증강현실 등이 안정적으로 구현되는 근간이다. 현재의 LTE보다 20배~40배 빠른 5G는 우리가 스마트 폰으로 영상을 시청하거나 드론, 자율주행차, 헬스케어서비스 등을 이용할 때 빅 데이터 전송과 처리속도가 엄청 빠르고 끊김 없이 안정적으로 서비스돼야 한다.

③ IoT 서비스 인터페이스 기술

최종적으로 사용자에게 사물인터넷 서비스를 제공하기 위해서는 정보를 수집, 가공/추출/처리, 저장, 판단, 상황인식, 인지, 보안 및 프라이버시 보호, 인증, 인가, 검색, 객체 정형화 등을 포함한 서비스 인터페이스 기술이 필요하다.

IoT 서비스 인터페이스기술은 IoT의 주요 3대 구성 요소(인간·사물·서비스)를 특정 기능을 수행하는 응용서비스와 연동하는 기술로 네트워크 인터페이스의 개념이 아니라 정보를 센싱, 가공/추출/처리, 저장, 판단, 상황인식, 인지, 보안/프라이버시 보호, 인증/인가, 디스커버리, 객체 정형화하는 기능까지를 포함한다. 특히 사물에서 발생하는 막대한 양의 데이터, 바로 빅 데이터를 저장·처리·분석할 빅 데이터 기술도 서비스 인터페이스에 속한다. 또한 각 서비스마다 하드웨어와 소프트웨어가 필요하고 이를 통합해 서비스하는 플랫폼 부문도 사물인터넷 서비스 인터페이스 범주에 속한다.

사물인터넷의 다양한 서비스 기능을 구현하기 위해서는 아래와 같은 기술을 통해 다양한 서비스를 제공할 수 있어야 한다.

① 정보의 검출, 가공, 정형화, 추출, 처리 및 저장기능 등 '검출정보 기반 기술'
② 위치판단 및 위치확인 기능, 상황인식 및 인지기능 등 '위치정보 기반 기술'
③ 정보보안 및 프라이버시 보호기능, 인증 및 인가기능 등 '보안기능'
④ 온톨로지(Ontology: 인간이 보고 듣고 느끼고 생각하는 것에 대해 컴퓨터에서 처리할 수 있는 형태로 표현한 모델)

(2) 사물인터넷(IoT)관련 10대 기술

가트너에서는 사물인터넷(Internet of Thing s: IoT) 관련 지난 2017년과 2018년의 상위 10대 기술을 아래 표와 같이 발표했다.

No	기술	개요
1	IoT 보안 (IoT Security)	· IoT 보안 기술은 IoT 장치와 플랫폼을 정보 침입과 물리적 침해로부터 보호하고, 통신을 암호화하며, 배터리를 소모시키는 공격과 같은 새로운 문제를 해결하는 것임. 정교한 보안 접근법을 지원하지 않는 단순한 프로세서와 운영 체제를 사용하는 것이 문제임 · 기기의 수명이 다할 때까지 보안을 업데이트 할 수 있는 하드웨어와 소프트웨어가 필요함
2	IoT 분석 (IoT Analytics)	· IoT 비즈니스 모델은 여러 가지 방법으로 사물에서 수집한 정보를 사용하며 새로운 분석 접근법 요구 · 2021년까지 데이터 양이 늘어남에 따라 IoT의 요구사항이 기존 분석과 크게 달라질 수 있음
3	IoT 장치 관리 (IoT Device Management)	· IoT 사물은 장치 모니터링, 펌웨어 및 소프트웨어 업데이트, 진단, 충돌 분석 및 보고, 물리적 관리 및 보안 관리와 같은 관리와 모니터링이 필요. IoT는 관리 작업에 새로운 규모의 문제를 야기 · IoT 장치 관리 도구는 곧 수천 개, 심지어 수백만 개의 장치를 관리하고 모니터링 할 수 있어야 함

4	저전력, 단거리 IoT 네트워크 (Low-Power, Short-Range, IoT Networks)	· IoT 디바이스용 무선 네트워크를 선택하는 것은 범위, 배터리 수명, 대역폭 및 운영비용과 같은 많은 요구 사항의 균형을 맞춰야 함 · 저전력, 단거리 네트워크는 오는 2025년까지 무선 IoT 연결을 압도할 것이며 광대역 IoT 네트워크를 사용하는 연결을 훨씬 능가할 것임
5	저전력, 광역 네트워크 (Low-Power, Wide-Area Networks)	· 전통적인 셀룰러 네트워크는 IoT 애플리케이션에 적합하지 않음. 광역 IoT 네트워크의 장기적인 목표는 전국적인 범위, 최대 10년의 배터리 수명, 앤드포인트 (end-to-end)를 사용한 빠른 전송속도와 저렴한 하드웨어 비용이며 기지국이나 그에 상응하는 장치에 연결된 수십만 대의 장치를 지원하는 것임 · NB-IoT와 같은 신흥 표준이 이 영역을 장악하게 될 것임
6	IoT 프로세서 (IoT Processor)	· IoT 장치가 사용하는 프로세서 및 아키텍처는 강력한 보안 및 암호화 기능, 전원 소비, 소프트웨어의 정교함의 정도, 펌웨어의 특성과 같은 많은 기능을 결정지음 · 모든 하드웨어 설계와 마찬가지로 기능, 하드웨어 비용, 소프트웨어 비용, 소프트웨어 업그레이드 가능성 등과 같은 요소 간에는 복잡한 절충안이 있어 중요한 분야임
7	IoT 운영 체제 (IoT Operating Systems)	· Windows 및 iOS와 같은 기존 운영 체제(OS)는 IoT 응용 프로그램 용으로 설계되지 않았으며 소형 장치의 경우 메모리 공간이 크며 개발자가 사용하는 칩을 지원하지 않을 수 있음 · 다양한 IoT 전용 운영 체제가 다양한 하드웨어 기능 요구 사항에 맞게 개발됐음

8	이벤트 스트림 처리 (Event Stream Processing)	· 일부 IoT 애플리케이션은 실시간으로 분석해야하는 데이터를 매우 높은 속도로 생성함. 초당 수만 건의 이벤트를 생성하는 시스템이 일반적이며 일부 통신 및 원격측정 상황에서는 초당 수백만 건의 이벤트가 발생할 수 있음 · 데이터 처리 요구 사항을 해결하기 위해 분산형 스트림 컴퓨팅 플랫폼 (DSCP)이 등장했음. 이들은 일반적으로 병렬구조를 사용해 초고속 데이터 스트림을 처리함
9	IoT 플랫폼 (IoT Platforms)	· IoT 플랫폼이 제공하는 서비스는 크게 세 가지 범주로 나눌 수 있음 (1) 통신, 장치 모니터링 및 관리, 보안 및 펌웨어 업데이트와 같은 하위 수준 장치 제어 및 작업 (2) 데이터 수집, 변환 및 관리 (3) 이벤트 기반 논리, 응용 프로그램 프로그래밍, 시각화, 분석 및 어댑터를 포함해 엔터프라이즈 시스템에 연결하는 IoT 응용 프로그램 개발 · 플랫폼은 IoT 시스템의 많은 인프라 구성 요소를 통일함
10	IoT 표준 및 생태계 (IoT Standards and Ecosystems)	·많은 IoT 비즈니스 모델은 여러 장치와 조직 간에 데이터를 공유하는 데 의존하므로 표준 및 관련 API가 필수 · 향후 많은 IoT 생태계가 나타날 것이며 이러한 생태계 사이의 상업적 및 기술적 전쟁이 스마트 기술 영역을 지배할 것임 · 제품을 만드는 조직은 여러 표준 또는 생태계를 지원하도록 개발해야하며 표준이 발전하고 새로운 표준 및 관련 API가 등장할 것이므로 제품을 계속 업데이트 할 수 있어야 함

[표1] 출처 : Top 10 Internet of Things Technologies for 2017 and 2018

초기 IoT 기술이 사물의 연결에 초점을 두고 센싱, 유무선 네트워킹, 원격제어 등의 기술을 중심으로 발전해왔다면 최근 IoT 기술은 빅 데이터, 인공지능 기술과 융합하면서 데이터의 분석 및 예측, 자율적 의사결정 및 자율제어에 그 초점이 강조되고 있다. 이는 IoT 기술을 이용해 많은 사물이 네트워크를 통해 연결된다고 하더라도 그것만으로는 새로운 서비스와 가치창출이 될 수 없기 때문이다.

IoT는 단순히 사물을 인터넷으로 연결하는 것 이상의 의미를 갖는다. 사물이 스스로 센싱하고 연결되고 이로부터 정보를 수집, 분석, 예측해 인간의 개입 없이 지능적인 서비스를 제공하는 기반이 IoT다. 따라서 IoT는 센싱 기술, 유무선 네트워크 기술뿐만 아니라 빅 데이터 기술, 인공지능 기술 등의 융합기술이라고 할 수 있다.

이러한 배경에서 구글, 아마존, IBM, 마이크로소프트 등 글로벌 기업들은 IoT, 빅 데이터, 인공지능 등을 클라우드 환경에서 하나로 통합한 개방형 플랫폼을 구축하고 다양한 IoT 서비스를 쉽게 구현할 수 있는 기반을 마련하고 있다.

4) 사물인터넷((IoT) 서비스 분야

이미 우리 주변 가까이에 사물인터넷의 사례가 있으며 누구라도 한번쯤은 사용해 본 경험이 있다. 그 대표적인 사례로 버스 도착시간을 실시간으로 알려주는 버스도착안내시스템이 바로 그것이다. 버스도착안내시스템은 GPS 위치감지기술과 이동통신망을 활용해 버스 위치를 확인하고 버스 운행을 관리하는 버스운행관리시스템과 연계돼 있다. 따라서 도착예정시간 등 운행 정보를 각 정류소

마다 세워진 단말기와 각 포털 사이트나 스마트 폰 교통 안내 앱 등에 실시간으로 제공하고 있다. 버스가 생성하는 정보가 GPS와 이동통신망을 통해 관리시스템에 전달되고 이 정보가 안내 단말기와 각 포털 사이트, 교통 안내 앱을 통해 스마트 폰에 이르기까지 데이터를 상호 교류한 것은 인간이 아닌 사물 간이다.

사물인터넷 적용 분야를 개인서비스 부문, 산업서비스 부문, 공공서비스 부문으로 나눠 본다.

(1) 개인서비스 부분

차량을 인터넷으로 연결해 안전하고 편리한 운전을 돕는다. 심장박동, 운동량 등의 정보를 제공해 개인의 건강을 증진시킨다. 주거환경을 통합 제어할 기술을 마련해 생활 편의를 높이고 안전성을 제공한다. 우리나라에서는 최근 각 통신사와 삼성이나 LG 등의 가전사들이 사물인터넷 기술을 사용한 스마트 홈을 출시해 시장을 선점하고자 치열한 각축전을 벌이고 있다.

(2) 산업서비스 부문

공정을 분석하고 시설물을 모니터링 해 작업 효율과 안전을 제고한다. 생산가공·유통부문에 사물인터넷 기술을 접목해 생산성을 향상시키고 안전유통체계를 확보한다. 주변 생활제품에 사물인터넷을 접목시켜 고부가 서비스 제품을 생산한다.

산업 서비스로서의 사물인터넷은 일반적으로 다음과 같은 전제조건이 필요하다. 먼저 필수 조건으로는 이용자 경험을 고려할 것이다. 사물을 연결하는 과정에서 이용자 경험(UI/UX)을 고려한다는 것은 '서비스로서의 사물(Things as a Service, TaaS)'을 위한 매우 중요한 요소로 작용한다. 기존에 잘 있던 사물을 굳이 연결하는 과정이 기업 논리라면 이용자 경험을 고려한 사물 간의 연결은 이용자 설득 논리가 된다.

다음 옵션 조건으로는 기술 진입 장벽이 높지 않을 것이다. 필수 조건 1개와 옵션 조건 1개를 놓고 사물인터넷을 바라보면 사례를 발견하기가 어렵지 않다. 넓게는 PDA, 스마트 폰, 블루투스 스피커 등 이미 일상에 보편화된 사물 역시 사례에 포함된다.

(3) 공공서비스 부문

CCTV, 노약자 GPS 등의 사물인터넷 정보를 사용해 재난이나 재해를 예방한다. 대기 상태, 쓰레기양 등의 정보를 제공받아 환경오염을 최소화한다. 에너지 관련 정보를 제공받아 에너지 관리 효율성을 증대시킨다. 미국, 중국, 유럽연합, 일본 등의 국가는 정보통신기술을 기반으로 교통, 공공행정 등의 다양한 도시 데이터를 개방해 도시 전체의 공공기물들과 주민들이 효율적으로 상호작용하는 스마트시티 건설을 추진하고 있다.

스페인 바르셀로나 시에서는 빈 주차공간을 감지해 주차 정보를 공유하거나 쓰레기통의 포화 상태를 측정해 수거 트럭에 정보를 송신하는 등 사물인터넷 개념을 활용한 도시 관리 시스템을 구축했다. 뉴욕 시에서는 마이크로소프트와의 협력을 통해 CCTV, 방사능 감지기, 자동차번호판 인식장치를 연계해 의심스러운 사람이나 차량의 정보를 현장 경찰과 소방서 등의 기관에 전달하는 대테러 감지시스템(Domain awareness system)을 구축했다.

5) 사물인터넷(IoT)의 취약점

사물인터넷의 발달로 우리의 삶은 훨씬 더 편리하고 인간다운 삶이 될 것이다. 그러나 모든 일에는 또 다른 이면이 있게 마련이다. 사물인터넷 발달로 우려되는 몇 가지를 살펴보자.

(1) 보안상의 문제(해킹가능성)

사물인터넷은 사용자의 행동 같은 사용패턴을 데이터로 만들어 저장하게 된다. 만약 이 데이터가 유출되면 사용자의 생활모습이 유출되는 셈이다. 게다가 유출된 정보가 사진이라거나 지문 같은 생체정보일 경우 악용될 우려가 더욱 크다. 따라서 보안이 확보되지 않은 상태에서 서비스를 제공할 경우 금전적 피해를 비롯한 가늠할 수 없는 문제가 발생할 수 있다.

지난 2016년 10월 중국 샤오미에서 만든 IoT 지원 전자제품이 대량으로 해킹돼 숙주로 사용됐다는 기사가 보도됐다. 지난 2017년 9월에는 가정에서 사용하는 감시카메라를 해킹해, 불법 촬영한 영상을 유출한 일당이 잡혔는데 공장 출하당시의 기본 비밀번호(0000 이나 1234 등)을 변경 없이 그대로 사용하는 점을 파고들어 해킹을 했다고 하는 기사도 보도됐다.

시만텍은 IoT 기술이 보편화함에 따라 발생할 수 있는 해킹 가능성에 대해 지적했다. 다수의 IoT 기기의 기반인 리눅스 운영체제가 기기에서 올바른 보안을 갖추지 못하거나 적절한 업데이트가 이뤄지지 않을 경우 리눅스 웜에 의해 해킹당할 위험이 존재한다. IoT가 대중화됨에 따라 IoT 전체 시스템에 대한 많은 이슈가 존재한다.

다양한 응용 분야에서 서로 다른 보안 이슈가 존재한다. 예를 들어 지능형 운송과 지능형 진료는 데이터 보안이 매우 중요하다. 그러나 지능형 도시 관리나 스마트 환경(smart green)은 인증이 더 중요하다. 최상의 보안을 위해서는 서로 다른 응용 시스템에서의 차별적인 중요도를 고려해야 한다. 자율적이고 이질적인 시스템 통합 모델을 구축하는 기술도 필요하다. 또한 대규모 이질적 네트워크를 구축하기 위해 계층 교차적인 통합 기술을 개발할 필요가 있다.

(2) 표준의 부족

IoT 기술 발달에 따른 부작용의 또 다른 하나는 표준의 부족이다. IoT는 프로토콜 즉, 컴퓨터 간에 정보를 주고받을 때 사용하는 일정 규칙을 기반으로 해서 사물들에게 이 IoT 기술을 접목한다. 프로토콜의 간단한 예는 현재 우리가 URL에 사용하는 https이다. 이러한데는 기준이 필요한데 모든 사물에 인공 지능 기술을 넣게 되면 https 하나로는 기술의 발달이 일어날 수 없다. 더 많은 기준과 표준이 마련돼야 하고 그 표준에 따라 IoT 기술은 발전해야 한다.

또한 모든 사물에 이 IoT 기술을 접목하기 때문에 오픈 네트워크를 바탕으로 실행된다. IoT라는 이 신기술이 발달하는 동안에는 표준에 따른 회사 간 또는 나라 간의 경쟁은 계속해서 치열해지는 부정적인 영향을 낳게 된다는 것이다. 예를 들자면 Qualcomm이라는 회사가 AllJoyn이라는 IoT를 위한 새로운 프로토콜을 만들었고 이에 대항해 Google은 Thread라는 프로토콜을 만들었다. 또한 Google과 Nest가 Nest Platform을 만들기 위해 활발히 연구를 진행 중이고 이 외에도 Cisco, Qualcomm, IBM, BroadCam,

Samsung, Microsoft 등이 이 표준을 만들기 위해 연구를 활발히 진행 중으로 프로토콜 전쟁이 진행되고 있는 것이다.

(3) 비용의 문제

사물인터넷의 대표적인 사례로 알아서 물주는 화분 같은 것이 있다. 여기에는 화분의 습도를 측정하는 습도 센서, 스마트 폰과 통신하기 위한 통신 모듈, 물탱크의 밸브를 여닫는 제어 모듈 그리고 이 모든 것을 관리하는 CPU 등이 필요하다. 문제는 이런 모듈을 아무리 저렴하게 만든다고 쳐도 화분보다 훨씬 비싸다는 점이다. 사물인터넷이란 것을 하기 위해서 배보다 배꼽이 더 큰 상황이 만들어 진다. 애초에 가격대가 높은 텔레비전, 냉장고, 세탁기 같은 제품에 해당 모듈을 넣는 것은 상대적으로 큰 비용이 들어가지 않지만 화분 같은 작은 사물에 이런 기능을 넣는 것은 상대적으로 많은 비용을 지불해야 가능해진다.

(4) 전원공급의 문제

RFID 와 같은 수동소자를 사용하는 게 아닌 한 전기 없이 동작하는 통신 모듈은 사실상 없다. 충전지를 사용할 수도 있으나 충전지 역시 주기적인 충전이 필요하기에 완전한 해결책이 될 수는 없다. 무선 전기 전송이 보편화되지 않은 지금으로는 A/C 전원을 상시 연결해 주는 것만이 실질적인 해결책이 된다.

'알아서 물주는 화분'은 결국 전원 콘센트를 꽂아야만 동작하는 화분이 돼 버린다. 위에서 언급한 텔레비전, 냉장고, 세탁기처럼 기기 자체가 처음부터 전기를 사용하는 제품이라면 이것은 문제가 되지 않는다. 하지만 화분을 비롯해 책상, 옷장, 소파 같은 전기를 사용하지 않는 가구나 소품 등에 사물인터넷을 하겠다고 하면 전원콘센트 부터 찾아야 하는 상황이 발생한다.

(5) 환경의 영향

현재 Electronic waste라 불리는 e-waste의 폭발적 증가에 관련한 문제의 발생이 늘어나고 있다. 급격하게 증가하는 소형 전기부품이 증가하는 e-waste에 기여하고 있다. 모든 사물에 전기 전자의 부품이나 정보가 적용되기 때문에 그에 따른 쓰레기의 발생은 환경에 많은 영향을 끼칠 것이라는 것이다. 이 환경적 영향을 최소화하기 위해선 사물의 효율과 내구성을 높이는 것이 매우 중요하다고 한다. 정보가 전달되고 저장되는 과정이 효율적이게 최소화돼야 한다는 것이다.

2. 사물인터넷이 스마트한 미래사회

우리 생활 속에 성큼 다가와 있는 사물인터넷 대표적인 사례로는 스마트 팜, 전기/가스/난방/냉장고/TV 등을 연결한 스마트 홈, 스마트 시티, 스마트 그리드, 스마트 팩토리, 스마트 헬스케어, 자율주행차, 구글 글래스/스마트워치 등 웨어러블 디바이스 등이다. 이 중 몇몇 사례에 대해 조금 더 살펴보자. 참고로 스마트 XX 명칭은 보통 지능형 로봇기술이 합쳐진 경우 스마트를 붙이지만 거의 대다수가 사물인터넷 기능도 포함한다.

1) 스마트 팜

스마트 팜이란 비닐하우스 나 축사에 ICT를 접목해 원격·자동으로 작물과 가축의 생육환경을 적정하게 유지·관리할 수 있는 농장이다. 스마트 팜은 온실이나 과수원에 사물인터넷 기술을 결합, 스마트 폰이나 PC로 농장의 온도와 습도, 이산화탄소 등을 분석·관리하는 시스템이다. 작물의 생산성을 높일 뿐 아니라 노동집약적 생산방식에서 벗어날 수 있기 때문에 미래 농업의 청사진으로 주목받고 있다. 편리함과 생산성이 높아지는 장점이 있는 반면 초기비용이 높다는 단점도 있다. 스마스마트팜코리아(http://www.smartfarmkorea.net) 홈페이지를 통해 스마트 팜에 대한 정부지원 정책, 스마트 팜 교육, 스마트 팜 우수사례 정보를 참고할 수 있다.

2) 스마트 홈, 스마트 시티, 스마트 그리드

(1) 스마트 홈

스마트 홈, 똑똑한 집, 이름 그대로 가정에서 사용되는 각종 장치들(전등, 가스 밸브, 보일러 등등)을 대상으로 하며 이동통신 3사(SKT, KT, LG U+)가 일반 소비자를 대상으로 하는 경쟁적으로 서비스를 시작하고 있다. 지난 1980년대 후반부터 가정의 화재 및 보안 분야부터 상용화가 시도 될 정도로 생각 보다는 오래된 개념이다.

기술 수요가 있는 부분은 가정용 전기/가스/수도 사용량 원격검침, 화재나 누전 경보기, 침입/출입 감지 센서, 노인이나 환자의 긴급호출 등 범죄나 사고 방지 보안센서 류, 아파트 등의 안내방송 문자 전송 등이 있다. 노인이나 아이들, 범죄자의 위치를 전송하는 미아방지 비콘이나 위치추적 발찌도 IoT 기술을 응용할 수 있다.

집을 비운상태로 설정이 돼 있는 로봇청소기가 외국에 나간 집주인에게 도둑의 움직임이 감지되니까 자동으로 움직임을 찾아서 사진을 찍어 집주인에게 전송했고 도둑은 찰칵 소리에 놀라 집을 뛰쳐나간 사례가 있다.

(2) 스마트 시티

인천 송도 국제 업무단지에 조성하고 있는 '스마트시티'는 사물인터넷이 도시단계에서 구현된 것으로 시스코가 내세우는 대표적인 사례다. 스마트시티는 집 안에 있는 가구, 조명, 자동차, 도로 교통 등 모두 인터넷으로 연결해 친환경적이고 지속 가능한 시스템을 구현한 첨단 도시를 말한다.

이를 위해 시스코는 스마트시티 솔루션 개발센터(Global Center of Excellenc)를 개설하고 국내 기업들과 협력해 스마트시티 솔루션을 함께 개발하고 있다. 차가 막히는지, 막히지 않는지 정보를 실시간으로 제공 받아 교통 체증을 피할 수 있고 탄소배출량이 줄어들어 환경 친화적이라는 게 시스코 측의 설명이다.

(3) 스마트 그리드

제2차 전력혁명이라 불리는 스마트 그리드(Smart Grid)란 일반적인 전력망에 ICT기술을 접목시켜 전기 공급자와 소비자 간의 실시간 정보교환을 통해 전력망을 지능화·고도화함으로써 고품질의 전력서비스를 제공하고 에너지 이용효율을 극대화하는 차세대 전력망이다. 현재의 전력시스템은 최대 수요량에 맞춰 예비율을 두고 일반적으로 예상수요보다 15% 정도 많이 생산하도록 설계돼 있다. 전기를 생산하기 위해 연료를 확보해야 하고 각종 발전설비가 추가적으로 필요하며 버리는 전기량이 많아 에너지 효율도 떨어진다. 또한 석탄, 석유 가스 등을 태우는 과정에서 이산화탄소 배출도 늘어난다.

스마트 그리드는 에너지 효율 향상에 의해 에너지 낭비를 절감하고, 신·재생에너지에 바탕을 둔 분산전원의 활성화를 통해 에너지 해외 의존도 감소 및 기존의 발전설비에 들어가는 화석연료 사용 절감을 통한 온실가스 감소효과로 지구 온난화도 막을 수 있게 된다. 스마트 그리드는 전력제어 등 에너지 효율을 올리고 자원을 아끼는데 쓰이는 분야로 전력회사와 소비자가 실시간으로 정보를 주고받는다는 것이 핵심이다.

이로 인해 전기 소비자는 전기 요금이 싼 시간대를 자동으로 파악해 전기를 쓸 수 있고 전력회사에서는 전력 사용 현황을 실시간으로 파악할 수 있기 때문에 탄력적으로 전력 공급량을 조절할 수 있다는 장점이 있다. 쉽게 말해 전력 사용량에 맞춰서 전기를 생산·공급해 낭비되는 에너지를 최소화하는 것이다. 현재 에너지 자원의 90% 이상을 수입에 의지하고 있는 우리나라의 입장에서는 원료와 예산절감 효과를 기대 할 수 있다고 한다.

3) 스마트 팩토리

스마트 팩토리란 ICT 기술을 통해 더 효율적이고 더 생산적이고 더 자동화되면서 더 유연한 제조 작업을 가능하게 하는 것이라고 할 수 있다. 생산 공정에서 사용하는 각종 장치 및 설비들에 이를 관리하기 위한 다양한 센서를 부착하고 이를 클라우드와 연동해 데이터 수집, 모니터링, 제어 및 관련 정책의 수립 등을 수행하는 분야이다.

국제적으로 나날이 환경에 대한 규제와 관리감독이 강화되면서 탄소 배출량의 계측 및 조절 등과 맞물려서 활성화되고 있다. 한국에서는 산업통상자원부 지원정책이 시행 중이며 민관협동 스마트공장 추진단(http://www.smart-factory.kr/) 홈페이지에서 스마트 공장 구축 가이드북, 참조모델, 사례집, 보안가이드 등을 참고할 수 있다.

2018년에는 제조분야에 더 많은 연결성 기술과 스마트 팩토리가 등장할 것으로 기대된다. 그럼 2018년의 스마트 팩토리는 어떤 모습일까?

(1) 산업용 로봇(Industrial robotics)

전략 기획사 매킨지 앤 컴퍼니의 최근 기사에 따르면 전기면도기를 생산하는 네덜란드의 필립스 공장은 로봇이 근로자 수를 추월하고 있는데 그 비율은 14:1에 달하는 것으로 알려졌다. 새로운 공장 자동화 물결이 밀려오는 가운데 새로운 환경 및 새로운 가치를 창출하고 있다. 이런 추세를 주도하는 원인 중 하나는 협력 로봇 혹은 코봇(cobots)이 기존 모델보다 더 저렴하고 신뢰성이 더 높고 더 유연해져서 인간 근로자와 함께 안전하게 작업할 수 있게 됐기 때문이다.

(2) 운영기술과 정보기술의 통합(OT/IT convergence)

운영기술(OT)과 정보기술(IT)은 오랫동안 다른 데이터 소스로 분리돼 있었지만 이 두 고립된 데이터를 결합할 경우 제조성과에 가치 있는 중요한 통찰력을 얻을 수 있다는 사실이 점점 더 부각되고 있다. 이 통찰력은 제조일정 준수, 줄어든 가동중지 시간은 물론이고 기계에서 발생한 문제에도 신속하게 대응할 수 있도록 해준다. 지난 2017년에 ABB와 HP의 경우처럼 OT와 IT가 함께 파트너십을 이루는 사례를 볼 수 있었으며 2018년에 더 많은 파트너십을 볼 수 있을 것으로 보인다.

(3) 인공지능의 부상(The rise of AI)

인공지능은 스마트 팩토리의 핵심으로 제조업체가 수요 패턴을 예측하고 자원을 훨씬 더 정확하게 할당할 수 있다. 다시 말하면 AI는 제조업체에게 주어진 문제에 대해 사람의 추측보다 더 냉정하고 데이터에 기반 한 대답을 줄 수 있다는 것이다. 지난 2017년

9월에 열린 오라클 오픈 월드 행사에서 스티브 미란다 부사장은 임베디드 AI와 함께 제공되는 새로운 클라우드 기반 스마트 팩토리 앱인 오라클 적응형 지능 앱(Oracle Adaptive Intelligent Apps)을 공개했다. 이 앱은 복잡한 의사결정 과학을 지원하면서도 일상적인 업무를 수행하는데 사용하는 소프트웨어에 내장돼 사용자가 인지하지 못하는 형태로 이뤄진다.

(4) 적층형 제조(Additive manufacturing)

3D 프린터는 더 저렴하고, 빠르고, 더 정확해지고 있으며 다양한 재료를 사용할 수 있게 돼 프로토 타입뿐만 아니라 최종 제품을 만드는데도 점점 더 많이 사용되고 있다. 이런 방식은 절삭, 드릴링, 해머링 등과 같이 주어진 재료의 층을 제거해 기성품을 만드는 기존의 제조 방법과 달리 기존 층에 다른 층을 넣기 때문에 적층형 제조라고 한다. 이것을 통해 사용자의 발에 맞춘 운동화, 맞춤형 범퍼 및 스포일러가 장착된 자동차 등 대량 생산 제품에서 개인화된 다양한 제품을 만들 수 있는 길이 열리고 있다.

4) 스마트 카 / 무인자동차

'자율주행자동차'란 운전자 또는 승객의 조작 없이 자동차 스스로 운행이 가능한 자동차를 말한다. 자율주행을 위해서는 고성능 카메라, 충돌방지 장치 등 기술적 발전이 필요하며 주행상황 정보를 종합 판단해 처리하는 주행상황 인지·대응 기술이 필수적이다. 수많은 자동차 회사들뿐만 아니라 구글, 애플 등 IT 기업들이 기술개발에 앞장서고 있다.

자율주행자동차의 기술개발 성숙도에 따라 미국자동차기술학회(Society of Automotive Engineers, SAE)에서 분류한 자율주행자동차 여섯 단계를 살펴보자.

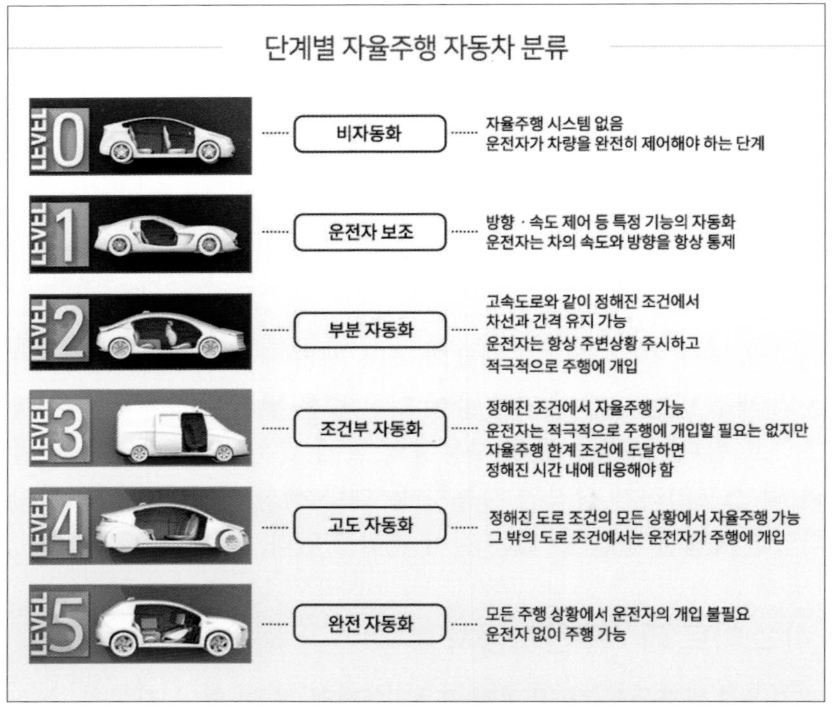

[그림4] 미국자동차기술학회 기준 단계별 자율주행차 분류 6단계
(출처 : 삼성뉴스룸-자율주행차의 현주소)

(1) 0단계(비자동화)

자율주행 시스템 없이 운전자가 차량을 완전히 제어하는 단계이다.

(2) 1단계(운전자 보조)

방향, 속도 제어 등 특정기능의 자동화로 운전자는 차의 방향과 속도를 항상 통제해야 한다.

(3) 2단계(부분 자동화)

고속도로와 같이 정해진 조건에서 차선과 간격을 유지할 수 있고 운전자는 항상 주변상황을 주시하고 적극적으로 주행에 개입해야 한다.

(4) 3단계(조건부 자동화)

정해진 조건에서 자율 주행가능하고 운전자는 자율주행 조건에 도달하면 정해진 시간 내에 대응해야 한다.

(5) 4단계(고도 자동화)

정해진 도로조건의 모든 상황에서 자율주행 가능하고 그 밖의 도로 조건에서는 운전자가 주행에 개입해야 한다.

(6) 5단계(완전 자동화)

모든 주행 상황에서 운전자의 개입 불필요하고 운전자 없이 주행 가능하다. 운전자 자체가 필요 없는 완전한 자율주행 자동차가 된다.

현재 많은 자동차기업 뿐만 아니라 구글, NVIDIA 같은 IT 기업들이 개발 중인데 그중 가장 앞서있다고 평가되는 구글의 자율주행차는 실제 도로주행을 해 주행거리가 200만 km가 넘었다. 애플도 장기 프로젝트 중 하나로 자율주행차 개발을 진행하고 있다고 한다.

국내에서의 자율주행차가 최초로 선보인 것은 놀랍게도 한참 오래전인 지난 1993년의 대전 엑스포 때이다. 구글이 지난 1998년에 창설됐으니 구글 창설전이다. '첫 자율주행차는 한국…25년 전 서울 시내 달렸다.' 중앙일보 기사(2018.8.27)에 따르면 해당 차량은 세계 최초로 공도주행을 한 자율주행차로 지난 1993년 6월 서울시내 청계천~63빌딩까지의 17km의 거리를 조작 없이 성공적으로 운행했다. 당시 고려대 산업공학과 한민홍(현재 76세) 교수 연구팀이 아시아자동차의 '록스타'를 개조해 만든 자율주행차였다. 애초에 이런 기술이 최초인지라 외제 기술이 당연히 존재하지 않았으므로 당연히 자체기술로 개발됐으나 이후 정부과제신청에 탈락하면서 추가적인 지원이 없어 묻혔고 해당 연구진은 교수의 퇴임과 함께 이미 해산하고 기술 또한 실전됐다. 지금은 해당 자율주행차량은 고려대 서울캠퍼스 신축건물인 신공학관 1층에 전시물로만 남아 있다.

최근 정부도 중요성을 인식해 관련 부처와 협력해 프로젝트를 펼치고 있지만 이미 대부분의 외국 부품을 사용해야 한다는 점이 25년 전에 앞을 내다보지 못하고 자율주행 첨단 기술을 버린 한국 자율주행차의 현주소다.

보통 자율주행차를 무인자동차(Unmanned Vehicle)라고도 부르지만 엄밀히 구분하면 무인자동차는 사람이 타지 않은 채 원격 조종으로 주행해 주로 군사목적이나 과학연구를 목적으로 사용되는 차량을 흔히 칭한다. 반면에 자율주행차(Autonomous car)는 운전자의 개입 없이 주변 환경을 인식하고 주행상황을 판단해 차량을 제어함으로써 스스로 주어진 목적지까지 주행하는 자동차를 말한다.

수많은 새로운 기술적 발명품들이 그러하듯 자율주행자동차 시스템 역시 여러 가지 윤리적 문제에 대한 논란이 일고 있다.

① 안정성

자율주행 개발이 가장 앞선다고 보이는 구글의 입장에선 자율주행보다 인간이 훨씬 위험하다고 본다. 실제로 교통사고의 원인을 보면 전방주시 태만, 안전수칙 준수위반(차간 간격, 과속, 신호위반), 음주-졸음운전, 무단횡단 등 인간의 과실이 태반이다. 그러나 지난 2016년 2월 구글 자율주행차 사고, 2016년 5월 테슬라 모델S 사망사고, 2018년 3월 18일 밤10시경 우버 자율주행차 첫 보행자 사망사고, 2018년 3월 테슬라 모델X 사망사고 등의 자율주행차 사고에 대해 일반인들은 사람보다 더 완벽한 자율주행차에 대한 기대치 때문에 많은 우려를 하고 있다.

② 사고발생시 사고의 주체 여부

무인주행 도중에 사고가 발생했을 경우 사고의 주체가 운전자가 아닌 차가 돼버리기 때문에 보험에서 보장하는 운전자의 과실에 자동주행 AI로 인한 사고도 포함해야 한다는 논란이다.

③ '트롤리 딜레마'

자동차가 피할 수 없는 사고 상황에 맞닥뜨렸을 때를 가정해서 직진하면 5명을 치게 되고 방향을 틀면 1명만 치게 되는 경우나, 직진하면 5명을 치게 되는데 방향을 틀면 벼랑으로 떨어져 운전자 한 명만 희생하게 되는 상황 등 긴급한 상황에서 어떻게 판단을 내리도록 프로그램이 돼야 할지에 대한 논란이다.

자율주행차에도 만약의 사고에 대비해 언제든 수동운전을 할 수 있도록 운전면허를 가진 사람이 운전석에 의무 탑승하도록 법제화할 가능성도 있다. 미국 캘리포니아에서는 실제 이런 규정을 추진 중이나 자율주행차를 개발하는 구글은 반대 입장을 보이고 있다.

자동차 분야 외에도 우리나라도 지난 2017년 12월 현재 신분당선, 의정부 경전철, 용인경전철, 우이신설선, 인천공항 자기부상철도, 인천 도시철도 2호선과 부산 도시철도의 4호선, 부산김해경전철 및 대구 도시철도의 3호선도 기관사 없이 자율주행으로 열차를 운행한다. 사실 열차의 자율주행은 몇 십 년 전부터 상용화됐던 기술이기는 하다.

아주 오래전 개봉한 마이너리티 리포트(지난 2005년 개봉, 오는 2054년 배경), 아이로봇(2004년 개봉, 토탈리콜(1990년 개봉, 2084년 배경), 엑스드라이버(2000년 개봉)의 영화 등에서도 자율주행차가 등장했다.

3. 사물인터넷 제품 및 서비스

최근에 스마트 폰으로 빛의 밝기나 컬러를 조절 할 수 있는 조명, 스마트 폰으로 어떤 조건에 따라 켜고 꺼지는 콘텐츠, 사람들의 일상 패턴을 학습해서 집안 온도를 조절해주는 온도 조절기, 어디에나 쉽게 설치하고 사용하기 쉬운 보안 마케아, 사용자가 집 근처에 가면 자동으로 잠금이 해제되는 도어락, 스마트 폰으로 제어하거나 사용자가 깨기 전에 커피를 내려주는 커피메이커 등 그 외에도 사물인터넷 적용한 사물들이 아주 많이 개발됐다.

1) 인공지능스피커

IoT 음성인식 인공지능 비서가 탑재된 스피커 및 그 서비스를 총칭하는 용어이다. 현재로서는 인공지능 스피커의 대거 등장과 연동가능한 제품들의 연이은 출시로 발 빠른 얼리어답터나 부유층들은 하나둘 시스템을 꾸리는 중이기도 하다.

삼성의 SmartThings, 아마존의 에코, 구글의 홈이 주요 층을 이루고 IFTTT 서비스와의 연동으로 생각보다 다양한 부분에서 사물인터넷을 접목시켰다. 일부 양덕들은 직접 서비스를 구축하기도 한다. 한국 시장이 커질 수 없는 가장 큰 문제점은 언어의 장벽도 있지만 대기업들이 본인들 매출만 생각하고 타 회사와의 서비스를 융합하지 않는 것이다.

대표적 제품으로는 아마존의 아마존 에코, 구글의 구글 홈 과 구글 홈 미니, SK 텔레콤의 NUGU, Apple의 HomePod, 네이버의 웨이브와 프렌즈, 카카오의 카카오미니, KT의 기가지니,삼성의 갤럭시 홈 등이 있다.

2) 스마트 TV

텔레비전에 인터넷 접속 기능이 결합돼 자유로운 웹 서핑이 가능하고 각종 애플리케이션(앱)을 설치해 TV 방송시청 이외의 다양한 기능을 활용할 수 있는 다기능 TV. 말 그대로 확장된 컴퓨터다.

3) 스마트워치

스마트한 시계. 다시 말하자면 손목시계 형 스마트 기기이다. 손목 위에 항상 밀착된 상태로 휴대하는 웨어러블이므로 인체의 바이오메트릭 정보(심박, 체온 등)를 항시 받아들일 수 있으며 진동 등의 촉각을 통한 햅틱 출력으로 사용자에게 신호를 보낼 수 있다는 장점도 있다. 또한 휴대 시 손목 위에 고정되므로 사용을 위해 최소한 한 손을 사용해야 하는 스마트 폰에 비해 스마트워치는 손을 전혀 사용하지 않고도 정보열람이 가능하다는 장점도 있다. 그러나 손목에 착용이 가능할 정도의 초소형 장비이니 만큼 배터리, CPU, 메모리 등 하드웨어적 한계도 극복해야 하는 숙제가 있다. 대표적으로는 삼성 기어 & 애플 워치가 있다.

4) 웨어러블 디바이스(Wearable Device)

대표적인 웨어러블 디바이스로는 코벤티스가 개발한 심장 감시기, 나이키의 퓨얼밴드 그리고 스마트 안경인 구글 글라스가 있다. 구글 글라스는 삼성전자의 갤럭시 기어와 함께 대표적인 웨어러블 컴퓨팅으로 꼽힌다. 그 밖의 웨어러블 디바이스 사례를 살펴보자.

(1) 신발

가장 활발하게 인터넷에 연결되는 의류 제품이 바로 신발이다. 회사로는 나이키가 가장 잘 알려져 있다. 그러나 이 밖에도 구글과 패션업체인 위에스시(WeSC)는 소셜 미디어에 연결되거나 사용자가 장시간 가만히 서있었기 때문에 운동이 필요하다는 등의 대화를 할 수 있는 신발을 개발했다.

(2) 티셔츠

발렌타인스(Ballantine's)는 착용자의 스마트 폰을 통해 인터넷에 연결되는 초박막 LED 디스플레이로 만들어진 티셔츠를 개발했다. 입을 수 있는 대형 '광고판'인 셈이다.

(3) 칫솔

이미 블루투스가 장착된 스마트 폰을 통해 인터넷에 치 위생 데이터를 전송할 수 있는 칫솔 하나가 개발돼 있는 상태다. 그러나 학자들은 앞으로는 대부분의 칫솔들이 인터넷에 직접 연결될 것이라고 예측한다.

(4) 대학 기숙사 화장실 및 세탁실

미국 MIT는 일부 학생 및 대학과 공동으로 랜덤 홀(Random Hall) 기숙사의 화장실을 인터넷으로 연결했다. 어떤 화장실이 언제 비는지 온라인으로 정보를 제공하기 위해서다. 화장실 서버 구축 성공에 힘입어 이 기숙사는 세탁실의 세탁기와 건조기를 언제 사용할 수 있는지 정보를 제공할 수 있는 시스템을 구축했다.

4. 개인정보 보호와 공공 빅 데이터 활용

모든 사물이 해킹의 대상이 될 수 있어 사물인터넷의 발달과 보안의 발달은 함께 갈 수밖에 없는 구조이다.

우선 사물인터넷은 인간의 삶과 아주 밀접한 연관이 있어 개인정보 및 프라이버시 침해 논란이 발생할 것으로 보인다. 이미 구글 글래스 사례에서 경험했듯이 말이다. 특히 현 인터넷에서도 심각해지고 있는 해킹 문제는 인간의 생명과도 연관이 있기 때문에 사물인터넷의 성장의 발목을 잡을 수 있는 중대한 사안이다.

사물인터넷은 센서 등을 통해 사용자의 행동 등 사용패턴을 데이터로 만들어 저장하게 된다. 만약 이 데이터가 유출되면 사용자의 생활모습이 유출되는 셈이다. 앞에서 거론했듯이 게다가 유출된 정보가 사진이나 지문 같은 생체정보일 경우 악용될 우려가 더욱 크다. 따라서 보안이 확보되지 않은 상태에서 서비스를 제공할 경우 금전적 피해를 비롯한 가늠할 수 없는 문제가 발생할 수 있다.

한편으로 빅 데이터는 스마트 폰의 보급과 함께 활성화된 SNS를 통해서 정형화된 데이터뿐만 비정형화된 데이터의 형태로 대부분 축적된다. SNS를 통해 축적된 빅 데이터는 지식정보와 함께 자신의 의견을 표출하는 이성적인 정보, 정서적인 공감에 바탕을 둔 감성적인 정보가 큰 비중을 차지하고 있다. 사람들의 이성적인 정보와 감성적인 정보는 사람의 라이프스타일과 함께 가치관(생각)을 담고 있으며 이러한 사람의 라이프스타일과 가치관이 담긴 빅 데이터를 분석한다는 것은 사람의 가치관을 파악하는 작업이 된다.

따라서 사람의 가치관을 파악한다는 것은 그 사람의 행동을 규제할 수 있음을 의미하기도 한다.

미래에는 사물인터넷의 개념을 활용한 다양한 형태의 제품 및 서비스가 가능할 것이며 무인주행차량 개발 등 자동차산업 분야에서도 사물인터넷 기술이 적극적으로 활용될 것이다. 사물인터넷의 잠재력과 파급효과를 올바르게 이해하고 관련 산업의 발전을 도모하기 위해서는 사물인터넷에 대한 신뢰기반의 이성적이고 효율적인 수용방식을 찾아야 할 것이다. 즉 사물인터넷에 관한 정확하고 이해하기 쉬운 데이터베이스를 구축하고 사물인터넷의 실정에 맞는 개인정보보호 정책, 공공 빅 데이터 활용 정책 등을 개발할 필요가 있다. 사물인터넷 관련 정책 수행 및 모니터링을 위해서는 개인정보 보화 와 해킹 문제를 해결하는 동시에 필요한 빅 데이터(Bigdata) 정보를 공유해 정보의 흐름과 사물인터넷 기술발전을 수평적으로 변화시키는 노력이 필요하다.

Epilogue

사물인터넷 기술은 사용자의 위치측정 기술과 결합되면서 생활 공간 자체를 스마트하게 변화시킬 수 있는 첨단 서비스 시대를 예고하고 있다. 실내·외 위치기반 서비스는 모바일 서비스의 새로운 가능성을 제시하면서 지금까지 활성화되지 못했던 사용자 맞춤형 서비스로 부상하게 될 것으로 예상된다. 아울러 사물인터넷을 통한 이른바 지능통신(Intellectual communication)이 인간의 삶의 질 향상에 필요한 정보의 가치를 높이고 불확실성을 줄이는 필수 인프라가 될 것으로 기대된다.

사물인터넷 산업을 활성화시키기 위해서는 다음과 같은 기술 분야의 핵심기술을 조기에 개발해 미래 인터넷 거버넌스에 대응할 필요가 있다. 사물인터넷 시스템·플렛폼·네트워크의 사용자 인증 및 인가, 접근제어, 키 관리, 식별자 관리, 신뢰도 및 평판관리, 프라이버시 보호와 같은 다양한 보안기술을 강화할 필요가 있으다. 아울러 사물인터넷 환경에서의 수집되는 데이터를 각각의 애플리케이션에 맞는 빅 데이터의 처리 및 분석기법 등에 대한 연구가 필요하다.

마지막으로 사물인터넷 기술이 전 세계적으로 스마트 홈 및 스마트 팩토리 산업의 새로운 성장 동력으로 주목받고 있는데 글로벌 경쟁력을 향상시키기 위해 사물인터넷 기술 관련 전후방 핵심 지적재산권 확보가 절실하며 이를 위해서는 산·학·연·관·민의 공동노력이 필요하다.

사물인터넷은 이제 우리의 삶에 본격적으로 적용되기 시작한 떠오르는 기술이며 이에 대한 연구와 보완, 수정할 부문이 무수히 많다. 근본적인 과제는 사물인터넷이 인간의 삶에 어떤 악영향을 미치느냐는 것에서 비롯된다. 앞으로 우리는 자동차, 커피 메이커, 운동화, 시계, 심지어 양말에도 로그인이 필요하게 될지도 모르며 펫, 동식물, 자연환경 그리고 인간마저도 한낱 데이터로 취급하는 암울한 SF 영화에서 봤던 시대현상이 펼쳐질 수도 있다.

또한 모든 사물이 데이터를 수집해 서비스함으로써 우리에게 편리함을 제공하는 반면 자신의 개인정보와 상황정보를 제공해야 하고 맞춤형 서비스라는 이름하에 시간과 장소를 불문하고 자신의 의사와는 상관없이 광고를 보고 들어야 할 불편함을 겪게 될 수도 있다.

또한 유무선 네트워크의 총집합체인 사물인터넷에서의 전자파가 인체에 미치는 영향은 휴대폰에서의 주파수보다 못하다는 보장은 어디에도 없다. 특히 스마트 폰과 웨어러블 기기는 인간의 신체와 아주 밀착돼 사용되기 때문에 적외선 통신, 근거리 무선 통신 주파수에 대한 유해 테스트가 절실하다.

그럼에도 사물인터넷의 기술발전은 LG유플러스 척수장애인을 위한 인공지능 스피커 기부 캠페인에서처럼 TV를 켜고 전등을 끄는 등의 사소한 일상의 모든 것 마저도 남의 도움에 의지해야만 한다. '과연 내가 할 수 있는 것이 있을까?' 자문하며 삶에 의지가 무너진 사람들에게 '괜찮아, 내가 할 수 있어'라고 말할 수 있게 해주는 '사람을 사람답게 해주는 따뜻한 기술'이 되는 사물인터넷의 기술 발전은 더욱 빠른 속도로 발전돼 우리 일상을 편리하게 해줄 것이다.

참고자료

· IDG Tech Report '모든 것을 연결하는 사물인터넷의 모든 것'

· 국가과학기술정보센터(NDSL) : http://www.ndsl.kr/

· 국가과학기술정보센터(NDSL) 이슈&NDSL
 : http://www.ndsl.kr/ndsl/issueNdsl/issueNdslList.do

· 한국인터넷진흥원 net term(정책연구실 정책기획팀 민경식 수석연구원)

· 정보통신정책연구원(KISDI)은 '4차 산업혁명과 ICT' 보고서(최계영, 2017. 05.31발행)

· 국가과학기술정보서비스(NTIS) : https://www.ntis.go.kr/

· 삼성뉴스룸 '자율주행차의 현주소' : http://bit.ly/2OM55NU

· 위키피디아, 나무위키

인공지능,
이제는 내 아이의 친구다

장 선 주

서울한강초등학교 교장이자 서울초중등교류분석상담연구회 회장, 사단법인 4차산업혁명연구원 공동대표이다. 지난 2009년 교육학 박사를 취득하고 명지대교육대학원에서 3년간 '교육방법 및 교육공학'을 강의했으며 2010년 모범공무원상을 받았다. 서울특별시교육청 감정코칭 및 아이행복 연수 강사, 중부교육홍보지 편집위원, 사회과 장학자료 집필위원으로 활동했고, 현재는 한국교류분석상담연구원 슈퍼바이저, 진로상담협회 및 4차산업혁명연구원 전문 강사, 가족코칭 지도사로 상담코칭, 진로상담, 미래교육, 부모교육을 위한 강의를 하고 있다.

이메일 : sunjoo612@hanmail.net
연락처 : 010-3719-7370

인공지능,
이제는 내 아이의 친구다

Prologue

공상 과학 만화가 현실이 된 오늘날 사람들은 생활환경의 편리함과 미래에 대한 불확실함이 공존하는 사회에서 살고 있다. 점점 더 편리해져 가는 인간의 삶에 대해 사람들은 어떤 생각을 하며 지낼까? 그리고 어른들과 달리 기술의 발전에 빠르게 적응해 가는 아이들의 생활모습은 어떠한가?

미래 사회의 기술 발전은 오늘을 살아가는 우리들에게 과연 선물일까? 그렇지 않다면 독이 될 수도 있을까? 아마도 그것은 동전의 양면과도 같을 것이다. 어떤 이에게는 선물이 되고 어떤 이에게는 독이 될 수도 있을 것이다.

그렇다면 획기적인 변화의 폭풍 전야에서 사람들은 무엇을 인식해야 하고 어디를 향해 가야하며 어떻게 나아 가야할 것인가? 또한 그렇게 전진하기 위해 필요한 것은 무엇일까?

필자는 '인공지능, 이제는 내 아이의 친구다!'라는 주제를 갖고 과학자나 기술자가 아닌 일반적인 사람들의 시각에서 내 아이가 살아갈 미래사회는 어떤 모습일지, 미래 사회의 일자리는 어떻게 달라질지, 내 아이의 미래를 위한 역량교육, 진로교육, 부모교육은 어떻게 해야 할지에 대해 알아보고자 한다.

1. 내 아이가 살아갈 미래사회

미국 작가이면서 인문학자인 닐 포스트만(Neil Postman)은 지난 1998년에 행한 연설에서 과거의 기술적인 변화로부터 우리가 얻을 수 있는 중요한 교훈을 다음 여섯 가지로 제시했다. 첫째, 기술변화에는 반드시 대가가 따른다. 둘째, 기술변화로 피해를 보는 사람도 있다. 셋째, 기술 발전은 사람의 생각을 획기적으로 바꿔놓는다. 넷째, 변화는 점진적으로 일어나지 않는다. 다섯째, 신기술에 대한 경계심을 허물면 안 된다. 여섯째, 얼마나 놀라운 일이 일어날 지 알 수 없다. 그리고 포스트만은 이와 같은 기술의 위험을 깨닫고 그 영향에 지배당하지 않을 수 있는 방법은 사람들이 기술을 올바르게 사용하는 교육을 받는 것이라고 주장했다.

최근 우리가 살고 있는 세상은 점점 더 빠른 속도로 변하고 있으며 기술 발전 또한 엄청나다. 집집마다 거실이나 안방에 설치돼 있는 TV를 보면 예전에 비해 무게도 가벼워지고 부피도 작아져 액자 형태로 세워져 있거나 벽에 걸려 있다. 통신기술 및 기기의 성능도 좋아져서 다양한 용도로 활용되고 있으며 인공지능을 첨가해 리모컨을 대신하기도 한다. 또한 어린이부터 어르신들까지 너도나도 사용하고 있는 휴대폰의 기능은 기술 발전의 속도를 피부로 느낄 수 있게 해준다. 현대사회에서 휴대폰은 이제 전화 기능을 넘어서서 인터넷 검색, 게임, SNS(Social Network Service), 미디어 감상, 쇼핑, 송금, 촬영, 메일전송, 사용자 맞춤형 관리, 가전기기와의 연동, 자동차 네비게이션 등의 다양한 활동을 가능하게 하므로 우리 삶 속에서 없어서는 안 되는 꼭 필요한 기기가 됐다.

반면 휴대폰을 잃어버렸거나 갖고 있지 않았을 경우에는 이와 같은 활동들을 할 수가 없어 무료하고 답답하며 심지어 휴대폰에 대한 과도한 의존도로 인해 불안감까지 느끼게 된다. 그렇다면 우리 생활을 편리하게 해주는 이러한 기술의 발달이 아이들의 일상을 어떻게 변화시키고 있는지 과거와 현재 아이들의 삶을 비교하고 다가올 4차 산업혁명 시대의 생활모습을 예상해 보기로 한다.

1) 과거와 현재의 아이들 삶 비교

지금 되돌아보면 나는 어린 시절 어찌 보면 단순하지만 참 많은 종류의 놀이를 즐겼던 것 같다. 특히 공기놀이, 고무줄놀이, 줄넘기, 실뜨기, 소꿉놀이, 인형놀이, 오자미, 땅따먹기 놀이를 좋아했다. 그 외에도 자치기, 제기차기, 구슬치기, 팽이치기, 딱지치기, 말 타기를 하면서 재미있어 했던 기억이 난다. 친구들과 함께 서로 편을 나눠 승부를 가리다보면 시간가는 줄 모르고 놀이에 빠지게 되는데 그럴 때는 저녁시간 해가 질 무렵이 돼서야 집에 들어가곤 했다.

내가 초등학교를 다니기 시작한 지난 1960년대는 요즘 아이들처럼 빠듯하게 스케줄이 정해져 있지 않아 정서적으로 훨씬 여유가 있었고 자유로운 시간도 많았다. 그 당시에도 사설학원이나 개인교습 장소가 없었던 것은 아니지만 그런 곳에 다니려면 가정 형편이 어느 정도는 돼야 했다. 대부분의 아이들은 집안 마당이나 동네 공터, 인근 들판과 숲 등에서 자연 친화적인 놀이문화를 즐기며 규칙과 질서를 배우고 사회성도 기르면서 시간을 풍족하게 활용했다.

과거에는 오늘날 우리가 흔하게 볼 수 있는 장난감을 파는 완구점, 재미있는 모험장소나 놀이시설을 접할 기회가 적었다. 하지만 덕분에 아이들은 놀이도구를 생활 주변에서 찾거나 직접 만들어 사용했다. 작고 둥근 자갈을 주워 공깃돌로 사용했고 비석치기 놀이를 위해 땅에 세울 수 있는 손바닥 크기의 돌을 구했다. 콩을 넣어 오자미를 만들었으며 달력을 접어 딱지를 만들거나 고무줄과 나뭇가지를 이용해 새총도 만들었다.

또한 두꺼운 종이에 사람, 옷가지, 소품 등을 그린 뒤에 색칠하고 가위로 오려서 인형놀이 도구를 만들었다. 생활용품이나 화장품 뚜껑을 이용해 소꿉놀이 살림도구를 마련하고 열매나 흙을 가져와 음식물로 사용했다. 당시 아이들은 시중에 나와 있는 정형화된 장난감을 구입해서 편리하게 사용하는 것이 아니라 아이들 스스로 자연이나 생활 속에서 놀이 도구를 찾거나 직접 만들어 사용하는 불편한 과정을 오히려 놀이의 한 장면으로 즐겼던 것이다.

그렇다면 통신 및 과학기술이 발달하고 성능이 좋은 기기를 쉽게 접할 수 있는 현대 사회에 살고 있는 우리 아이들의 삶은 어떠한가? 우선 먼저 아이들에게 주어진 시간을 보자. 예나 지금이나 하루는 똑같이 24시간인데 과거에 비해 오늘날 아이들이 자유롭게 쓸 수 있는 시간은 대폭 줄어들었다. 아이들의 생활 모습을 살펴보면 과거에 비해 물질적으로는 풍족해졌지만 정서적으로 풍요로운 여유시간이 부족하다고 할 수 있다. 이와 같이 학생들이 정서적으로 안정된 시간을 누릴 수 없는 이유는 아마도 어린 학생이나 중·고등학생 할 것 없이 대체로 학교 수업을 마치고 나면 자리를 옮겨 방과 후 교육 프로그램이나 사설 학원에서 또 다른 수업을 받는 경우가 많기 때문일 것이다. 이러한 현상은 아이들로 하여금 친구들과 함께 다양한 활동을 하며 신나게 놀 수 있는 시간을 갖기 어렵게 만들고 있다.

다음으로 아이들이 살고 있는 가정을 들여다보자. 대가족이 해체되고 맞벌이 부부가 늘면서 아이들과 같이 지낼 수 있는 가족이나 친구가 줄어들었다. 현대 사회에서는 개인주의의 확산으로 '나 홀로 족'이 생겨나면서 청소년들의 놀이문화도 '나 홀로' 형태로 변하고 있다. '나 홀로 족'이란 네이버 사전에 의하면 '사회생활이나 단체 활동, 다른 사람들과 어울리는 것에 관심이 없고 여가시간을 혼자 보내는 사람들의 무리'라고 한다. 과거에는 청소년들이 다양한 활동을 같이 하면서 서로 교감을 쌓아 갔으나 요즘 청소년들은 같이 있어도 제각기 따로 노는 형태를 선호한다.

또한 우리 아이들이 놀이할 수 있는 공간이나 놀이 기구들은 어떠한가? 요즈음은 청소년들이 이용할 수 있는 PC방, 노래방, 락카페, 게임방 등이 많이 있다. 아이들은 개인적으로 스마트 폰이나 게임기, 다양한 매체 등을 활용한 놀이를 즐긴다. 그래서 게임이나 스마트 폰 사용 중독과 같은 미디어에 대한 위험 요소도 증가되고 있는 편이다.

언젠가 우리 네 식구는 집 근처 숯불갈비로 유명한 식당을 찾았다. 소문난 집이라 늘 사람들이 많았고 종업원들은 바쁘게 움직였다. 마침 자리가 나서 우리도 어린 아이 둘을 데리고 식사를 하고 있는 젊은 부부 옆 테이블에 앉았다. 식사를 기다리며 잠시 어린 아이들을 보고 있자니 먼저 식사를 마친 아이에게 엄마가 스마트 폰을 내 주었다. 기기를 받아 든 아이는 곧 바로 작은 화면 속 게임에 몰두하기 시작했다. 시간이 지나 식사를 마친 부부는 자리에서 일어났고 엄마는 말없이 아이들의 손에서 스마트 폰을 회수했다. 형으로 보이는 아이는 처음이 아닌 듯 표정만 일그러졌으나 어린 동생은 그 자리에서 울음을 터뜨렸다. 그 아이는 아직 게임을 끝마칠 마음의 준비가 되지 않았으며 그렇게 빨리 게임을 끝내고 싶지도 않았던 것 같았다.

이처럼 아이들의 활동을 제지하기 위해 또는 어른들의 필요한 시간을 확보하기 위해 아이들에게 주어지는 스마트 폰이나 미디어 기기는 아이들의 신체 활동을 감소시킬 뿐만 아니라 능동적으로 생각할 수 있는 힘을 기르는 데 도움이 되지 못한다.

과거와 달리 스마트 폰이 널리 보급되면서 애플리케이션(application) 사용도 활발해졌다. 유튜브, 카카오톡, 네이버, 페이스북 등 한국인이 많이 사용하는 앱에 대해 와이즈 앱이 분석한 최근 2년간의 사용시간 변화를 살펴보면 [그림1]과 같다. 유튜브 앱 사용시간은 지난 2018년 2월 기준 257억분이다. 카카오, 네이버, 페이스북에 비해 유튜브 앱 사용 그래프는 지난 2016년 3월부터 계속 증가해 2017년 9월에는 카카오톡을 제치고 최고로 높게 나오기 시작했다. 특히 10대에서도 제일 많이 사용되는 앱은 유튜브이다. 즉, 온라인 세대인 10대에게 유튜브는 [그림2]에서와 같이 다른 앱에 비해 사용시간이 제일 많다.

이러한 유튜브는 동영상 플랫폼을 넘어 이제 '검색 포털'로 진화되고 있다. 만약, 궁금한 것이 있을 때 네이버에게 묻는다면 구세대로 불릴 수 있다. 요즘 10대, 20대는 모르는 것이 있을 경우 유튜브를 검색해 영상으로 배우는 것을 선호하기 때문이다. 유튜브는 사용자의 동영상 시청 이력과 콘텐츠 선호도를 분석해 사용자 맞춤형 영상을 추천하는 시스템도 갖추고 있다. 유튜브의 강점인 이 기능은 사용자 입장에서 관심 있는 동영상을 이어 볼 수 있어 편리하고 만족스럽지만, 편향된 콘텐츠에 치우칠 수 있다는 위험이 있다.

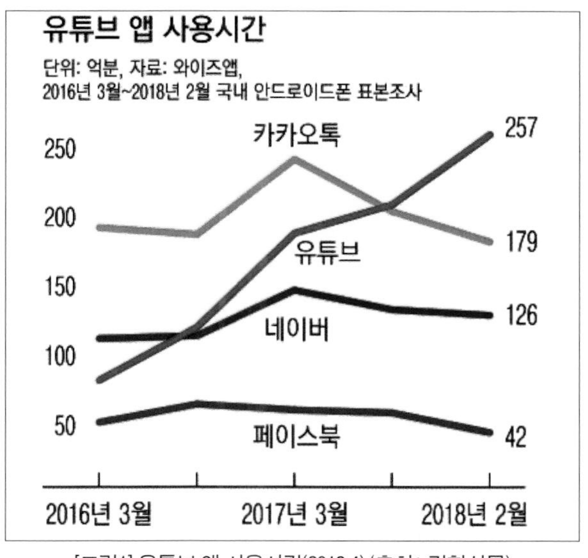

[그림1] 유튜브 앱 사용시간(2018.4) (출처 : 경향신문)

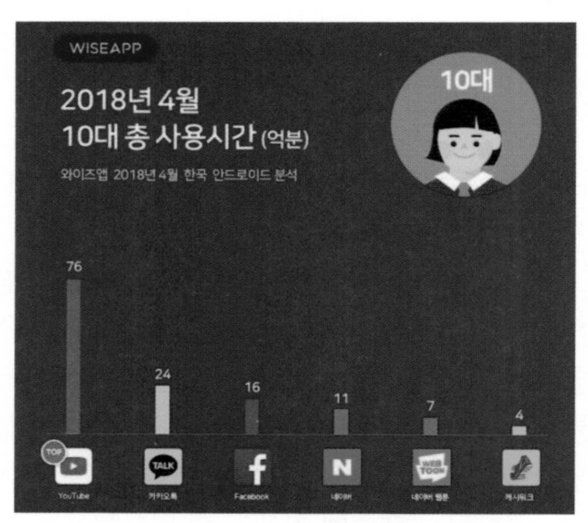

[그림2] 10대의 앱 사용시간(2018.4) (출처: 와이즈앱)

많은 사람들의 유튜브에 대한 관심과 열기는 자연스럽게 자신이 콘텐츠를 만들고 대중과 소통할 수 있는 '유튜버(Youtuber)'로 이어졌다. 초등학생들에게 특히 인기가 있는 유튜버 허팝(Heopop)은 구독자 수가 230만 명이다. 사람들은 허팝 영상 중에서 '액체괴물 수영장'을 가장 많이 시청했다. 필자도 그 영상을 보았는데 허팝은 4M 크기의 수영장을 준비하고 끈적끈적한 물질재료인 베프(Slime Baff) 가루 100봉지를 양동이에 풀어 놓은 다음 수영장 안으로 들어가 자신의 머리 위로 양동이 속 재료를 한꺼번에 부었다. 그러자 수영장 안이 푸른색으로 바뀌면서 바닥이 미끈미끈한 액체괴물 수영장으로 변했다. 이렇게 바뀐 수영장 안에서 허팝은 직접 미끄러지고 넘어지면서 온 몸으로 재미있게 움직였다. 마치 혼자서 신나는 놀이를 하는 것처럼 보였다. 영상을 보면서 허팝의 움직임이 예상 돼 흥미를 더 했고 집중할 수 있었다.

[그림3] '액체괴물 수영장' (출처: https://youtu.be/2DcR230u-to)

인기 있는 유튜버 가운데 도티는 10대에게 유튜버계의 유재석으로 알려진 유명인사이다. 지난 2013년 10월 첫 방송을 시작한 도티는 유튜브 구독자 수가 239만 명이다. 지난 2018년 9월 21일 최근에 게시된 영상 '쉬는 동안 코아의 일일 매니저가 돼 보았다'에는 인공지능 '카카오 미니'와 도티 집사의 승부가 펼쳐진다. 인공지능 카카오 미니는 코아가 부탁한 중요 일정을 카카오톡 채팅창으로 연결해 주었고 외출 전 궁금한 날씨에 대해 구름이나 기온 외에 미세먼지 정도까지 정보를 제공했다. 그리고 놀이를 위해 코아와 함께 스무고개를 즐겼고 9번째 고개를 넘긴 후 상대가 생각하고 있던 고양이를 맞추었다. 게시된 지 10일도 지나지 않아 조회 수가 56만 5,212회인 것을 보면 인공지능과 인간적인 활동을 게임으로 펼친 내용이 인기 비결이 된 것 같았다.

[그림4] '코아의 일일 매니저' (출처: https://youtu.be/NKcaeOlq0nA)

인기 유튜버의 영향은 '나'라는 존재감을 알리고 수익도 창출할 수 있는 1인 크리에이터가 꿈인 아이들이 늘고 있다는 데에서도 알 수 있다. 하지만 아이들이 높은 관심만큼이나 자극적인 영상에 쉽게 노출될 수 있고 인기 유튜버의 욕설 등을 따라 할 수 있다는 바람직하지 않은 영향도 뒤따르고 있다. 때문에 앞으로 유튜브 사용이 점점 더 확장될 것을 대비해 더 늦기 전에 유튜브 콘텐츠 제작에 영상물 등급제와 같은 것을 고려해야 할 것이다.

2) 4차 산업혁명 시대의 생활모습

4차 산업혁명 시대로 접어들면서 기하급수적으로 발전하고 있는 과학기술은 우리 사회의 교육, 생산, 서비스, 건강, 여가 등 거의 모든 분야에 그 영향을 미치고 있다. 이에 따라 사람들의 생활모습도 예전에 비해 많은 변화를 보이고 있다. 지난 2016년 세계경제포럼(WEF)에서 클라우스 슈밥(Klaus Schwab) WEF 회장이 언급한 제4차 산업혁명 시대가 오면 현재의 생활모습은 어떻게 달라질까?

한양대 과학기술정책학과 김창경 교수는 EBS의 미래강연Q, '4차 산업혁명 시대 어떻게 살 것인가?'에서 4차 산업혁명 시대의 주요 요인으로 특히 '연결(link)'과 '데이터(data)'를 강조하며 앞으로 우리 사회에 미치는 영향이 매우 클 것이라고 했다. 4차 산업혁명에서 '연결'은 기계와 기계, 기계와 사람, 나아가 사람과 사이버 세상이 연결되는 '초 연결 사회(hyper-connected society)'로 이어진다고 했다.

네이버 지식백과에 의하면 우버(UBER)는 승객과 운전기사를 스마트 폰 하나로 연결해 주는 기술 플랫폼이고, 에어비앤비(Airbnb)는 지난 2008년 8월에 창립된 전 세계 숙박공유 플랫폼 스타트업이다. 우버는 자동차 한 대도 없이 전 세계 어디에서나 우버 택시를 이용할 수 있도록 사람들을 연결해 준다. 길에서 택시를 기다리거나 전화로 호출할 필요 없이 앱(APP)을 깔고 자신의 위치와 목적지를 입력하면 택시가 등장한다. 우버 택시는 기존의 택시로부터 심한 반발과 저항을 가져왔지만 소비자들은 혁신적인 서비스에 우버 택시의 확산을 반기기도 하는 분위기다. 이런 점에서 볼 때, 소비자의 이용과 요구를 분석해 서비스를 개선한다면 우버 택시는 더욱 확산될 것으로 보인다.

마찬가지로 에어비앤비는 방한 칸 없이 숙박공유 사이트를 통해 전 세계의 여행객들과 집주인(Host)을 연결해 주고 수수료를 챙긴다. 필자도 지난 해 캐나다를 방문했을 때 에어비앤비 사이트를 활용해 예약된 밴쿠버 인근의 아담한 숙소에서 가족들과 함께 묵은 적이 있다. 에어비앤비는 최근 숙박 공간을 제공하는 집주인들에게 자사의 주식을 나눠주는 방법을 추진하고 있다. 이러한 시도는 숙소 공간을 제공하려는 사람들을 유인하고 그들이 기업의 서비스

사업 활성화에 기여하는 측면을 보상해 주기 위한 것이다. 이를 위해 에어비앤비는 미국 증권거래위원회(SEC) 약관 개정 등에 대한 검토를 의뢰해 놓은 상태이다.

상품이 아니었던 '집'에서 가치를 창출한다는 개념에서 출발한 에어비앤비도 우버 택시와 마찬가지로 연결만으로 현재 50조가 넘는 기업으로 급성장했다. 다음은 네이버 검색을 통해 쉽게 찾을 수 있는 '우버 택시'와 '에어비앤비' 광고 화면이다.

[그림5] 브랜드 검색 '우버' 관련 광고

[그림6] 브랜드 검색 '에어비앤비' 관련 광고

초 연결 시대는 우버, 에어비앤비 외에도 다양한 분야에서 사람들의 생활모습을 변화시키고 있다. 특히 스마트 환경이 조성됨에 따라 개인비서 역할을 하는 인공지능 기술이 속속 등장하고 있다. 각종 가전기기나 난방, 조명 등을 음성으로 작동하거나 사용자의 스케줄을 챙기고 신체활동을 체크하는 등 똑똑한 인공지능 개인비서도 등장했다. 비록 현재에는 글로벌 IT 기업들이 이러한 분야를 선점하고 있지만 앞으로 인공지능 기술이 발달되고 이에 따른 다양한 제품들이 보편화되면 일반 기업들도 틈새시장을 개척하려는 시도가 활발해 질 것으로 본다.

인공지능 개인 비서로는 구글 어시스턴드(Assistant), 애플 시리(Siri), 아마존 알렉사(Alexa), 마이크로소프트 코타나(Cortana) 등이 있다. 우리나라도 삼성전자 S8에 인공지능 개인비서인 빅스비(Bixby)가 있다. 네이버 지식백과(한경 경제용어사전)의 자료를 보면 빅스비는 사용자 명령을 문장으로 이해해 스마트 폰에서 정보를 검색하고 앱을 구동한다. 또 사물, 이미지, 텍스트, QR 코드를 인식해 유용한 정보를 알려주기도 하며 카메라로 어떤 제품을 찍으면 이를 온라인에서 바로 구매할 수 있도록 도와주는 '쇼핑' 기능도 갖추고 있다. 앞으로 집에 있는 컵이나 쇼파, 침대, TV 등과 같은 것들이 하나씩 네트워크로 연결되는 날이 오게 된다면 사람들이 살아가는 생활은 분명 지금과는 많이 달라질 것이다.

[그림7] 기가지니(출처: 매일경제)

[그림8] 구글홈과 구글홈미니(출처: 조선비즈)

4차 산업혁명 시대의 주요 요인 중 하나는 '빅 데이터(Big Data)'이다. 김창경 교수는 앞으로 미래 사회에서 가장 중요한 자원은 과거에 중요시 됐던 중동의 원유가 아니라 '빅 데이터'라고 강조했다. 디지털 환경에서 생성되는 수치, 문자 그리고 영상 데이터가 돈이 되는 중요한 자원이라는 것이다. 네이버 지식백과(국립중앙과학관)에 의하면 '빅 데이터' 검색 결과 구글에서 200만 건 검색, 유튜브에서 72시간 비디오, 트위터에서 27만 건 트윗 자료 등이 생성된다고 했다. 디지털 경제의 확산과 함께 규모를 짐작할 수 없을 정도로 많은 정보들이 생산되는 '빅 데이터' 환경이 도래한 것이다.

[그림9] 1분 동안 인터넷에서 생성되는 데이터 양
(출처: 네이버 지식백과, 국립중앙과학관)

이제 빅 데이터는 4차 산업혁명 시대의 기업 경쟁력을 좌우할 수 있는 핵심 자원이 됐다. 그러므로 이제는 공공 부문에서도 빅 데이터를 활용한 공공사업을 모색해야 할 것이다. 그러기 위해서는 빅 데이터를 바로 이해하고 어떻게 하면 효과적으로 활용할 수 있을지에 대한 전략 수립이 필요하다. 아마존(amazon), 우버(UBER), 마이크로소프트(Microsoft), 구글(Google), 페이스북(Facebook) 등은 이러한 데이터를 적극 활용하는 데이터 기업들이라 할 수 있다. 이들 기업은 빅 데이터 플랫폼의 데이터를 장악하면서 기업 가치를 높이고 부를 쟁취하고 있다. 미래 사회는 누구나 자신이 잘하는 일, 좋아하는 일 그리고 자유롭고 평생 할 수 있는 주제로 플랫폼을 만들어 수익을 올릴 수 있는 세상이 될 것이다. 그리고 이와 같은 세상에서는 직장에 다니는 사람보다 4차 산업기술을 접목한 1인 기업이 늘 것이다.

[그림10] 데이터 활용 기업(출처: EBS Culture EBS 교양)

과학 전문 기자 전승민은 그의 저서 '인공지능과 4차 산업혁명의 미래'에서 컴퓨터는 이제 책상 위나 무릎 위를 벗어나 눈과 가까운 손목과 안경 위로까지 올라오고 있으며 들고 다니는 형태에서 몸에 착용하는 스마트 장치가 됐다고 했다. 애플의 '애플와치'나 삼성전자의 '갤럭시 기어'는 손목에 착용하는 컴퓨터이다. 이렇게 착용하는 웨어러블 기술(wearable technology)은 안경, 시계, 반지 등의 장신구 형태 외에, 옷이나 신발 그리고 신체이식 등의 다양한 형태로 발전하고 있다.

[그림11] 다양한 '애플와치' 기능 활용

국민대 전자공학부 정구민 교수는 지난 2017년 4월 13일 방영된 YTN 사이언스, '스페셜, 4차 산업혁명(무한변신, 웨어러블)'에서 웨어러블 기술은 사람의 상태, 행동, 선호도를 분석해 맞춤형 서비스를 제공해 줌으로써 생활의 편리함과 건강한 삶을 제공해 주는 중요한 기술로 볼 수 있다고 했다. 또한 방송에서는 우리나라 웨어러블 기술이 현재 어디까지 와 있는지를 개발 사례 중심으로 소개했다.

헬스케어 기기로는 사람들이 걷는 것을 손목에서 측정해 걸음걸이 자세를 교정하고 일일 활동량이나 몸의 균형을 분석해 맞춤형 운동을 추천해 주는 '스마트 밴드' 그리고 실과 같은 형태로 개발돼 실제 옷감 안에 삽입하면 웨어러블 스마트 의류가 되는 '섬유형 트랜지스터', 노인이나 근력이 약해 몸을 지탱해 걷기 힘든 사람들을 위한 착용형 보행 보조 로봇 '엔젤릭스(ANGELEGS)'등이 있다. 이와 같이 4차 산업혁명 시대의 핵심인 웨어러블 기술은 생활의 편리함과 건강한 삶을 추구하는 사람 곁에서 동반자 역할을 하며 앞으로 더욱 진화를 계속할 것으로 보인다.

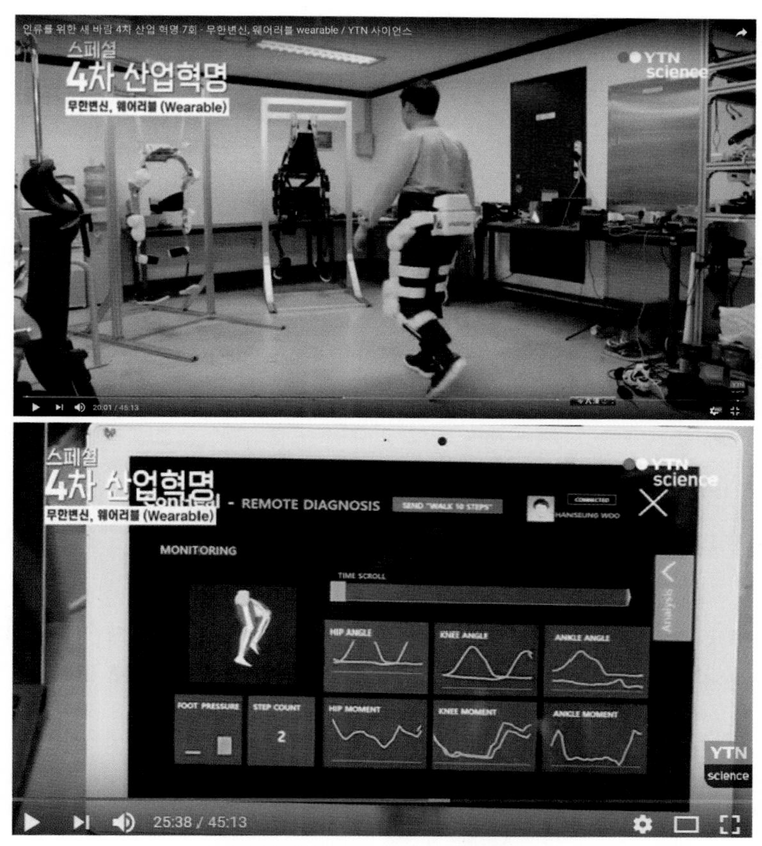

[그림12] 보행 보조 로봇 착용 및 보행 분석
(출처:YTN SCIENCE, https://youtu.be/fL4QvQHzq2Q)

또한 인공 지능이 내장된 로봇은 우리의 생활 모습을 어떻게 변화시킬까? 과거 아이들이 장난감으로 갖고 놀거나 혹은 만화나 영화를 보며 상상했던 로봇을 우리는 점차 현실에서 만날 수 있게 됐다. 현재 개발되고 있는 인공지능 로봇의 형태를 보면 사람들의 미래 생활 변화도 예측할 수 있다. 네이버 지식백과에 의하면 휴머노이드 소피아(Sophia)는 인공지능 알고리즘에 의해 60여개의 감정을 표현하고 사람들과 대화할 수 있다고 했다.

또 지난 2018년 1월 30일 서울 더플라자 호텔에서 열린 '4차 산업혁명, 로봇 소피아에게 묻다'의 인공로봇 소피아 초청 콘퍼런스에 한복을 입고 등장했다. 가발을 씌우지 않은 것은 사람과 로봇을 구별하기 위함이었다고 한다. 소피아가 상대방과 눈을 맞추고 고개도 끄덕이고 표정까지 지으며 대화를 이어가는 모습은 많은 사람들의 이목을 끌기에 충분했다.

이 밖에도 인공지능 로봇은 인간의 편리함과 더 나은 삶을 위해 꾸준히 개발되고 있다. 블러그 에머스에 나오는 물개 모양의 심리치료 로봇 '파로(Paro)'는 노년층이나 어린이들에게 심리적인 안정을 주어 '동물치료'와 같은 효과를 주고 있다. 체조 로봇 '타이조(Taizo)'는 신체적인 활동을 하고 싶도록 동기를 부여해 주거나 신체 활동의 능력을 신장시켜 준다고 했다.

[그림13] 체조 로봇 '타이조'와 물개 닮은 '파로'
(출처 : https : //blog.naver.com/jwkim71/221041523865)

그리고 휴머노이드 로봇 '페퍼(Pepper)'는 사람들이 의도하는 것을 읽고 그에 맞는 대응을 하며 고객을 기쁘게 한다. 현장포커스(쇼핑도우미로봇, 페퍼) 유튜브 영상에는 지난 2018년 5월 18일 이마트 성수점에 일본 소프트뱅크 로보틱스 인간형 로봇 페퍼가 배치돼 활동하는 모습이 나왔다. 패퍼는 매장 입구에서 행사상품, 카드정보 등 전단, 편의시설 위치 등을 알려줬다. 그리고 고객의 나이 맞추기, 사진 찍기, 다소 어설픈 비트박스 등의 기능을 보여줬으며 대화 내용에 따라 고마워하며 인사도 하고 고개를 떨어뜨리며 아쉬워하는 모습도 보였다.

그 밖에도 말하는 인형 퍼비(Furby)는 감정을 표현하며 아이들과 상호작용함으로써 아이들의 호기심을 자극한다. 이러한 인공지능 로봇들은 4차 산업혁명 시대의 기술개발과 함께 앞으로 더 많은 분야에서 사람들의 생활모습을 변화시킬 것이다. 그렇게 되면 우리 사회는 사람과 인공지능 로봇이 공존하는 세상이 돼 사람들에게 인공지능이 더 이상 기계가 아닌 친구나 동료 같은 존재로 인정되는 날이 오게 될지도 모른다.

[그림14] 쇼핑 도우미 로봇 페퍼 (출처 : https://youtu.be/glkGclswbYk)

2. 미래 사회의 일자리

요즘 우리는 주변에서 '취준생'이라 불리는 취업 준비생들을 쉽게 발견할 수 있다. 이들은 초등학교부터 시작해서 짧게는 12년, 길게는 20년 가까이 학교 공부를 하고서도 취업이라는 문턱을 넘기 위해 머리를 싸매며 도서관이나 강의실을 기웃거리고 있다. 일자리를 찾기 위해 각종 자격증을 따고 입사나 공채에 필요한 시험을 준비하고 자기소개서 작성이나 면접을 위해 전문가의 조력을 받는 등 다양한 노력을 하고 있다. 그러나 4차 산업혁명 시대를 맞이하고 있는 지금은 혁신적인 기술발전이 일자리에 어떤 영향을 미치게 될지 그 방향을 잘 주목해야 할 것이다. 왜냐하면 미래 사회에서 기술의 발전은 사람들의 생활모습과 사회변화에 중요한 요인이 되기 때문이다.

앞으로 인공지능이 더욱 진화돼 어린이와 노인들을 돕고 집안일을 하며 사회 전반에 서비스를 제공하는 등 인간의 역할을 대신하는 범위가 확대된다면 사람들의 생활은 지금보다 훨씬 편리해지고 시간과 공간의 제약에서 벗어나 여유로운 삶을 누리게 될 것이다. 반면 생산 분야의 인력 감소뿐만 아니라 그 동안 전문가라고 자부하던 직종의 역할까지 인공지능이 차지하게 됨에 따라 사람들이 일자리를 잃게 되는 대량 실업사태가 초래될 수도 있을 것이다. 하지만 많은 사람들이 우려하고 있는 대량실업은 발생할 수도 있고 발생하지 않을 수도 있다.

미래 사회에 대비하여 예상하는 것이므로 모든 가능성은 열려 있다고 할 수 있다. 단지 분명한 것은 지금과는 달리 기존의 일자리들이 사라지고 새로운 일자리가 생겨나면서 사람들은 그 변화의 중심에 서게 될 것이라는 점이다. 문제는 새로 생기는 일자리들이 사라진 일자리들과는 많은 점에서 다르기 때문에 직장을 잃은 사람들이 새로운 일자리에 필요한 지식과 기술을 갖추고 있지 못하다는 것이다. 그렇다면 이 시점에서 우리가 생각해 보아야 할 것은 무엇일까? 그것은 혁신적인 기술 개발이 우리 사회에 어떤 영향을 주게 될 것인지 일자리는 어떻게 이동할 것인지 그리고 앞으로 떠오르는 미래 유망 직종은 무엇인가이다.

1) 육체적, 정신적 노동에 인공지능이 미치는 영향

손을춘은 고용과 일자리에 대한 꾸준한 관심과 다양한 정책 분석 경험에서 얻은 통찰력을 바탕으로 쓴 책 '4차 산업혁명은 일자리를 어떻게 바꾸는가'에서 4차 산업혁명이 몰고 올 직업세계의 변화를 '대량 실업, 직업의 대이동, 무인화 시대 도래, 1인 기업의 시대, 더욱 심화되는 양극화, 로봇과 공존하는 시대, 확산되는 공유경제'라고 했다. 특히 저자는 이전의 기계가 인간 지배하에 보조적인 역할을 하면서 오히려 많은 일자리를 제공했다면 4차 산업혁명 기술들은 그렇지 않다고 했다. 그 이유는 인간의 간섭 없이 로봇이나 인공지능이 스스로 일을 해낼 수 있게 됐으며 똑똑해진 로봇은 많은 사람들이 하던 일을 혼자서도 잘할 수 있게 되면서 대량실업을 가져올 수 있기 때문이다.

(1) 육체적 노동에 인공지능이 미치는 영향

대기업이나 중소기업, 이제는 개인 창업주에 이르기까지 매년 노동자들의 임금을 올려주는 것 보다 가능하다면 로봇을 구입해 배치하는 것이 장기적으로 효율적이라고 보는 것 같다. 그리고 이러한 현상은 제조업 현장에서 우리들이 생각하는 것 보다 빠르게 진행되고 있다. 네이버 포스트(애플이야기)에 의하면 대만의 폭스콘(Foxconn, 대만 훙하이 정밀) 궈타이밍 회장은 최근 주주총회에서 5년 안에 생산직 직원의 80%를 로봇으로 대체할 방침이라 했다. 전체 직원의 49%를 웃도는 약 34만 명이 해고되면 폭스콘은 2,300억 대만달러(약 8조 4,341억 원)의 인건비를 절감할 수 있게 된다는 것이다. 폭스콘이 이처럼 공장 무인화에 앞장서고 있는 이유는 제조공정의 미세함으로 난이도가 높아져 사람이 제조하는 데 점점 한계가 다가오고 있고 중국 정부의 노동법 규제 문제, 인건비의 상승 그리고 노동계와 회사의 갈등 및 불화 등에 그 이유가 있다고 한다.

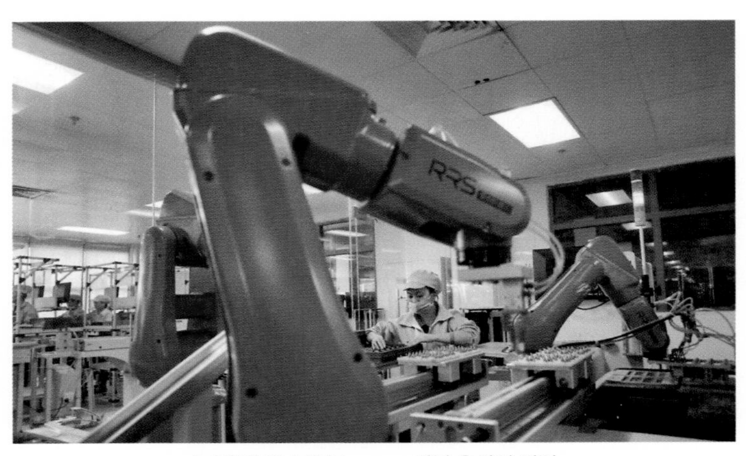

[그림15] 폭스콘/Foxconn·대만 훙하이 정밀
(출처: https://post.naver.com/viewer/postView. nhn?volumeNo=4348224&member No=438952)

[그림16] 중국 안후이성 쑤이시현의 에어컨 공장
(출처: http://www.etoday.co.kr/news/section/newsview.php?idxno=1636647)

그렇다면 이처럼 무인화 공장의 확산을 빠르게 하고 있는 인공지능은 어떤 육체적 노동자들을 우선적으로 위협할까? 그것은 일자리에서 사용하고 있는 기술에 따라 다를 수 있지만 노동자가 자신의 일자리에서 사용하고 있는 고유기술이 적을수록 기계로 대체될 가능성이 크다. 그 동안 자동화 영향을 가장 많이 받은 직종은 같은 활동이나 임무를 반복하는 틀에 박힌 일들이었다. 그리고 컴퓨터 도입된 이후에는 프로그램으로 체계화하기 쉽고 명확한 절차나 규칙으로 설명될 수 있는 일들이 자동화의 영향을 받았다.

그렇지만 4차 산업혁명 시대의 인공지능은 반복적이지 않은 직무까지도 대체가 가능하게 돼 자동화의 범위를 넓히고 있다. 스탠퍼드대학교 법정보학센터 교수이며 학생들에게 컴퓨터 공학과 인공지능의 영향 등을 가르치고 있는 제리 카플란은 '인공지능의 미래'에서 육체노동이란 '기본적으로 육체적인 조작이 필요하거나 물질적인 산물을 만들어 내는 활동'이라고 했다. 예를 들어 방사선과 의사나 작곡가는 육체노동자가 아니지만 외과 의사나 악기 연주가들은 육체노동자라 했다.

이러한 관점에서 제리카플란은 옥스퍼드대의 연구를 기초로 육체노동에 해당하는 직업 중 자동화될 가능성이 가장 높은 직업과 자동화의 물결을 피해갈 가능성이 가장 높은 직업을 각각 간추려 제시했다. 필자는 이를 정리하여 비교하기 쉽도록 다음과 같이 하나의 표로 제시했다.

자동화될 가능성이 가장 높은 육체노동	자동화될 가능성이 가장 낮은 육체노동
하수관 채굴 인부	레크레이션 치료 전문가
시계 수리공, 다양한 분야의 기계공	청각학자
은행 창구 직원	작업요법 전문가(건강회복을 위한 지시)
물품을 적하하고, 수령하고, 확인하는 사람	의료 교정기 전문가
운전사, 기관사	안무가
검수·확인· 분류·샘플 확인하는 사람	내과의사, 외과의사, 치과의사
촬영 기사, 현금 출납계 직원	섬유와 의류 도안가
연마하고 광택 내는 일을 하는 사람	운동 트레이너
농장에서 일하는 인부	삼림 수목 관리원
로비에서 안내하고 티켓 받는 사람	국가 공인 간호사
요리사	메이크업 아티스트
카지노 등에서 일하는 게임 딜러	약사, 수의사
카페테리아, 커피숍 등의 카운터 직원	스포츠 감독과 스카우트 전문가
우편집배원	물리치료사
정원, 공원, 경기장 등을 정비·관리하는 사람	사진사
	척추 지압사
전기 전자 장비 조립 기술자	미술가와 수공예 전문가
인쇄물을 제본해서 만드는 사람	플로리스트

[표1] 4차 산업혁명 시대에 자동화가 육체노동에 미치는 영향
(참고: 제리 카플란의 '인공지능의 미래', 214-217p)

4차 산업혁명 시대에 자동화 속도가 빨라지면 육체노동에 종사하는 사람들은 개인마다 또는 시간적인 차이가 날 수 있지만 일자리를 쉽게 기계에 빼앗길 수 있다. 하지만 육체노동이라 해도 사회적 가치, 사람들의 신뢰, 심미적 아름다움 등을 추구하는 일자리들은 미래 사회에서도 생명력을 이어갈 것이다. 예를 들어 사람들은 기계가 연주하는 바이올린 소리에 호기심으로 귀 기울일 수 있다. 그러나 기계가 연주하는 음악회는 가슴 벅찬 감동이나 행복을 느끼기 쉽지 않을 것이다. 비록 사람들의 생활을 편리하게 해주는 혁신적인 기술이라도 인간이 추구하는 아름다움, 행복, 사회적 가치, 상대에 대한 신뢰, 사랑과 존중까지는 넘보기 힘들 것이다.

(2) 사무직 노동에 인공지능이 미치는 영향

사무직은 주로 정보처리에 관계되는 일이 많다. 그래서 사무직 노동 또한 컴퓨터를 활용하는 자동화의 대상이 돼 많은 일자리들이 사라질 것이다. 사실 인공지능 기술은 육체적 노동보다 정보를 목적에 맞게 다루는 사무직 노동에 적용하기가 더 쉽다. 제리 카플란은 육체노동에서와 마찬가지로 옥스퍼드대 연구를 기초로 자동화의 영향에 가장 취약한 사무직종과 자동화하기 가장 어려운 사무직종을 각각 제시했다. [표2]는 이를 비교하기 쉽도록 정리한 것이다.

자동화 영향에 가장 취약한 사무직종	자동화하기 가장 어려운 사무직종
세무사(특히 세무신고 서비스 제공자)	컴퓨터 시스템 분석가, 엔지니어
부동산 권리 분석사, 보험 설계사	멀티미디어 아티스트와 애니메이션 제작자
데이터 입력이나 중개 업무를 하는 직원	컴퓨터 정보 연구원, 최고 경영자
대출 담당 직원, 신용 분석사	작곡가, 패션디자이너
경리, 회계, 회계 감사 담당 직원	데이터베이스 운영자, 구매 관리자
급여 대장 처리의 경리나 회계부서 직원	변호사, 작가와 저자, 사진작가
문서를 정리하는 직원	소프트웨어 개발자, 수학자
사내 전화 교환원, 사내 복리후생 담당자	편집자, 그래픽 디자이너
사내 도서관 사서 보조	항공 교통 통제관
동력용 원자로 운영자	음향 엔지니어
예산 분석 담당 직원	전자출판업자
기술(技術)작가, 지도 제작사	
교정 담당자	
워드 프로세서 문서 작성 담당 직원	

[표2] 4차 산업혁명 시대에 자동화가 사무직 노동에 미치는 영향
(참고: 제리 카플란의 '인공지능의 미래', 218-220p)

사람들은 설득력과 전달력이 있는 신문 기사는 실력과 경험을 겸비한 전문 기자만 쓸 수 있다고 생각할 수 있다. 그러나 어느 분야에서는 사람이 쓰는 기사와 구분할 수 없을 정도로 로봇 기자가 기사를 잘 쓸 수 있다. 예를 들면 스포츠 분야 같은 뉴스이다. 스포츠 투데이 황덕연 기자에 의하면 KBO는 지난 2017년 7월 17일부터 퓨처스리그 홍보와 활성화를 위해 인공지능 프로그램으로 기사를 작성하는 퓨처스리그 로봇기자 '케이봇(KBOT)'을 운영한다고 발표했다. 인공지능 정보콘텐츠 연구개발 업체인 '랩투아이'와 함께 진행하는 케이봇은 KBO 퓨처스리그 경기 데이터를 자체 알고리즘에 입력하고 자동으로 기사를 생산하게 된다. 경기 데이

터가 입력되면 3초 이내에 기사가 생산되며 해당 기사 내용은 기록 검수와 KBO의 최종 확인 후 기사로 송출된다. 다음은 로봇기자 '케이봇(KBOT)'이 작성한 기사이다.

[180918 퓨처스 서산] 삼성, 한화에 승리... 이태훈 결승타

9월 18일 서산구장에서 진행된 2018 KBO 퓨처스리그 삼성과 한화의 경기에서 삼성이 12 : 5로 승리했다.
삼성은 2회초 2사 1루에서 이태훈과 2사 2루에서 채상준의 연속 2루타로 2득점하며 선취점을 기록했고, 이태훈의 안타는 오늘 경기의 결승타가 됐다.
이후 양 팀은 점수를 주고 받았고, 한화는 4회말 2사 1, 2루에서 오선진의 2루타와 2사 2, 3루에서 김인환의 안타로 3득점하며 7 : 5로 다시 따라붙었으나 경기 결과를 바꾸지는 못했다.
이후 삼성은 6회초 1점을 더 달아났고, 9회초 2사 1, 3루에서 김성표의 안타와 2사 1, 2루에서 김호재의 홈런으로 4득점하며 12 : 5로 달아나며 경기를 끝냈다.
삼성 중간 계투 이은형은 5회말 등판해 1이닝 동안 피안타 없이 2볼넷 무실점을 기록하며 11경기 만에 퓨처스리그 시즌 첫 승을 챙겼다.
한편, 경기에는 패했지만 한화 오선진은 2번타자로 출장해 3타수 2안타 1볼넷 1타점을 기록했고, 특히 3차례 출루하며 팀의 득점기회를 높이는 역할을 했다. 올 시즌 퓨처스리그에서 타율 0.302(116타수 35안타), 2홈런, 21타점, OPS 0.799를 기록 중이다.
삼성은 15안타, 12득점으로 9연패 이후 승리를 기록했고, 한화는 9안타, 5득점으로 패하며 아쉬움을 남겼다. [서산=KBOT]

(출처: 네이버 포스트, http://naver.me/x8TIYKZj)

신용 분석사도 인공지능으로 대체될 수 있다. 신용 분석사는 개인이나 기업에 대한 대출이나 연장, 거래 위험 정도를 판단하기 위해 신용 자료 및 금융관련 자료 등을 분석하는 직업이다. 그런데 인공 지능을 이용하면 기존의 금융자료 뿐만 아니라 소셜네트워크서비스, 문자, 이메일, 통신, 인터넷 등에 나타나 있는 비금융적 특성까지 분석이 가능해 사람들의 잘못이나 오류 등에 따른 위험 요소를 없앨 수 있다.

제리 카플란은 '인공지능의 미래'에서 사람을 직접 대면하고 상대의 감정을 살피거나 표현하는 활동들을 주로 하는 서비스 산업 종사자들은 일부 부분적으로 컴퓨터 화 될 수 있지만 당분간은 자동화의 압력을 이겨낼 수 있을 것이라고 했다. 그리고 여기에 해당되는 서비스 직업으로는 단순히 주문만 받는 것이 아니라 고객이 주문하는 것부터 식사를 마칠 때 까지 계속 살피면서 서비스를 제공하는 웨이터나 웨이트리스, 임상 심리학자, 경찰, 사무보조, 교사, 부동산 중개인, 백화점이나 상점 점원, 성직자, 감독자, 간호사 등이 포함된다고 했다.

2) 4차 산업혁명 시대의 유망 직종 엿보기

필자는 앞에서 4차 산업혁명 시대의 직업세계 변화를 '대량 실업, 직업의 대이동, 무인화 시대 도래, 1인 기업의 시대, 더욱 심화되는 양극화, 로봇과 공존하는 시대, 확산되는 공유경제'라고 언급했다. 이러한 직업세계의 변화는 미래 사회를 살아가야할 우리들에게 던져주는 시사점이 크다.

새로운 기술들이 속속 개발되면서 그 만큼 사람들의 생활모습도 변화의 주기가 빨라지고 있다. 그렇다면 미래 사회를 대비한 일자리에는 어떤 것들이 있을까? 그리고 4차 산업혁명 시대의 유망 직종에는 어떤 직업들이 있을까? 고용노동부는 지난 2017년 3월 '제4차 산업혁명 대비 국가기술자격 개편방안'을 확정해 발표했다. 이 방안에는 4차 산업혁명 분야 등의 국가 자격증을 매년 발굴해 신설한다는 계획이 들어있다. 특히 지난 2017년에는 로봇 관련 3개, 3D 프린터 관련 2개, 빅 데이터 1개 등 총 17개 국가기술자격을 [표3]과 같이 선정했다. 이러한 국가기술자격의 추가는 새로운 기술들이 속속 등장하게 됨에 따라 우리나라의 국가 경쟁력을 높일 수 있는 방안으로 신기술 분야에 전문성을 갖춘 인재들을 배출하기 위함이다.

신설자격
로봇 기구 개발(기사), 로봇 소프트웨어 개발(기사), 로봇 제어 하드웨어 개발(기사), 3D 프린터 개발(산업기사), 3D 프린팅 전문 운용사(기능사), 의료 정보 분석사(기사), 바이오 의약품 제조(산업기사), 바이오 의약품 제조(기사), 바이오 화학제품 제조(산업기사), 태양열 에너지 생산 기술(기사), 연료 전지 에너지 생산 기술(기사), 해양 에너지 생산 기술(기사), 풍력 에너지 생산 기술(기사), 바이오 에너지 생산 기술(기사), 폐자원 에너지 생산 기술(기사), 환경 위해 관리(기사), 방재(기사)

[표3] 17개 신설 국가 기술 자격
(참고: 손을춘의 '4차 산업혁명은 일자리를 어떻게 바꾸는가', 263p)

또한 한국고용정보원은 지난 2018년 1월 '4차 산업혁명 시대의 신 직업–2017 신 직업 연구'라는 보고서를 통해 '클라우드 서비스', '스마트 공장', '빅 데이터 플랫폼', '블록체인' 등 4차 산업혁명의 첨단기술 분야와 관련된 신 직업 15개 그리고 4차 산업혁명 시대에 소외되는 사람들의 삶의 질 개선을 위한 신 직업 6개 등 총 21개의 신 직업을 [표4]와 같이 선정했다고 안내했다.

신 직업
O2O(Online to Offline) 서비스 기획자, 클라우드 서비스 개발자, 스마트공장 설계자, 데이터 거래 중개인, 빅 데이터 플랫폼 개발자, 블록체인 기술 개발자, 로보 어드바이저 개발자, 뇌–컴퓨터 인터페이스 개발자, 뉴로모픽칩 개발자, 사물인터넷(기기) 인증 심사원, 클라우드 컴퓨팅 보안 개발자, 자율 주행차개발자, 로봇 윤리학자, 스마트 공장 코디네이터, 스마트 시티 전문가, 영적 돌봄 전문가, 화장품MD, 사회 공헌 기획가, 독립 투자 자문업자, 메디컬 라이터, 치매 코디네이터(치매 케어 매니저)

[표4] 4차 산업혁명 시대의 21개 신 직업
(참고: 손을춘의 '4차 산업혁명은 일자리를 어떻게 바꾸는가', 264p)

[표3]에서 제시한 17개 신설 국가 기술 자격이나 [표4]에서 제시한 4차 산업혁명 시대의 21개 신 직업은 일반 사람들이 보기에는 대개 생소하다는 느낌이 들 것이다. 그러나 신기술이나 신 직업에 대한 관심과 도전의식이 있는 사람들은 미지의 세계를 발견하는 탐험가처럼 새로운 일에 능동적으로 뛰어들어 필요한 기회를 잡으려 할 것이다. 그렇다면, '지금부터라도 신기술을 익히고 신 직업인이 되기 위해 발 벗고 나서야 되지 않을까?'라는 생각이 들 수 있다. 하지만 우리가 고민해야 되는 부분은 미래 사회의 신기술이나

신 직업인을 선택하기에 앞서 현재의 상황과 다가오는 미래의 변화 흐름을 파악하고 자신에 대한 객관적인 탐색을 하는 것이다. 즉 새로운 기술과 급변하는 사회문화 속에서 자신의 미래를 설계할 수 있는 역량을 키워야 한다는 것이다. 그러기 위해서는 자신이 추구하는 가치는 무엇인지, 자신이 선택한 것이 적성에 맞는 일인지 그리고 정말 행복한 일인지 고민하는 과정이 중요하다.

4차 산업혁명 시대의 유망 직종에는 어떠한 직업들이 있을까? 손을춘은 '4차 산업혁명은 일자리를 어떻게 바꾸는가'에서 유망 직종을 신기술과 새로운 서비스 분야로 나누어 제시했다. 먼저 신기술 개발에 따른 유망 직종으로는 사물인터넷 전문가, 로봇 전문가, 인공지능 전문가, 드론 관련 전문가, 자율주행차 관련 전문가, 3D 프린팅 전문가, 핀테크 전문가, 빅 데이터 전문가, 가상현실 전문가, 증강현실 전문가 등을 꼽았다. 그리고 새로운 서비스 분야로는 주거복지사, 주거환경정리사, 생활코치, 의료관광 경영상담자, 산림치유 지도사, 협동조합 코디네이터, 문화 여가사, 도시재생 전문가, 정신건강상담 전문가, 노년 플래너, 바이오 헬스 케어 전문가, 동물 간호사 등을 제시했다.

[그림17] 2018 신 직업(핀테크 전문가) 유튜브 영상 (출처: 한국고용정보원)

[그림18] 산림치유 지도사, 유튜브 영상(출처: YTN NEWS, 숲이 희망이다)

박진규 기자의 라포르시안 기사(2018년 10월 5일)에 의하면 정부는 헬스 케어 서비스 기업, 제약사, 의료기기 업체 등이 추진하는 27개의 프로젝트 지원을 통해 4,800개의 일자리 창출을 돕기로 했다. 구체적으로 신산업 민간투자 프로젝트 140여개에 123조를 투자해 오는 2022년까지 10만 7,000개의 일자리를 만든다는 것이다. 또한 프로젝트의 특성에 따라 신속 인허가, 규제개선, 산업인프라 적기공급 등으로 직접적인 애로사항 해결과 초기시장창출 등의 맞춤형 지원으로 적기투자실행을 유도하기로 했다.

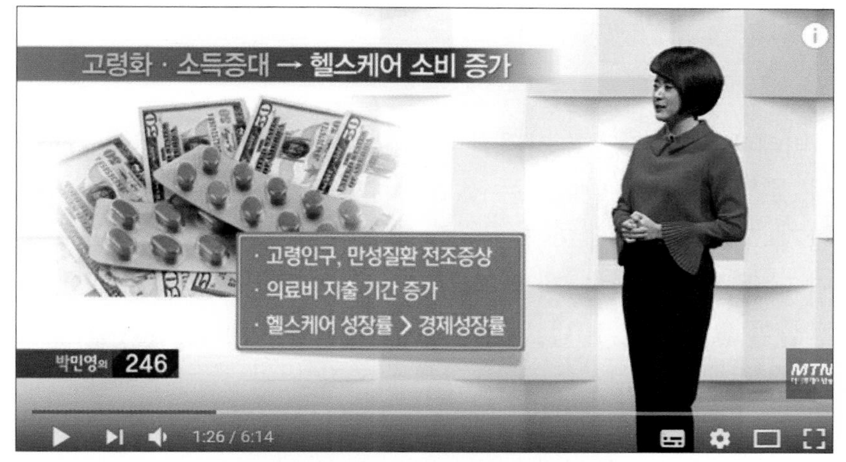

[그림19] 주목받는 '제약·바이오·헬스케어'
(출처: MTN머니투데이방송)

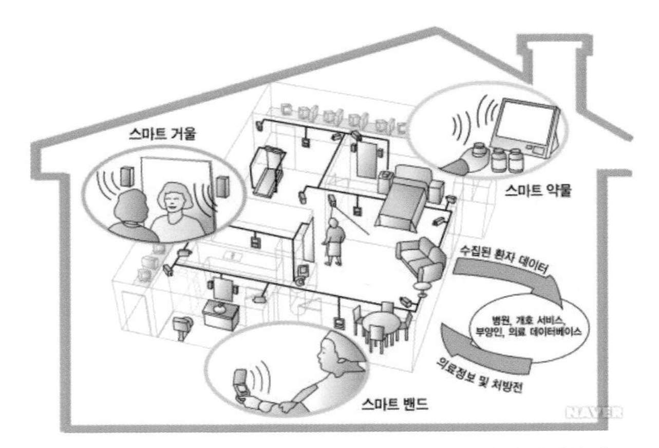

[그림20] 스마트 메디컬 홈 서비스 상상도(출처 : 네이버 지식백과)

미래에 어떤 직업이 사라질 것이고 어떤 직업이 유망 직종으로 뜰 것인지에 대해 알아보는 것보다 해당 직업의 직무 내용이 어떠한지 그리고 거기에 따른 필요한 역량은 무엇인지를 알아보는 것이 더 유용할 것이다. 학생, 학부모들은 현재 인기 있는 직업에 더 관심이 많겠지만 10년 뒤에 나타날 직업별 위상은 달라질 것이기 때문이다. 의료분야만 해도 현재 가장 인기 있는 고소득 직업인 의사보다 환자를 오래 상대하고 그들의 심리를 잘 파악하는 간호사나 간병인이 주목받을 수 있다. 그러므로 앞으로는 로봇이 할 수 없는 인간만이 할 수 있는 직무의 일을 찾거나, 로봇과 협업할 수 있는 일자리를 생산하는 노력이 필요하게 될 것이다.

3. 내 아이의 미래교육

앞으로의 세상은 인간과 인공지능이 함께 살아가는 데 익숙해지는 시기가 올 것이다. 그렇게 되면 사람들이 편리하게 전기를 사용하듯이 인공지능도 자연스럽게 이용할 것이다. 그리고 기존의 업무 중 많은 부분을 인공지능이 대신하게 되면서 산업현장에서는 급격한 변화가 올 것이다. 그러면 사람들은 사라지는 일자리와 새롭게 생겨나는 낯선 일자리 사이에서 어떤 선택을 해야 할지 혼란에 빠지게 될 수 있다. 그런 반면에 기계의 자동화로 업무처리 시간이 빨라지게 돼 시간적인 여유가 많아지게 되면 '돈을 버는 생활'에서 '시간을 즐기는 생활'을 꿈꾸며 삶의 질을 높이려 할 수도 있다.

사람들은 태풍이 예고되면 피해를 최소화 시키려고 예방에 힘쓴다. 지역에 따라 피해가 예상되는 곳에 필요한 시설을 갖추고 가정이나 공공기관에서는 방송을 주시하면서 시설물을 점검한다. 특히 취약한 지역의 경우에는 도로나 전기가 차단될 것을 대비해 양초나 손전등, 라면 등을 준비하기도 한다. 그렇다면 우리는 낯설고 불확실한 미래 사회에 대비해 어떤 예방조치를 해야 할까? 여기서는 인공지능과 공존할 수 있는 역량교육, 미래 사회를 내다보는 진로교육, 자녀와 함께 행복을 가꾸는 부모교육에 대해 이야기 해 보고자 한다.

1) 인공지능과 함께 사는 역량교육

태풍 예고에 따른 피해 최소화를 위해 가장 중요한 예방은 무엇일까? 필자는 태풍 직전에 분주하게 예방 활동하는 것도 물론 필요하겠지만 평소에 이러한 사태를 예견해 기초를 잘 닦아 놓는 것이 무엇보다 중요하다고 생각한다. 기본에 충실한 건축설계나 도로공사, 실질적인 비상 대처 매뉴얼, 질서와 배려의 습관 등이 평소 잘 갖춰져 있다면 그만큼 피해를 줄일 수 있고 복구 작업도 쉬울 것이다. 필자는 미래 사회를 대비한 교육 또한 이와 크게 다르지 않다고 본다. 그렇다면 인공지능과 공존하는 미래 사회에서 자신의 재능을 살려 당당하게 꿈을 펼치면서 행복한 삶을 가꿔가는 데 꼭 필요한 역량은 무엇일까?

정학경은 그의 저서 '내 아이의 미래력'에서 미래 교육을 다음과 같이 정리해 놓았다. 「유엔미래보고서 2050」에서는 국·영·수로 대표되는 전통 수업과정 대신 '소통, 창의성, 분석력, 협업'을, 마이크로소프트에서는 여기에 두 가지를 추가해 6가지 미래 교육으로 '글로벌 의식, 협업, 지식 구성력, 커뮤니케이션 능력, 문제해결력과 창의성, 자기 조절력과 책임감'을 선정했다. 그리고 OECD는 생애에 걸쳐 청소년과 성인이 필수적으로 갖춰야하는 핵심역량으로 DeSeCo(Defining and Selecting Key Competencies) 프로젝트를 통해 언어, 상징, 지식과 정보, 기술 등을 사용할 수 있는 '지적 도구 활용', 타인과 관계를 원만하게 맺고 협력해 일하고 갈등을 관리·해결하는 '사회적 상호 작용', 자신의 생애를 관리하고 확대된 사회적 맥락 속에서 자리매김해 자율적으로 생활할 수 있는 '자율적 행동'의 3가지 영역을 제시했다.

한국성품협회 대표 이영숙은 '교육과 사색'(2018년 7월호)에서 아이들에게 가르쳐야 할 미래역량으로, 첫째 복잡하고 혼란스러운 4차 산업혁명 시대를 받아들이고 자율적으로 좋은 것을 선택해 행복한 인생을 살아가는데 필요한 '자아정체성과 자존감', 둘째 각 학문을 넘나들며 끊임없이 발전해야 하는 시대에 적응할 수 있는 '융합과 유연성', 셋째 타인에 대한 이해를 바탕으로 다른 사람의 기본적인 정서에 공감할 수 있는 '공감인지능력과 분별력', 넷째 비판적이고 논리적인 사고력의 기초인 '독해력'과 로봇과 공존하며 살아갈 시대에 인간만이 할 수 있는 '질문력', 다섯째 모든 생각과 행동을 새로운 방법으로 시도해 볼 수 있는 '창의력'을 제시했다. 특히 이영숙 대표는 3차 산업혁명 시대에서 4차 산업혁명 시대로 나아가는 시대적 변화에 대해 두려워하거나 혼란스러워하기 보다 아이들에게 지금 좋은 성품을 가르치는 것이 미래를 준비하는 가장 큰 역량이라고 강조했다. 또한 '2015년 개정 교육과정'에서는 6가지 핵심역량으로 '자기관리 역량, 지식정보처리 역량, 창의성사고 역량, 심미적 감정 역량, 의사소통 역량, 공동체 역량'을 들고 있다. 이상에서 살펴본 미래 교육에 필요한 핵심역량들을 표로 정리하면 [표5]와 같다.

유엔미래 보고서 2050	마이크로 소프트	DeSeCo 프로젝트	한국성품 협회	2015 개정 교육과정
소통	커뮤니케이션능력	사회적 상호작용	공감인지능력과 분별력	의사소통 역량
창의성	문제해결력과 창의성	*	융합과 유연성	창의적사고 역량
분석력	지식구성력	지적도구 활용	독해력과 질문력	지식정보 처리 역량
협업	협업	*	*	공동체 역량
*	글로벌의식	*	*	*
*	자기조절력과 책임감	자율적행동	자아정체성과 자존감	자기관리 역량

[표5] 미래 교육에 필요한 핵심역량

이를 바탕으로 필자는 인공지능과 공존하는 미래 사회에서 자신의 재능을 살려 당당하게 꿈을 펼치면서 행복한 삶을 가꾸어 가는 미래 교육의 핵심역량을 자기관리 역량, 의사소통 역량, 창의적 사고 역량, 융합과 협업 역량의 네 가지로 정리했다.

(1) 자신에 대한 이해를 바탕으로 하는 자기관리 역량

김의기 기자의 한국스포츠경제 기사(2018년 9월 20일)를 보면 야구선수 임창용은 2015년 삼성 유니폼을 입고 정규시즌 준우승을 달성했지만 한국시리즈를 앞두고 불법 해외도박 파문에 휩싸여, 결국 소속팀에서 방출돼 은퇴 기로에 놓였지만 선수 생활에 대한 의지를 접지는 않았다. 다행히 그를 받아준 친정팀 KIA에서 임창용은 연봉 3억 원 전액을 기부하며 팀과 팬들 앞에서 고개를 숙였다. 연봉을 포기하면서도 유니폼을 다시 입고 마운드에 섰다. 그에겐 돈보다 야구 인생을 잘 마무리하는 것이 훨씬 큰 가치가 있었던 셈이다. 당시 만 42세 3개월 14일로 현역 최고령 투수인 임창용이 위력적인 구위를 자랑했던 것은 철저한 자기관리 덕분이다. 팀 관계자는 "임창용은 훈련에 있어서는 절대 자기 자신과 타협하지 않는 선수"라며 "개인적 시간을 할애해서 런닝을 꾸준히 하는 등 체력 관리를 철저히 한다"고 말했다. 이처럼 사람들은 임창용의 철저한 자기관리 능력을 높이 평가했다.

자기관리 역량을 키우기 위해서는 먼저 자신에 대한 바른 이해와 자신을 아끼고 존중하는 마음, 즉 자아존중감이 높아야 한다. 지난 2015년 메르스 환자가 국내에 확산될 무렵에 극도로 긴장돼 심리적으로 위축되어 있는 나에게 도움을 준 것은 연일 방송되는 뉴스가 아니라 물리학 박사학위 취득 후 다시 상담심리를 공부하며 인턴과정을 거치고 있는 둘째 아들이었다. "엄마, 나 과학자야! 집안에 과학자가 있는 데 왜 그렇게 걱정해?"라면서 메르스의 발생원인과 전염예방에 대해 가이드라인을 차근차근 설명해 줬다.

불안했던 마음이 누그러짐과 동시에 아들의 첫 마디가 귀에 들어왔다. 자신을 당당하게 과학자라고 말하면서 해당 분야에 대해 전문적인 지식을 듣는 사람이 알아들을 수 있도록 쉽게 설명하는 녀석을 보면서 든든했다. 만약 자아존중감이 낮았다면 그렇게 말하기는 쉽지 않았을 것이다. 교류분석(TA) 상담사인 필자는 자기관리 역량을 키우는 데 기초가 될 수 있는 자신에 대한 바른 이해를 위해 교류분석상담에서 사용하고 있는 '이고 그램과 OK-그램 검사'를 추천하고 싶다.

교류분석의 기본 가정은 사람들은 OK로 태어나고 모든 사람들은 사고하는 능력을 가지고 있고 사람들은 자신의 운명을 결정하며 이러한 결정들은 변경될 수 있다는 것이다. 특히 이고 그램과 OK-그램 검사 결과에서 시각적으로 보여주는 자아상태 그래프는 자신을 바로 이해하고 긍정적인 사고를 키워 자아존중감을 높임으로써 자기관리 역량을 키우는 데 큰 도움이 될 것이다.

(2) 타인에 대한 이해와 공감으로 상호 작용하는 의사소통 역량

타인과의 의사소통에는 자신의 의사를 전달하는 말하기와 쓰기가 있고 상대방의 말을 귀담아 듣는 경청의 기술인 듣기와 상대방과의 공감을 키울 수 있는 바라보기가 있다. 특히 앞으로의 세상에서는 정보의 공유와 의사전달, 타인과의 공감능력 등이 중요한 요소로 부각될 것이다. 따라서 말하기, 쓰기, 듣기, 바라보기의 균형 있는 의사소통 역량이 필요하다. 특히 듣기와 바라보기에서는 언어적 요소 외의 비언어적 요소를 잘 관찰하며 경청의 기술을 익혀야 할 것이다.

의사소통의 시작은 교류이다. 한국교류분석상담연구원 송희자 원장은 '교류분석 개론'에서 '교류란 교류적 자극과 교류적 반응의 합이다. 그리고 두 사람 사이에 교환되는 자극과 반응은 대화가 지속되는 한 서로에게 반응이자 자극이 된다'고 했다. 필자는 지난 2016년 9월부터 학교장으로 재직하고 있는 서울한강초등학교에서 6학년 학생들을 대상으로 '교류분석을 활용한 마음 돌봄 진로교육' 학생 프로그램을 운영하고 있다. 프로그램 중 학생들과의 상호작용 비율이 높은 '대화분석의 활용'과 '의사소통의 기술'을 의사소통 역량강화 방안으로 제시하면 [표6]과 같다.

교류의 종류	·상보교류: 교류의 백터가 평행해 교류자극의 발신자가 기대하는 대로 수신자의 자아 상태로부터 응답을 받게 돼, 상호 지지적이며 상황이 허락하는 한 지속이 가능한 교류 ·교차교류: 교류의 백터가 교차해 수신자의 응답이 발신자가 기대하는 자아 상태가 아닌 엉뚱한 다른 자아 상태로부터 와서 대화를 중단시키는 교류 ·이면교류: 공개적으로 전달되는 사회적 수준의 메시지와 은밀하게 숨겨진 의도를 포함해 전달되는 심리적 수준의 메시지가 동시에 전달되는 교류
대화 분석의 활용	·상보교류의 활용 – 대화는 상보에서 시작해서 상보로 끝나야 한다. – 상대가 말하려는 것, 말하는 것을 잘 경청해야 한다. – 우선 상대의 말을 긍정하고 상대의 말을 반복한다.(앵무새 대화) – P(부모자아)와 C(어린이자아)에서의 상보교류는 서두르지 말고 음미해 본다. ·교차교류(청개구리 대화)의 개선 – 대화 중 상대의 표정, 태도, 분위기, 의견 등을 냉정하게 관찰해 본다. ·이면교류의 개선(생각하는 화성인) – 상대방의 행동을 이해하기 위해 심리적 차원의 대화에 주의를 기울여야 한다.
의사 소통의 기술	·'지금 여기'(now and here)에 초점을 맞춘다. ·눈과 눈을 마주치고 얼굴을 마주보며 대화하라. 상대에 대한 존중 표시이다. ·'나'의 것으로 소화된 경험을 말하라. "나는 너에게~를 느낀다." 등의 자신의 생각과 느낌을 표명해야 한다. ·상대방의 의견을 먼저 들어주고, 비난이나 비판을 하지 않는다. ·황금률을 적용하라. 남에게 대접 받고자 하는 대로 남을 대접하는 것이 대화의 기본적 교류 법칙이다. ·자신의 언어에 책임을 지고 공감대화법이나 나 표현법 등의 대화의 기법을 활용하라.

[표6] 교류분석(TA)을 활용한 의사소통 역량강화(참고: 송희자의 '교류 분석 개론', 76-95p)

(3) 사고의 유연성과 문제해결력을 키우는 창의적 사고 역량

사고의 유연성이란 틀에 얽매이지 않으면서 다양하고 자유로운 생각을 하는 것이다. 사고의 유연성을 기르는 활동으로는 자신의 고정관념을 깨는 것으로부터 출발할 수 있다. 예를 들면 평소와는 다른 정반대의 생각, 지금 자신이 갖고 있는 생각이 옳지 않을 수도 있다는 생각, 가끔은 완전히 엉뚱한 방향에서 생각해보기 등이다. 미래 사회는 '초 연결' 시대가 일반화 돼 다양한 문화가 같은 공간에 머물게 되고 빠른 기계의 발달 속도로 사회 여러 분야에서 이제까지 생각지도 않았던 질문들이 제기될 것이다.

이제까지 우리 아이들은 정해진 틀 안에서 학교와 학원을 번갈아가며 학습하고 주어진 문제에 해답을 찾는 공부를 주로 했다. 하지만 이제부터는 자신만의 고유한 생각을 새로이 만들어가고, 주어진 문제를 푸는 것이 아니라 자신이 질문을 만들어가는 변화가 필요하다. 4차 산업혁명 시대에는 틀에 정해져 기계적으로 움직이는 활동이나 주어진 문제를 푸는 것은 인간보다 인공지능이 더 잘할 수 있기 때문이다.

그렇다면 미래 사회를 살아가게 될 아이들에게 중요한 재산이 될 창의적 사고는 어떻게 신장시킬 수 있을까? 김순식 순천대 교수는 교육부 공식 블로그, 모아우아(모든 아이는 우리 모두의 아이)에서 창의성을 신장하는 방안으로 '남보다 뛰어나기보다 남과 다르게 생각하기, 호기심 갖기, 문제의식 갖기, 기초를 튼튼하게 하기, 성취감 맛보기'를 제시했다. 요즘 학교 방과 후 과목을 보면 창의수학이나 창의과학 등 '창의'를 붙인 과목명이 많아지고 있다. 그만큼 창의성에 대한 일반 사회의 관심이 높아지고 있음을 반영한 것이다. 그러나 창의성을 기른다는 것이 또 다른 창의성 과외를 시키는 이유가 되는 것이 아닐까 염려된다.

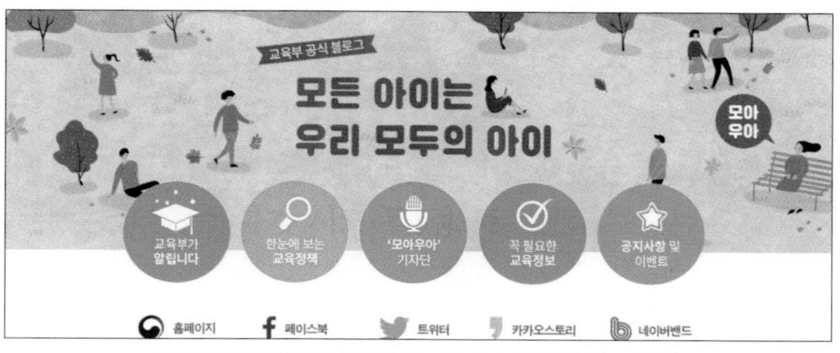

[그림21] 모아우아 화면(출처: 교육부 공식 블로그 화면)

필자는 창의성을 가르치기보다 아이들에게 재미있는 놀이를 통해 호기심과 관심 분야를 확장시킬 수 있는 놀이의 중요성을 강조하고 싶다. 아이들은 놀이를 하며 규칙을 만들고 이를 지키면서 절제와 긴장의 기쁨을 만끽할 수 있다. 그리고 놀이는 아이들에게 몰입과 성취감을 갖게 해 생활에 활력을 줄 수 있다. 요즘은 놀이중심이라는 또 다른 과외수업이 등장하기도 한다. 그런데 놀이에 학습적 요소를 인위적으로 부여하게 되면 놀이에 참여하는 학생들의 흥미와 창의성을 저하시킬 수 있다. 오히려 건전한 놀이 자체에 충실하게 해 집중력을 높이고 흥미와 관심분야를 확장시킬 수 있도록 도와주는 것이 좋다.

요즘 스마트 폰 게임에 익숙한 학생들을 위해 교사들이 학급에서 실시하는 다양한 보드게임 활용 수업은 학생들로 하여금 딱딱한 수업에 대한 지루함을 덜게 한다. 학생들은 보드 게임에 필요한 규칙을 만들고 지키는 과정에서 유연한 사고와 통찰력을 기르고, 면대면 활동에서 다양한 상호작용을 할 수 있다.

[그림22] 보드게임 장면(출처: 환경비지니스)

미래 교육은 학생들을 한 줄로 세워 순위를 정하는 우등생만을 위한 교육이 아니라 모든 학생들이 학습에 참여하고 각자의 개성을 살려 모두가 자신의 꿈을 키워가는 낙오자 없는 교육이 돼야 할 것이다. 학생 개개인이 지니고 있는 강점을 살려 다양한 분야에서 자신의 재능을 발휘할 수 있도록 아이들의 생각을 이해하고 존중하는 문화가 필요하다.

(4) 4차 산업혁명 시대의 중요한 자원이 될 융합과 협업 역량이다.

한국과학창의재단의 융합인재교육 홈페이지에 'STEAM'이란 과학기술에 대한 학생의 흥미와 이해를 높이고 과학기술 기반의 융합적 사고력과 실생활 문제해결력을 배양하는 교육이라고 했다. 우리나라는 미국과 영국의 과학기술분야 우수인재 확보를 위한 과학(Science), 기술(Technology), 공학(Engineering), 수학(Mathematics)의 스템(STEM) 교육에 인문·예술(Arts)요소를 덧붙여 STEAM 교육을 실시하고 있다. STEAM 교육은 교과서의 지식을 외워서 한정된 문제를 푸는 방식이 아니라 실제 현실세계에서 해결책을 찾는 것이라고 했다.

또한 조경희 시매쓰 수학연구소장은 네이버TV '에듀타임즈'에서 스토리텔링을 활용한 스팀교육의 예를 제시했다. 수학교과를 지도할 때 스토리텔링으로 시작해 개념을 활동으로 이끌어 가서 자신이 배운 개념을 게임을 통해 적용하는 도전을 하거나 또는 좀 더 어려운 개념 도전을 위해 다양한 소재들을 끌어들여 활동해 보도록 한다고 했다. 특히 미래 사회를 살아가는 데 수학이 힘이 되기 위해서는 자기주도성 확보가 중요하다고 했다. 자기 주도성이 길러지면 아이들 스스로 적용하고 확장하고 싶어지는 의미 있는 수학수업이 될 것이라고 했다.

미래 사회는 폭넓은 기초 지식을 바탕으로 다양한 전문 분야의 지식, 기술, 경험 등을 융합해 새로운 것을 창출하는 인재를 필요로 한다. 그렇기 때문에 단순히 지식을 쌓는 것만으로는 개인의 경쟁력을 확보하기 어려워진다. 이제는 기본지식을 어떻게 융합해 활용할 것인지를 생각해야 한다.

미래 사회는 기술의 속도가 빠르게 진행됨에 따라 '나' 혼자의 능력보다 '우리'가 더욱 중요하다. 사회와 기술의 변화속도에 대응하기 위한 전략으로 이제는 협업하는 능력이 필요하게 됐다. 우리나라도 기업과 기업 간에 상생하는 전략으로 서로의 이윤을 극대화할 수 있는 협업이 활성화돼 가고 있다. 임동진 기자는 한국경제TV에서 대기업과 스타트업의 협업이 확산되고 있다고 했다. 대기업들은 4차 산업혁명 분야에서 새로운 기회를 찾고 스타트 업들은 투자금 유치나 글로벌 진출의 발판을 마련하는 것이다.

예를 들어 냉장고에서 음료수를 꺼내면 자동으로 계산대에서 품목과 금액이 뜬다. 이것은 인공지능과 센서퓨전기술을 결합한 무인점포 솔루션으로 이 기술을 가진 스타트 업은 현재 중국에도 진출했으나 앞으로 해외 시장에서 더 많은 기회를 찾고 있다고 했다. 또한 이재희 기자의 KBS뉴스에 의하면 택시단체는 국내 1위 이동통신 업체인 SK 텔레콤과 협업해 '배차개선앱'을 도입하기로 했다. SK 텔레콤은 카카오와의 경쟁에서 밀린 택시 앱의 점유율을 높일 수 있고 택시 업계는 배차 수급 불균형을 해소할 수 있는 윈윈 전략인 것이다.

[그림23] 무인점포(AI와 센서퓨전기능 결합)(출처: 한국경제 TV)

[그림24] 택시단체, SK와 협업(배차개선앱 도입)(출처: KBS News)

4차 산업혁명 시대의 중요한 자원이 되는 융합과 협업 역량을 위해서는 독서교육의 습관화와 다양한 체험학습의 기회가 필요하다. 필자는 돌이켜보면 초등학생 시절에 가장 많은 책을 읽었던 것 같다. 당시에는 책을 살 돈이 없어서 친구 집에서 빌려 보거나 휴일에는 이른 아침부터 남산도서관 앞에 줄서서 기다리곤 했다. 위인전기, 탐정소설, 공상만화, 동화책 등의 책들을 읽으며 행복해 했다. 주인공들을 책에서 만나는 기쁨은 나를 늘 설레게 했던 것 같다. 요즈음에는 학교 도서실에 비치돼 있는 책들이 다양하다. 책을 가까이 할 수 있는 환경에 살고 있는 아이들에게 스스로 책을 선택해 읽고 책 속의 주인공과 대화하며 자신의 생각을 넓혀가는 기회를 많이 제공할 수 있도록 학교와 가정이 함께 노력해야 할 것이다.

독서교육이 간접체험이라고 하면 현장학습은 직접 학생들이 참여해 배울 수 있는 산교육이 될 수 있다. 체험학습의 종류는 다양하다. 문화예술체험, 과학안전체험, 영어마을체험, 농촌생활체험, 진로체험, 스포츠체험 등이 있다. 폭 넓은 체험활동은 학생들에게 새로운 도전의식, 사고의 확장, 공동체의식 함양, 자신의 흥미나 관심분야 탐색 등을 가져올 수 있어서 독서교육과 함께 융합과 협업 능력을 기르는 데 기초가 될 것이다.

2) 미래 사회를 내다보는 진로교육

4차 산업혁명 시대에는 자신이 갖고 있는 역량에 따라 각자의 유망 직업이 다를 수 있다. 특히 여기서 필요한 역량은 각 직업에 대한 전문성 외에 미래 사회에 필요한 자기관리 역량, 의사소통 역량, 창의적 사고 역량, 융합과 협업 역량 등을 의미한다. 같은 직종의 일을 하더라도 이러한 역량들을 갖춘 사람들은 유망 직업인이 될 수 있고 그렇지 못한 사람들에게는 유망 직업이 아닐 수도 있게 된다는 것이다. 그렇다면 인공지능과 공존하는 미래 사회에서 살게 될 우리 아이들에게 진로교육은 어떻게 진행돼야 할까?

유튜브 영상 '인간 VS 기계'에 의하면 영국 드라마 휴먼스(Humans)는 가까운 미래에 휴머노이드가 상용화 돼 인간의 모습을 한 가사도우미, 요양보호사, 공장노동자 등이 인간을 대신해 일을 하는 모습을 담고 있다. 어느 맞벌이 부부의 남편이 가정용 로봇 '아니타'를 사온다. 아니타는 아름답고 청소도 잘 하고 아침식사도 맛있게 차릴 수 있다. 퇴근하고 돌아온 아내는 집안에 있는 아니타를 보고 놀란다. 자신의 딸을 위해 잠자리에서 책을 읽어주고 가족에게 맛있는 아침을 차려주는 로봇이 자신의 역할을 대신하고 있는 것이다. 아내가 불안해 할 때 아니타는 자신은 화내지 않고 우울하거나 술과 마약도 하지 않는다고 말한다. 또한 빠르고 강하며 관찰력도 더 뛰어나고 두려워하지도 않는다고 한다. 아내가 여기에 반박하지 못하고 있을 때 아니타는 "그러나 난 그들을 사랑하지는 못합니다"라는 말을 던진다.

이 드라마가 우리에게 주는 시사점은 무엇일까? 필자는 다가올 미래 사회에 인공지능과 경쟁하는 대신 로봇이 할 수 없고 인간만이 갖고 있는 가치가 무엇인지 일깨워 주는 드라마라고 생각한다. 특히 인공지능과 공존하며 살아가게 될 아이들에게 인간만이 갖고 있는 가치의 중요성을 알게 하는 것은 의미가 크다. 그렇다면 이런 점을 고려하여 4차 산업혁명 시대의 미래 사회에 필요한 진로교육은 어떻게 해야 할까?

(1) 미래에 대한 바른 이해

앞으로 다가올 미래의 사회에 대해 아무도 정확하게 말할 수 없다. 여러 분야에서 나타난 데이터를 종합하고 분석해 미래 사회에 대한 예측을 할 뿐이다. 많은 인공지능 연구자나 IT 업계 종사자들이 공통으로 예측하는 사회적 변화는 어떠할까? 기존 업무의 대부분이 인공지능으로 대체돼 대량 실업사태가 오고 이에 따른 양극화가 심화되고 인공지능과의 공존하는 시간이 많아져서 사람들 간의 유대감이 떨어질 것이라는 부정적인 시각이 있는 반면에 기계가 할 수 없는 인간만이 가능한 새로운 일이 더 많은 분야에서 생겨날 것이고 기술의 발달로 생활이 편리해 지고 여유로운 시간이 많아질 것이라는 등의 긍정적 시각도 있다.

그렇다면 미래에 대한 바른 이해는 무엇일까? 필자는 막연한 불안이나 어느 한 쪽으로의 쏠림 없이 기술의 발전에 따른 사회의 변화를 있는 그대로 객관적면서도 긍정적으로 바라보는 시각을 갖는 것이라고 생각한다. 특히 미래 사회의 주역이 될 아이들에게 필요한 진로교육은 미래 사회에 대한 올바른 시각을 갖는 것부터 출발해야 된다고 본다.

(2) 자신에 대한 바른 이해

아이들이 갖고 있는 흥미나 관심, 성격 등은 고유한 개인의 내적 요인들이다. 아이들이 갖고 있는 이러한 내적요인들은 진로발달을 예측하는데 중요한 변인이 될 수 있다. 필자는 자신에 대한 바른 이해를 위해 앞에서 언급한 '이고 그램과 OK-그램 검사' 외에 진로상담협회에서 제공하고 필자가 직접 학생들과의 진로상담에서 사용하고 있는 성격강점 검사, 다중지능 검사를 소개하고자 한다.

성격강점은 인간의 사고, 행동, 정서에 반영된 긍정적인 특질로 시대와 문화를 초월해 인정받는 6가지 미덕(지성, 인애, 용기, 절제, 정의, 초월)과 24가지 특질로 구성돼 있다. 성격강점 검사는 학생들 스스로 질문지에 답하고 그 수치를 결과 프로파일에 나타낼 수 있다. 특히 발달된 자신의 대표강점을 일상생활에서 인식하고 활용하게 되면 자기완성과 충만한 삶에 도움이 될 것이다.

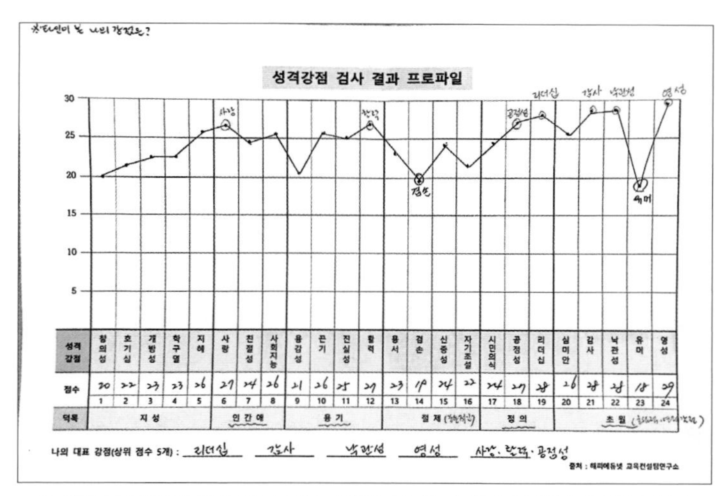

[그림25] 성격강점 검사 결과 프로파일(출처: 해피에듀넷 교육컨설팅연구소)

다중지능 검사는 인간의 지능을 한 가지가 아닌 여러 가지로 보고 있는 이론이다. 다중지능의 하위 요인으로는 언어지능, 논리수학지능, 신체운동지능, 음악지능, 공간지능, 인간친화지능, 자기성찰지능, 자연친화 지능이 있다. 다중지능 검사 결과에서 나타난 강점지능은 더 잘할 수 있도록 하고 약점지능은 강점지능으로 생긴 자기효능감으로 보완하도록 지원하면 된다.

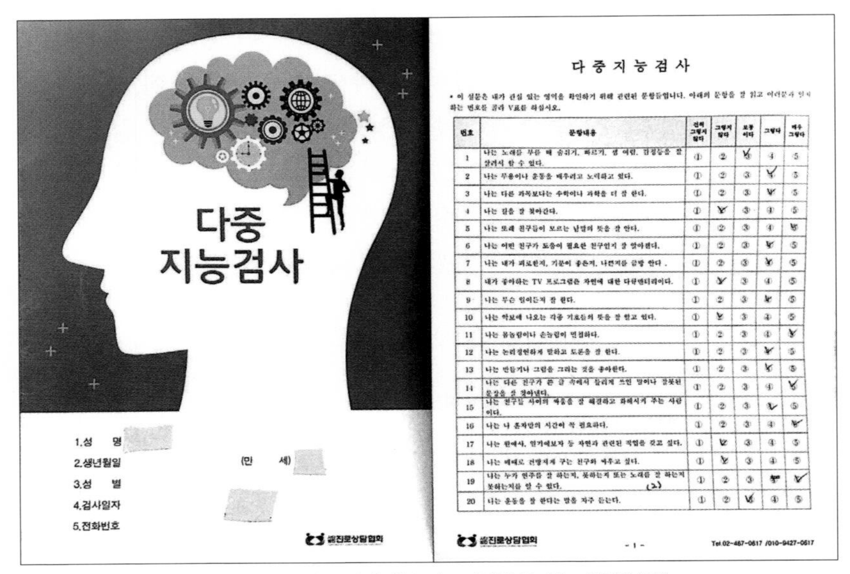

다중 지능검사

1.성 명
2.생년월일 (만 세)
3.성 별
4.검사일자
5.전화번호

사단법인 진로상담협회

다 중 지 능 검 사

• 이 설문은 내가 관심 있는 영역을 확인하기 위해 관련된 문항들입니다. 아래의 문항을 잘 읽고 여러분과 일치하는 번호를 골라 V표를 하십시오.

번호	문항내용	전혀 그렇지 않다	그렇지 않다	보통이다	그렇다	매우 그렇다
1	나는 노래를 부를 때 숨쉬기, 빠르기, 셈 여림, 감정들을 잘 살려서 할 수 있다.	①	②	③	④	⑤
2	나는 무용이나 운동을 배우려고 노력하고 있다.	①	②	③	④	⑤
3	나는 다른 과목보다는 수학이나 과학을 더 잘 한다.	①	②	③	④	⑤
4	나는 길을 잘 찾아간다.	①	②	③	④	⑤
5	나는 또래 친구들이 모르는 낱말의 뜻을 잘 안다.	①	②	③	④	⑤
6	나는 어떤 친구가 도움이 필요한 친구인지 잘 알아챈다.	①	②	③	④	⑤
7	나는 내가 피로한지, 기분이 좋은지, 나쁜지를 금방 안다 .	①	②	③	④	⑤
8	내가 좋아하는 TV 프로그램은 자연에 대한 다큐멘터리이다.	①	②	③	④	⑤
9	나는 무슨 일이든지 잘 한다.	①	②	③	④	⑤
10	나는 악보에 나오는 각종 기호들의 뜻을 잘 알고 있다.	①	②	③	④	⑤
11	나는 몸놀림이나 손놀림이 민첩하다.	①	②	③	④	⑤
12	나는 논리정연하게 말하고 토론을 잘 한다.	①	②	③	④	⑤
13	나는 만들거나 그림을 그리는 것을 좋아한다.	①	②	③	④	⑤
14	나는 다른 친구가 쓴 글 속에서 틀리게 쓰인 말이나 잘못된 문장을 잘 찾아낸다.	①	②	③	④	⑤
15	나는 친구들 사이의 싸움을 잘 해결하고 화해시켜 주는 사람이다.	①	②	③	④	⑤
16	나는 나 혼자만의 시간이 꼭 필요하다.	①	②	③	④	⑤
17	나는 원예사, 일기예보자 등 자연과 관련된 직업을 갖고 싶다.	①	②	③	④	⑤
18	나는 때때로 건방지게 구는 친구와 싸우고 싶다.	①	②	③	④	⑤
19	나는 누가 연주를 잘 하는지, 못하는지 또는 노래를 잘 하는지 못하는지를 알 수 있다.	①	②	③	④	⑤
20	나는 운동을 잘 한다는 말을 자주 듣는다.	①	②	③	④	⑤

사단법인 진로상담협회 - 1 - Tel.02-467-0617 /010-9427-0617

[그림26] 다중지능검사지(출처: 사단법인, 진로상담협회)

(3) 자신의 특성에 맞는 직업 선택

학생들이 자신의 적성과 특성을 고려해 직업 선택을 할 수 있는 활동으로는 홀랜드 직업적성 검사와 직업카드 분류를 소개하고자 한다. 홀랜드(Holland) 이론의 핵심은 개인마다 6가지 성격유형이 있고 이에 대응하는 6가지 환경유형이 있다는 것이다. 그리고 각 개인은 환경에 대처하는 적응양식에 따라 자신에게 적합한 직업 환경을 선택할 수 있다.

홀랜드의 직업적성 검사에서 개인의 성격유형은 RIASEC의 6각형 모형으로 나타난다. 실재형(Realistic), 탐구형(Investigative), 예술형(Artistic), 사회형(Social), 기업형(Enterprising), 관습형 Convetional)이 있다. 검사 결과 중 가장 높은 점수 순으로 상위 3

개 코드를 기초로 학생들의 성격유형을 진단할 수 있다. 이때 학생들에게 어떤 분야에 흥미가 있는지 알아보고, 만약 있다면 그것이 얼마나 두드러지고 강한 흥미인지를 살펴볼 수 있다.

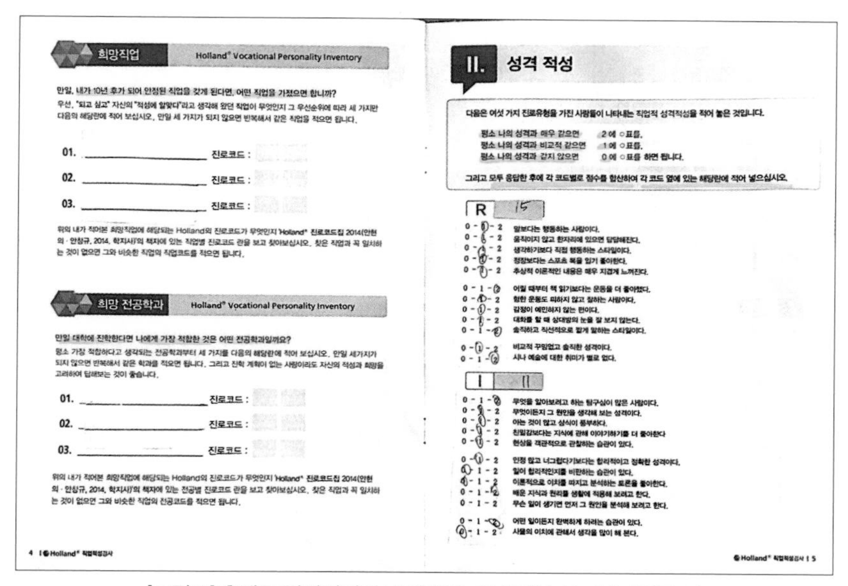
희망직업 Holland® Vocational Personality Inventory

만일, 내가 10년 후가 되어 안정된 직업을 갖게 된다면, 어떤 직업을 가졌으면 합니까?
우선, "되고 싶고" 자신의 "적성에 알맞다"라고 생각해 왔던 직업이 무엇인지 그 우선순위에 따라 세 가지만 다음의 해당란에 적어 보십시오. 만일 세 가지가 되지 않으면 반복해서 같은 직업을 적으면 됩니다.

01. ____________ 진로코드 :
02. ____________ 진로코드 :
03. ____________ 진로코드 :

위의 내가 적어본 희망직업에 해당되는 Holland의 진로코드가 무엇인지 'Holland® 진로코드집 2014(안현의 · 안창규, 2014, 학지사)'의 책자에 있는 직업별 진로코드 란을 보고 찾아보십시오. 찾은 직업과 꼭 일치하는 것이 없으면 그와 비슷한 직업의 직업코드를 적으면 됩니다.

희망 전공학과 Holland® Vocational Personality Inventory

만일 대학에 진학한다면 나에게 가장 적합한 것은 어떤 전공학과일까요?
평소 가장 적합하다고 생각되는 전공학과부터 세 가지를 다음의 해당란에 적어 보십시오. 만일 세가지가 되지 않으면 반복해서 같은 학과를 적으면 됩니다. 그리고 진학 계획이 없는 사람이라도 자신의 적성과 희망을 고려하여 답해보는 것이 좋습니다.

01. ____________ 진로코드 :
02. ____________ 진로코드 :
03. ____________ 진로코드 :

위의 내가 적어본 희망직업에 해당되는 Holland의 진로코드가 무엇인지 'Holland® 진로코드집 2014(안현의 · 안창규, 2014, 학지사)'의 책자에 있는 전공별 진로코드 란을 보고 찾아보십시오. 찾은 직업과 꼭 일치하는 것이 없으면 그와 비슷한 직업의 전공코드를 적으면 됩니다.

4 | Holland® 직업적성검사

II. 성격 적성

다음은 여섯 가지 진로유형을 가진 사람들이 나타내는 직업적 성격적성을 적어 놓은 것입니다.

평소 나의 성격과 매우 같으면 2에 ○표를,
평소 나의 성격과 비교적 같으면 1에 ○표를,
평소 나의 성격과 같지 않으면 0에 ○표를 하면 됩니다.

그리고 모두 응답한 후에 각 코드별로 점수를 합산하여 각 코드 옆에 있는 해당란에 적어 넣으십시오.

R 15

0 - 1 - 2 말보다는 행동하는 사람이다.
0 - 1 - 2 움직이지 않고 한자리에 있으면 답답해진다.
0 - 1 - 2 생각하기보다 직접 행동하는 스타일이다.
0 - 1 - 2 정장보다는 스포츠 복을 입기 좋아한다.
0 - 1 - 2 추상적 이론적인 내용은 매우 지겹게 느껴진다.

0 - 1 - 2 어릴 때부터 책 읽기보다는 운동을 더 좋아했다.
0 - 1 - 2 험한 운동도 피하지 않고 잘하는 사람이다.
0 - 1 - 2 감정이 예민하지 않는 편이다.
0 - 1 - 2 대화를 할 때 상대방의 눈을 잘 보지 않는다.
0 - 1 - 2 솔직하고 직선적으로 짧게 말하는 스타일이다.

0 - 1 - 2 비교적 꾸밈없고 솔직한 성격이다.
0 - 1 - 2 시나 예술에 대한 취미가 별로 없다.

I 11

0 - 1 - 2 무엇을 알아보려고 하는 탐구심이 많은 사람이다.
0 - 1 - 2 무엇이든지 그 원인을 생각해 보는 성격이다.
0 - 1 - 2 아는 것이 많고 상식이 풍부하다.
0 - 1 - 2 친밀감보다는 지식에 관해 이야기하기를 더 좋아한다
0 - 1 - 2 현상을 객관적으로 관찰하는 습관이 있다.

0 - 1 - 2 인정 많고 너그럽다기보다는 합리적이고 정확한 성격이다.
0 - 1 - 2 일이 합리적인지를 비판하는 습관이 있다.
0 - 1 - 2 이론적으로 이치를 따지고 분석하는 토론을 좋아한다.
0 - 1 - 2 배운 지식과 원리를 생활에 적용해 보려고 한다.
0 - 1 - 2 무슨 일이 생기면 먼저 그 원인을 분석해 보려고 한다.

0 - 1 - 2 어떤 일이든지 완벽하게 하려는 습관이 있다.
0 - 1 - 2 사물의 이치에 관해서 생각을 많이 해 본다.

Holland® 직업적성검사 | 5

[그림27] 홀랜드 직업적성검사지(출처: 인사이트 심리검사연구소)

직업카드 분류는 다양한 직업에 대한 학생들의 흥미를 높이고 직업 세계를 이해하며 자신의 진로 방향설정에 도움이 될 수 있는 활동이다. 진행순서는 먼저 제한된 시간 내에 자신이 알고 있는 직업에 대해 적어본다. 이를 통해 자신이 알고 있는 직업세계의 범위를 가늠할 수 있다. 다음에는 직업카드를 좋아하는 것, 잘 모르는 것, 싫어하는 것으로 분류한다. 잘 모르는 카드를 갖고 뒷면의 설명을 보면서 다시 좋아하는 것과 싫어하는 것으로 재분류한다. 이러한 과정을 통해 학생들의 직업에 대한 흥미와 가치관을 엿볼 수 있다.

그런 뒤 좋아하는 직업들의 우선순위를 정하고 그 직업을 선택한 이유를 탐색하게 한다. 워크넷과 같은 사이트에서 더 자세한 내용을 찾아보도록 하는 활동으로 마무리한다. 학생들의 수준이나 정도에 따라 시간이 된다면 좋아하거나 싫어하는 직업카드에 색깔로 구분해 놓은 RIASEC 유형의 색을 통해 자신의 흥미를 좀 더 자세히 찾는 기회를 가질 수도 있다.

앞으로는 인간의 고유한 가치가 빛날 수 있는 분야의 일자리와 기계와 협업하는 일자리가 늘어날 것이다. 미래의 진로교육도 이를 고려해 행복, 신뢰, 사랑, 존경, 겸손 등 인간만이 가질 수 있는 핵심가치의 중요성을 인식하고 자신의 흥미와 특성을 고려한 직업 선택을 할 수 있는 다양한 기회를 제공하는 방향으로 나아가야 할 것이다.

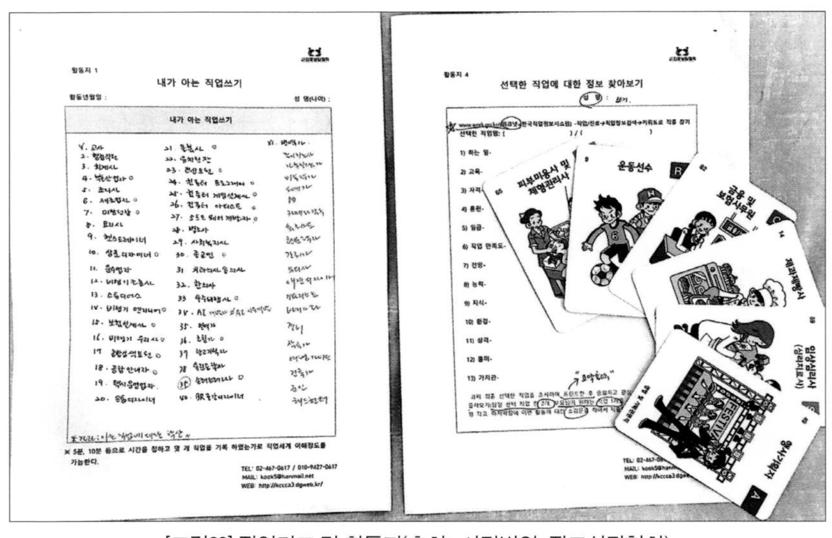

[그림28] 직업카드 및 활동지(출처: 사단법인, 진로상담협회)

3) 자녀와 함께 행복을 가꾸는 부모교육

아이를 낳아 키운 경험이 있는 부모라면 누구나 한 번쯤은 '자녀교육에는 정답이 없구나'라는 생각을 해보았을 것이다. 사람들은 부모가 되고 나면 한 남자로서, 한 여자로서 보다는 한 아이의 부모라는 것이 더 비중을 차지하고 있음을 느낀다. 아이가 자라면서 부모를 알아보고 웃고, 옹알거리며, 움직임 자체가 재롱으로 보일 때는 더욱 그러할 것이다. 그렇지만 아이가 성장하게 되면 부모의 고민도 함께 커지기 시작한다. 입시나 시험 성적, 인성 및 진로 문제, 교우관계나 취미생활 그리고 신체 건강까지 범위도 다양해 질 것이다. 그러나 부모의 고민을 하나로 묶어보면 결국 '내 아이를 어떻게 키워야 하는가?'로 귀결된다.

프랑스령 적도 아프리카의 랑바레네에 병원을 개설해 인류애를 실천한 의사이자 선교사였던 알버트 슈바이처(Albert Schweitzer) 박사는 자녀교육의 성공적인 방법에 대해 첫째 본보기이고 둘째 역시 본보기이며 셋째도 본보기라고 했다. 이런 점에서 '내 아이를 어떻게 키워야 하는가?'라는 질문을 하기보다 '나는 아이에게 어떤 본보기가 되고 있는가?'라는 질문부터 자신에게 던져야 할 것이다. 그리고 해답을 찾기 위해 자신의 생활을 되돌아보는 것이야 말로 부모교육의 핵심이라 생각한다.

때때로 학습의 효과 및 그 영향의 정도는 학교나 학원 등에서 배우는 것보다 아이들이 가정에서 생활하면서 부모의 생각, 언어 그리고 행동 등으로부터 배우는 것이 훨씬 더 클 수 있다. 우리가 운동을 하다보면 처음 시작할 때 잘못 배운 자세로 종종 애를 먹을 때가 있을 것이다. 행동 교정을 통해 수 없이 반복해야 바른 자세가 되기 때문에 운동을 배울 때는 기초가 중요하다고 말하곤 한다. 그렇다면 4차 산업혁명의 시대를 살아 갈 아이들을 위한 부모교육의 기초는 어떤 것일까?

염지현 기자는 동아사이언스 '4차 산업혁명 시대, 자녀 교육은 어떻게?'라는 글에서 사회변화를 받아들일 준비가 된 부모에게 다음과 같이 팁을 제시했다. 첫째 자녀의 특징을 알고 서로 다름을 인정하며 함께 나아가는 마음의 준비하기, 둘째 4차 산업혁명 시대에 우리 아이들에게 필요한 역량이 무엇인지 구분할 줄 아는 안목 기르기, 셋째 SW교육, 코딩교육, 창의교육, 메이커교육 등과 같은 대안 교육의 필요성을 알고 어느 쪽으로도 치우치지 않는 객관적인 정보를 얻는 것이라고 했다.

또한 김현정은 저서 '똑똑한 모험생 양육법'에서 4차 산업혁명을 보고 아이를 키우는 것이 아니라 4차 산업혁명 이후를 보고 키워야 한다고 했다. IQ, EQ가 아니라 AQ(Adventurous Quotient)인 '모험지능'을 강조했다. 작가는 사회적 변화가 어떠한 산업혁명의 형태로 오더라도 내 아이를 단단하게 키울 수 있는 답은 아이가 가지고 있다고 했다.

김현정 작가는 자신의 두 아이를 모범생이 아닌 모험생으로 키우기 위해 '습관, 동기, 끈기, 몰입, 재능, 노력, 공감, 시간' 8가지를 차근차근 실천하고 훈련해 왔다고 했다. 특히 습관 기르기는 작게 시작하고 운동 습관부터 잡아주기, 자발적이고 내적인 동기 이끌어 내기, 재능 단련을 위한 아이에게 맞는 훈련 매커니즘 찾기, 열정리스트 작성으로 몰입 기회 제공, 중요한 일이 급한 일에 밀리지 않도록 시간배분 전략 짜기, 자신을 이해하며 타인과 소통하고 융합하는 것이라고 강조했다.

지금까지 4차 산업혁명의 시대를 살아 갈 아이들을 위한 바람직한 부모교육에 대해 살펴보았다. 필자는 두 자녀를 키워온 부모 역할 외에 30년간 교직생활, 서울특별시교육청 감정코칭 및 아이행복 전문강사, 서울초중등교류분석상담연구회 회장, 한국교류분석상담연구원의 슈퍼바이저, 사단법인 4차산업혁명연구원 및 진로상담협회 전문 강사 등의 활동을 하고 있다.

이를 통해 필자는 학생, 학부모 그리고 교사들이 나와 타인을 바르게 이해하기, 학생과 교사 또는 자녀와 부모간의 경청과 배려하기, 학생 또는 자녀와의 감정코칭 대화 연습하기, 자신의 미래를 설계하는 인생플랜 짜기, 부모의 자기개발 필요성 등을 강조해 왔다. 특히 2018년 상반기에 실시해 학부모 연수생들로부터 좋은 반응을 가져온 '교류분석 부모교육' 프로그램 도입은 학생교육 외에 부모교육의 중요성이 강조되고 있는 요즈음 일회성 강의가 아닌 부모교육 전문 프로그램을 기획하고 적용했다는 점에서 의미가 크다고 할 수 있다. '교류분석 부모교육' 프로그램의 진행순서와 단원별 주제는 [표7]과 같다.

회 기	차 시	단 원 명	주 제
1	1~2	자아상태	아이 마음, 내 마음 어떻게 다를까?
2	3~4	대화분석	우리의 소통하는 모습은 어떠한가?
3	5~5	스트로크	칭찬은 고래도 춤추게 한다.
4	7~8	인생태도	나의 삶의 태도는 어떠한가?
5	9~10	라켓과 심리게임	부정적 감정을 어떻게 변화시킬 것인가?
6	10~12	각본분석	인생 드라마(인생플랜 짜기)

[표7] 교류분석 부모교육 내용(출처: 한국교류분석상담연구원)

끝으로 필자는 자녀와 함께 행복을 가꾸는 부모교육에 있어 가장 기본이 되는 것은 '자녀에 대한 사랑'이라고 확신한다. 과거에 비해 오늘날 생활은 많은 분야에서 풍족하고 편리해졌지만 사람들의 내면적인 삶은 그렇지 않음을 종종 볼 수 있다. 해가 갈수록 아이들은 선생님들의 시선을 끌려고 하는 모습, 상대방에 대한 배려에 앞서 자신이 먼저라는 의식, 급식시간에 식당으로 허겁지겁 들어오는 아이들의 눈망울, 자신으로 인해 상대방이 피해나 상처를 입었을 경우 미안해 하거나 사과하기 보다는 오히려 당당한 이유로 맞서는 등의 모습에서 나는 아이들이 채워지지 않은 사랑의 빈자리를 채우려고 노력하는 것처럼 보였다.

사실 요즘은 맞벌이와 방과후 교육, 그리고 전자기기 등으로 인해 부모와 자녀가 함께 지내는 시간이 부족하다. 그러다 보니 그나마 부모와 자녀가 같이 있을 때에도 '숙제는 다 했니?', '독서해라', '밥 먹어라', '양치는 했니?' 등의 아이들 일정만 챙기기에도 바쁜 세상이 된 것 같다. 그만큼 생활에 여유가 없어진 것이다. 그렇다고 해서 이러한 인위적 또는 환경적인 이유들이 부모가 자녀를 사랑할 시간이 없다는 의미로 정당화 될 수는 없다. 지난 4월 말에 첫 아이를 낳아 부모가 된 큰 아들이 어느 날 "맞벌이 하면서 아이를 키운다는 것은 정말 힘들어. 그런데 이것보다 더 행복한 것은 없는 것 같아"라고 했다. 아기의 성장과 함께 부모로서의 책임 또한 무겁다는 것을 몸소 체험하며 사랑과 정성으로 한 아이의 부모가 되어가는 모습은 힘은 들어 보이지만 아이와 부모 모두에게 행복한 시간임이 분명해 보인다.

Epilogue

언젠가 밀레니엄 시대가 온다고 그렇게나 떠들썩했던 때가 기억난다. 당시 사람들은 금방 세상이 바뀔 것처럼 언론에서도 많이 다뤘던 것 같다. 과연 밀레니엄 시대가 도래 하면 바뀔 것이라는 많은 예상은 어느 정도 맞아떨어졌을까? 그래서 어쩌면 다가오는 미래 사회의 모습도 그와 비슷하지 않겠느냐고 주장하는 사람도 있을 것이다.

그러나 오늘날의 예측은 그때와는 많이 달라졌다고 할 수 있다. 그 이유는 앞에서도 다루었지만 인공지능의 기술개발로 생각하는 기계가 점점 더 똑똑해졌기 때문이다. 그러므로 우리는 태풍이나 재난을 예방하는 대책을 마련하듯이 미래 사회에 대비한 방어를 게을리 할 수는 없다. 왜냐하면 미래는 준비된 사람의 것이기 때문이다. 특히 자라나는 아이들에게는 더욱 그렇다.

필자는 이러한 미래 사회로의 대비를 위해 과거와 현재 아이들의 삶 비교와 4차 산업혁명 시대의 생활모습, 인공지능이 일자리에 미치는 구체적인 영향 그리고 변화된 미래 사회를 대비하기 위한 아이들의 역량교육, 미래를 내다보는 진로교육, 본보기와 사랑을 기본으로 하는 부모교육에 대해 이야기 했다.

미래의 사회는 기계가 어디까지 사람들의 역할을 대체할지 가늠할 수가 없을 것이다. 그래서 많은 사람들은 불안해한다. 코칭수업, 하브루타 수업, 토론식 수업 등이 우후죽순처럼 등장해 사교육 시장을 덮어가는 것을 보면 이러한 불안심리를 알 수 있게 한다. 이런 사회 분위기에서는 차분히 지내왔던 부모들까지도 많은 고민에 빠지게 될 것이다.

그러나 이와 같은 고민의 답은 자신의 아이에게서 찾으면 될 것이다. 자녀에 대한 바른 이해와 변화하는 세상에 대한 바른 안목이 그것이다. 거기에 부모의 깊은 사랑과 아이와 함께 배우려는 긍정적인 자세가 필요하다. 가장 중요한 것은 아이의 행복한 삶이다. 엄마의 사랑은 아이의 든든한 지원부대이자 활력소이다. 말을 하지 못하는 유아도 부모가 있을 때와 없을 때의 기세가 다름을 알 수 있다.

우리가 원하거나 원하지 않던지 상관없이 미래사회는 다가온다. 그리고 그 속에서 살아갈 아이들을 위해 부모는 다음과 같은 기초를 닦아야 할 것이다. 자녀에 대한 깊은 사랑, 인내하는 기다림, 언제나 지원하는 신뢰, 미래에 대한 객관적이고 쏠리지 않는 정보수집과 부모 자신에 대한 평생교육을 준비해야 될 것이다. 이러한 부모의 노력은 아이에게 큰 힘이 될 것이다. 그 힘은 세상을 살아가는 데 연료가 되고 인공지능이 따라올 수 없는 사랑의 샘물을 채워주게 될 것이다.

끝으로 필자는 아이들이 앞으로 다가오는 미래사회를 선물로 받아들이고 선물의 포장 속에 많은 부분을 차지하고 있을 인공지능과도 자연스럽게 어울리면서 인간에 대한 사랑과 가치를 잃지 않는 행복한 삶을 살았으면 하는 바람으로 글을 마치고자 한다.

참고문헌

· 토비 월시, ‘AI의 미래, 생각하는 기계’(이기동 옮김), 도서출판 프리뷰, 2018
· 한국경제 IT/과학, http://news.hankyung.com/article/2018031255061
· http://www.zdnet.co.kr/news/news_view.asp?artice_id=20180515085213&type=det&re=zdk
· 허팝 Heopop, https://youtu.be/2DcR230u-to
· 도티 TV, https://youtu.be/NKcaeOIq0nA
· 김창경, 미래강연Q, https://youtu.be/FDmn-h7ycF0
· https://terms.naver.com/entry.nhn?docId=3580835&cid=59088&categoryId=59096
· https://terms.naver.com/entry.nhn?docId=3556207&cid=42107&categoryId=42107
· https://terms.naver.com/entry.nhn?docId=3386304&cid=58370&categoryId=58370
· 전승민, “십 대가 알아야 할 인공지능과 4차 산업혁명의 미래”, 팜파스, 2018
· YTN 사이언스, ‘스페셜, 4차 산업혁명’, https://youtu.be/fL4QvQHzq2Q
· 에머스 블러그, https://blog.naver.com/jwkim71/221041523865
· 현장포커스, ‘쇼핑도우미로봇,페퍼’, https://youtu.be/gIkGcIswbYk
· 손을춘, “4차 산업혁명은 일자리를 어떻게 바꾸는가”, 을유문화사, 2018
· 네이버 포스트, https://post.naver.com/viewer/postView.nhn?volumeNo=4348224&memberNo=438952
· 이투데이 뉴스, http://www.etoday.co.kr/news/section/newsview.php?idxno=1636647
· 제리 카플란, “인공지능의 미래”(신동숙 옮김), 한스미디어, 2017
· 스포츠 투데이, http://stoo.asiae.co.kr/news/view.htm?idxno=2018071715131649359
· 네이버 포스트, http://naver.me/x8TIYKZj

· 라포르시안, http://www.rapportian.com/news/articleView.html?idxno=113263
· 정학경, "내 아이의 미래력", 라이팅 하우스, 2017
· 이영숙, 교육과 사색(좋은부모 멘토링), 교육타임스, 2018.7
· https://m.post.naver.com/viewer/postView.nhn?volumeNo=16741549&memberNo=16711396&vType=VERTICAL
· 송희자, '교류 분석 개론', 시그마프레스, 2012
· 교육부 공식 블로그(모아우아), https://blog.naver.com/moeblog/221097716683
· 한국과학창의재단의 융합인재교육, https://steam.kofac.re.kr/?page_id=11267
· 네이버 TV, 글로벌 에듀타임즈 생생인터뷰(조경희 시매쓰수학연구 소장)
· https://news.naver.com/main/read.nhn?mode=LPOD&mid=tvh&oid=215&aid=0000687495
· https://news.naver.com/main/read.nhn?mode=LPOD&mid=tvh&oid=056&aid=0010619470
· 책그림, 인간VS기계, https://youtu.be/wtdtU4mqqig
· 모종수, '2018 진로상담사 2급 과정', 한국진로상담연구원출판부, 2018
· http://dongascience.donga.com/news.php?idx=17305
· 김현정, '똑똑한 모험생 양육법', 스마트북스, 2018
· 장선주 외 8명, '교류분석 부모 교육', 한국교류분석상담연구원, 2018

8

4차 산업혁명과 함께하는 의료

하 영 랑

사단법인 4차산업혁명 연구원이자 인구보건복지협회 인구 전문강사이다. 사회복지학 석사를 전공하고 사회복지대학원대학교 중독재활 지도교수, 한국교원단체총연합회 인터넷 윤리 전문강사 및 한국교육협회이사로 재직 하면서 4차 산업혁명에 친숙하게 다가가기 위한 강의 활동을 이어가고 있다.

이메일 : piano8990@naver.com
연락처 : 010-4722-8990

4차 산업혁명과 함께하는 의료

Prologue

4차 산업혁명! 우리는 어떻게 맞이해야 하는가?

지난 2016년 1월 다보스포럼에서 스위스 제네바대학교 클라우드슈밥 교수에 의해 '4차 산업혁명'이라는 단어를 시작으로 세계 여러 나라에서는 4차 산업혁명을 맞이하기 위한 다양한 의제를 논의하기 시작했다.

4차 산업혁명의 핵심은 여러 가지가 있지만 나를 설레게 한 것은 인간의 모든 행위와 생각이 온라인의 클라우드(Cloud) 컴퓨터에 빅데이터의 형태로 저장돼서 마치 여러 장소에서 동일한 구름을 관찰하듯이 언제 어디서나 필요한 서류를 불러올 수 있는 있는 편리함이다. 또한 점점 똑똑해지는 사람들이 경제적인 것과 합리적 사용에 대한 욕구변화로 인해 생겨난 O2O(Online to Offline)이다.

O2O는 온라인의 기술을 이용해서 오프라인의 수요와 공급을 혁신시키는 새로운 현상을 지칭한다. 초 연결 혁명으로 네트워크형 신인류를 창조하며 세상을 바꾸어 놓은 온라인이 진화를 거듭한 결과 드디어 오프라인 세상을 침범한 것이 O2O의 시작이다. 어떤 채널을 통해 접근하더라도 우리가 어디에 있든지 간에 그리고 우리에게 어떤 문제가 발생하기 전 미리 알아서 서비스를 해주는 예측 서비스야 말로 내가 원하고 꿈꿨던 서비스였다. 더 이상 우리는 후기에 집착하지 않아도 되고 미리 정보를 알아내서 선택의 폭이 훨씬 넓어진 것이다.

지난 1980년 이후 출생하는 사람들을 디지털 원주민이라고 부른다. 이들은 태어나면서부터 기기와 친숙하기 때문이다. 이들은 격변하는 현 시대에 큰 거부감 없이 다가갈 수 있겠지만 나를 포함한 지난 1980년 이전의 사람들은 아날로그에서 디지털시대로 넘어온 디지털 이주민들이다. 디지털혁명이라 부르는 3차 산업혁명에도 완전 몰입이 덜 된 상태에서 4차 산업혁명의 도래는 우리 디지털 이주민들에게는 당황스럽고 큰 충격이 아닐 수 없다.

3차 산업혁명의 연장이 아니라 그것과 구별되는 4차 산업혁명은 그 속도와 범위 그리고 시스템에 미치는 영향은 기하급수적으로 전개되고 있고 우리의 생활방식과 업무방식, 다른 사람과 관계를 맺는 방식까지 완전히 뒤바꿔 놓을 기술혁명이기 때문이다.

그렇다면 우리는 무엇을 어떻게 해야 할 것이며 어떤 준비를 해야 하는지 또 어떤 마음으로 어떻게 맞이해야 하는지 4차 산업혁명이 가져올 파급효과가 우리에게 어떤 영향을 주는지 인류 모두의 염원인 건강과 관련해 중점적으로 생각해 보기로 하자.

1. 사람의사 VS 로봇의사

1) 내 주치의는 인공지능(AI)

4년 전 필자가 충수염으로 수술한 적이 있었다. 그때 나를 담당했던 주치의로 인해 5일간의 입원기간은 병원이라는 딱딱함에서 탈피, 마치 휴가 나온 듯 편안하게 보낼 수 있었다. 그 의사의 말투는 다정했고 질환에 대한 설명을 쉽게 그리고 유머러스하게 말해 주었고 회복 시 혹시라도 발생할 수 있는 변수에 대한 예측이나 예방까지도 환자 입장에서 설명해 주었다. 내가 갖고 있었던 의사에 대한 불편한 선입견이 많이 작아지는 계기가 되었다.

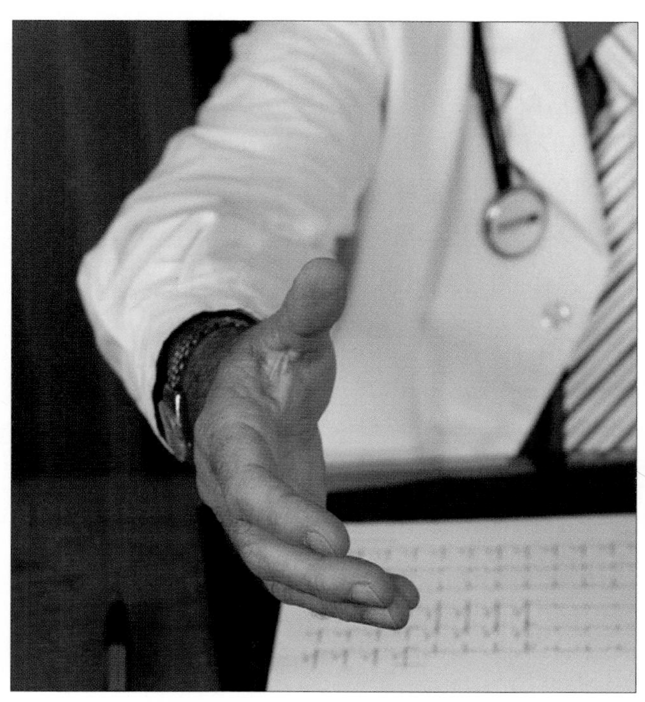

[그림1] 따뜻한 인간미를 느낄 수 있는 사람 의사

우리나라는 아직까지 의사에 대한 선입견으로 딱딱함, 냉철하고 냉정함 등으로 표현하곤 한다. 의료 환경이 그들을 냉철하게 만드는 것인지 아니면 의사를 꿈꾸는 사람들이 똑똑함을 넘어 원래 냉정한 사람들이었는지는 알 수 없으나 오랜 시간 의사에 대한 선입견은 부드러움 보다는 좀 딱딱함이 클 것이라는 생각이 든다. 물론 소수의 의견이겠지만 말이다.

그렇다면 로봇의사에 대한 우리의 생각은 어떤가? 필자는 로봇의사도 마찬가지로 딱딱하고 냉철할 것이라고 예상해본다. 기기들과 별로 친하지 않았던 디지털 이주민(지난 1980년대 전에 출생한 사람) 세대라 그런가? 로봇에 대한 나의 선입견 역시 따뜻함은 아니었다.

머지않아 이런 로봇의사가 사람의사를 상당부분 대체할 것이라는 보도를 보면서 과연 그럴 가능성이 있는 걸까? 설렘과 의구심이 든다. 의료에도 4차 산업혁명의 바람이 거세게 부는 현 시점에서 확실한 것은 사람의사 수준이거나 일부 측면에서는 더 월등한 로봇의사가 발전을 거듭하면서 나타날 것이며 그 발전의 속도는 매우 빠를 것으로 예상된다.

그러나 아직까지는 로봇의사의 정확성과 안전성, 효용성을 검증할 방법도 많지 않고 사람의사와 공생하게 될 로봇의사들의 교육적 측면이나 법조계와의 연계 심지어 철학적인 문제 등 이런 복잡한 이슈에 정답이 있을지 고민이다.

미래의료학자 최윤섭 박사는 “로봇의사가 사람의사를 대체한다는 문제는 구도로 접근하는 것 보다는 의사가 맡은 개별적인 여러 세부역할을 기준으로 접근하는 것이 정답을 찾아가는 길”이라고 했다.

로봇의사의 역할은 크든 작든 변화나 혁신을 이끌어 낼 것이 분명하고 의사의 역할변화는 세 가지로 구분 지었다. 즉 사라지는 역할, 유지되는 역할, 새롭게 생길 역할이 바로 그것이다. 흔히 사람들은 인공지능을 기반으로 한 로봇의사로 인해 사라지는 역할에만 더 집중하기 쉽다.

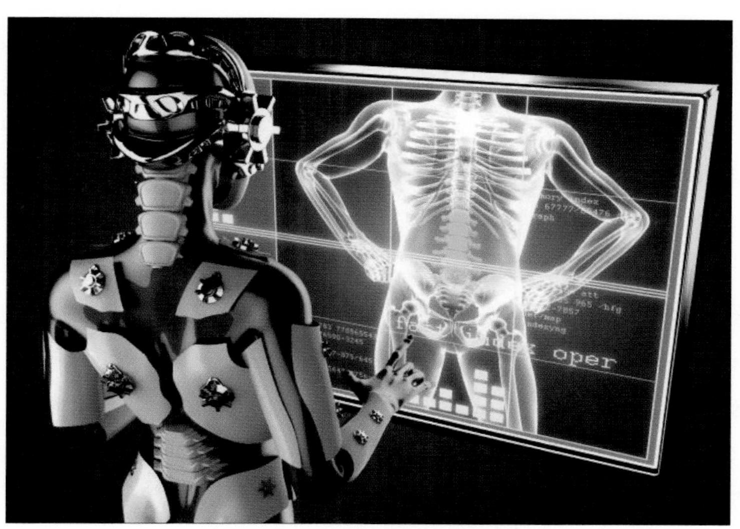

[그림2] 4차 산업혁명 시대의 로봇 의사

최윤섭 박사는 위의 세 가지 역할의 구별은 진료과별로 따로 접근하는 것이 필요하며 이런 변화에 맞춰 의과대학의 교육과정이나 인턴이나 레지던트 등 의사들의 수련과정에도 변화가 필요하다고 주장했다.

의료에서 인공지능을 가진 로봇의사는 복잡한 의료데이터를 분석해 의학적인 결론을 도출하고 사람의 활동을 단순히 보조하거나 보완하는 것이 아니라 의료영상 처리, 위험분석 진단, 신약개발 등 다양한 부문에서 활약할 것으로 예상된다,

그러나 한편으로는 우려의 목소리도 크다. 의료인공지능인 로봇의사는 얼마나 많은 의료데이터를 모으느냐가 중요한데 이 과정에서 환자에게 동의를 구하기가 쉽지만은 않다는 우려이다. 예를 들어 뇌질환 위해 5만장의 엑스레이를 모아 작은 모듈을 개발하고 상업화한다고 가정 했을 때 5만 명 환자 모두에게 동의를 받아야 하는 상황이다.

현재 미국, 영국, 중국 등에서는 상업적 동의에 대해 논의하고 있고 유럽은 환자 동의가 면제되는 학술목적에 상업적 리서치도 포함하고 있다면서 "이런 부분에서 우리나라가 가장 뒤쳐져 있다. 이런 문제를 풀지 않으면 의료 인공지능 연구는 현장에서 활용되지 못할 것"이라고 지적했다.

따라서 활성화와 규제완화 정책이 바뀌어야 할 것이다. 그렇다면 우리나라의 의료 인공지능은 어디까지 와 있는 것일까? 현재의 로봇의사(인공지능을 가진)의 업무는 환자에 대한 판단을 하는 것도 아니고 인공지능인 로봇의사의 결과 도출로 진료가 결정되는

것이 아니라 빅 데이터를 활용한 정보로 도출된 결과를 토대로 최종판단은 사람의사가 결정을 하고 로봇의사는 조력자 역할을 하고 있다.

우리나라 의료분야 인공지능 시장규모는 지난 2015년 17억 9,000만원의 규모에서 오는 2020년에는 256억 4,000만원 규모를 전망하고 있다고 한다. 급속도로 성장하고 있고 사람들이 거는 기대효과도 상당히 크다는 증거이다.

우리에게도 친숙한 '왓슨'(인공지능컴퓨터)은 지난 2016년 가천길병원에서 처음으로 도입한 이래 암 환자의 진료 기록을 바탕으로 치료법을 권고해주고 수백만 건의 진단서, 환자기록, 의료 서적 등의 데이터들을 토대로 확률 높은 병명과 성공가능성이 큰 치료법을 알려주고 있다. 그러나 200여 종의 의학 교과서, 290여 종의 의학 저널, 1,200만 쪽의 의학 전문자료를 갖고 있는 왓슨도 완벽하지는 않다. 계속되는 오류로 인해 불안감을 호소하는 사람들이 많다.

2) 의료! 미래기술을 만나다

(1) 삼켜서 치료한다

수술이 필요 없는 미래기술인 캡슐내시경은 외부의 자기장을 이용해서 조종한다. 지름 11mm, 길이 24mm의 비타민 알약만 한 크기의 캡슐을 삼키면 장운동에 따라 소화기관을 통과하면서 사진을 찍은 뒤 전송해 판독한다. 수면제나 마취제가 필요 없고 일회용이라 위생적이고 삼킨 캡슐은 분변과 함께 자동 배출돼 편리하다.

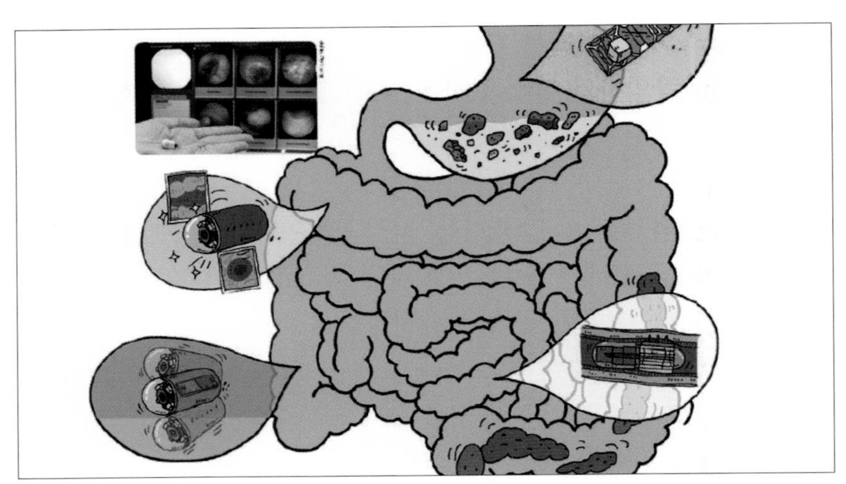

[그림3] 캡슐내시경(이미지 출처 : ddfsuffolk.org, MIT, ranitherapeutics, [일러스트] 오성봉)

(2) 3D프린터와 의료

① 3D프린팅을 이용한 흉곽 이식수술에 성공

의료 분야에도 3D프린팅 시대가 도래 했다. 인공뼈, 인공장기, 피부, 망막 등 신체 여러 부분을 3D프린터로 출력해 각종 이식수술이 현실화 되고 있다. 최근 지난 10월 중앙대병원 의료진이 국내 최초, 세계에서는 여섯 번째로 3D프린팅을 이용한 흉곽 이식수술에 성공했다. 이번 3D프린팅 인공 흉곽은 가로 28.6 세로 17.2cm로 세계 최대의 맞춤형 인공 흉곽이다.

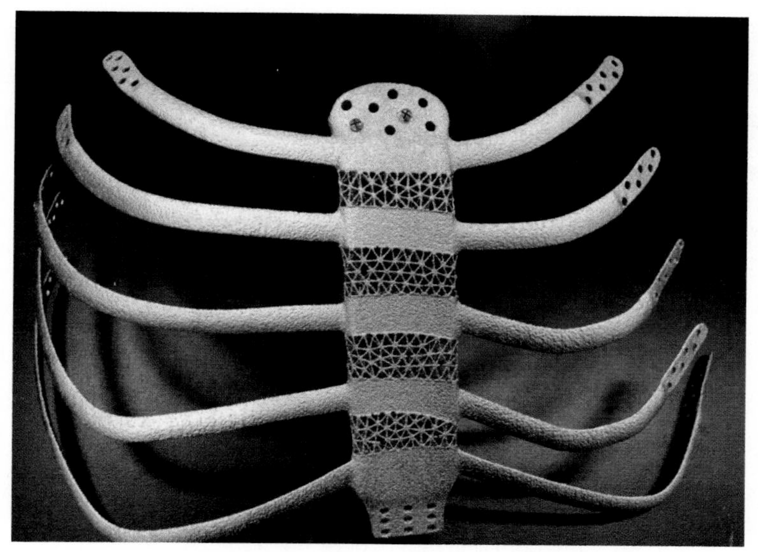

[그림4] 중앙대병원 의료진이 순수 티탐늄으로 만든 인공가슴뼈
(출처 : News1 중앙대병원, 국내 최초로 '3D프린팅 인공흉곽 이식')

흉골과 늑골에 악성종양인 육종이 생겨 가슴뼈를 잘라내고 새로운 뼈를 이식하지 않으면 6개월 안에 사망할 정도로 병세가 위급했던 50대 남성에게 3D프린팅 기술로 만든 티타늄 인공흉곽을 이식하는데 성공을 거두었다.

지난 2016년 3D 프린팅 두개골 이식수술을 시작으로 3D 프린팅 인공 턱과 광대뼈 재건수술을 잇달아 성공적으로 시행하는 등 3D 프린팅을 활용한 수술 및 치료 분야에서 우리나라도 세계 속의 3D 프린팅 강국으로서 입지를 다져나가고 있다. 너무 자랑스러운 일이 아닐 수 없다.

또한 '이종장기' 분야에서도 연구가 활발히 진행되고 있다. 동물 중에 장기이식 후보로 가장 적합한 돼지의 장기를 활용함으로써 인공장기 기술의 실용화를 높이는 연구인데 인간과 돼지의 면역체계가 다르다는 것이 큰 문제이긴 하지만 돼지는 장기의 구조와 비율, 생리특성이 인간과 유사해서 이종 장기이식 연구에 유망한 동물이다.

서울대학교 의과대학 바이오이종장기개발사업단은 지난 10월 16일 '이종이식 임상시험 국제 전문가 심의회'를 개최하고 세계 최초로 국제 기준을 준수하는 이종이식 임상시험을 실시하겠다고 밝혔다. 이종 췌도 이식 연구책임자인 김광원 교수(가천대학교 의과대학)는 "당뇨 치료를 위해 돼지 췌도 이식이라는 당뇨병 완치 의술을 실시할 수 있는 기반이 마련됐다는 데 큰 의의가 있다"며 "돼지 췌도 이식 임상시험을 조만간 실시할 수 있도록 최선을 다하겠다"고 말했다.

아직 이와 관련된 국민의 건강을 보호할 제도적·법적 근거가 마련돼야 하겠지만 국제기준을 준수하는 이종이식 임상시험이 국내에서 성공한다면 우리나라 재생의료산업의 발전과 국민건강 증진에 크게 기여할 것으로 전문가들은 예상하고 있다.(출처 : 의협신문(http://www.doctorsnews.co.kr)

② 안면이식수술

암으로 얼굴에 큰 구멍이 생긴 환자에게 3D 프린터를 이용해서 인공피부를 출력해서 이식한다.

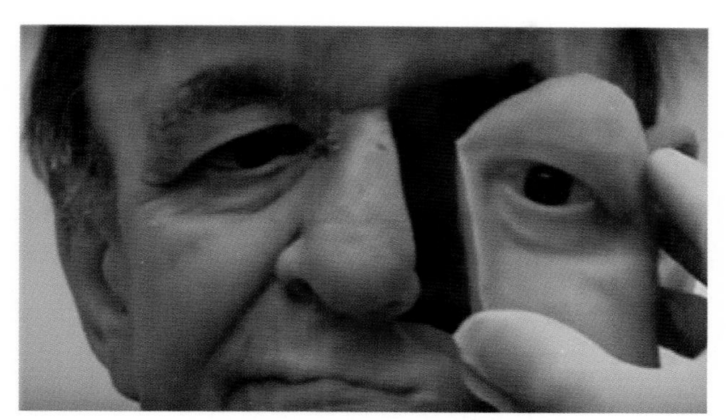

[그림5] 안면이식수술

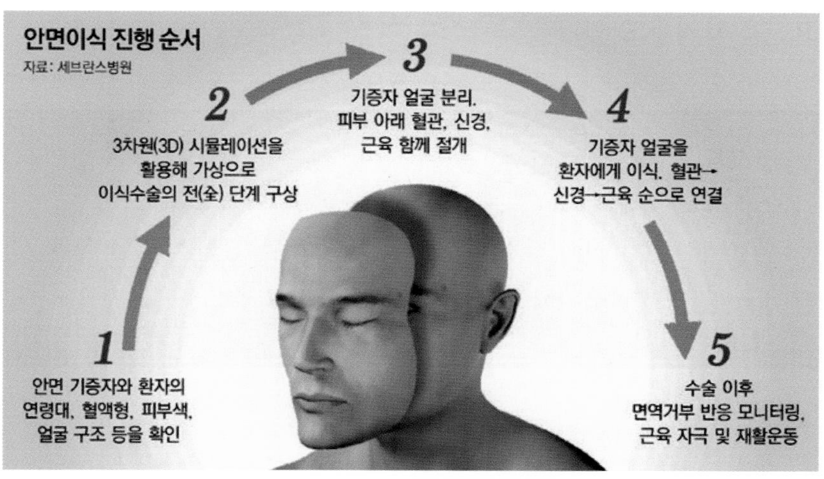

[그림6] 안면이식수술 순서(출처 : 세브란스병원)

위의 그림처럼 기증자가 없더라도 환자의 옛 사진을 보고 3D로 복원가능하기 때문에 예전의 모습을 되찾을 수 있을 듯하다. 이런 3D를 이용해서 모델링한 안면은 질병으로 고생하는 사람들 뿐 아니라 사고나 화상으로 잃어버린 얼굴을 되찾는데 크게 도움이 될 것이라고 생각한다.

(3) 냉동인간

인체냉동보존은 미래의 의료 기술로 소생할 수 있는 것을 기대하고 사람의 사체를 영하 196℃의 액체질소에서 냉동 보존하는 것을 말한다. 저온 보존된 사람이나 대형 짐승을 현재의 기술로는 소생시킬 수는 없다. 그러나 인체냉동은 생명공학의 발전과 생명윤리 사이의 간극을 좁혀가야 하는 문제와 현재의 의료기술로는 불가능하기 때문에 몇 십 년 아니 몇 백 년 후에 깨어날 냉동인간이 과연 그 시대의 인간들과 함께 어울릴 수 있는가, 고독하지 않을까하는 고민을 남겨두고 있다.

[그림7] 냉동인간 만드는 방법

최초의 냉동인간은 지난 1967년 1월 12일 캘리포니아 대학의 심리학교수 제임스 베드포드로 그는 간암이 폐로 전이돼 사망했고 몇 시간 뒤 몇몇 의사와 과학자들은 그를 냉동했다. 필자는 한편으로 두려워진다. 정말 냉동인간이 소생가능하다면 인간의 질서가 흔들리지 않을까 하고. 지구상의 모든 생물은 소멸과 생성을 반복해야 하는 게 섭리라는 생각이 강한 필자에게는 영생이란 고인 물처럼 생각된다. 다음 세대를 위해서 아름답게 한걸음 물러서는 것이 세대 순환일진대 불멸을 꿈꾸는 인간들의 영욕이 어디까지인지 두렵기만 할 따름이다.

(4) 재활로봇 (Rehabilitation)

'아이언 맨'이란 영화에서처럼 특수한 슈트를 입으면 초인적인 힘을 발휘하는 장면이 이제 현실로 다가오고 있다. 그 슈트의 기능은 착용했을 때 신체 기능을 강화하고 신체적 특징을 데이터베이스 화 해 생체리듬을 컨트롤 하는 것이다. 이제 영화에서만 가능한 이야기가 아닌 현실에서도 실현가능한 일로 발전해 나가고 있다. 이런 슈트가 의료현장에서 하지마비 환자에게 적용되면 어떨까?

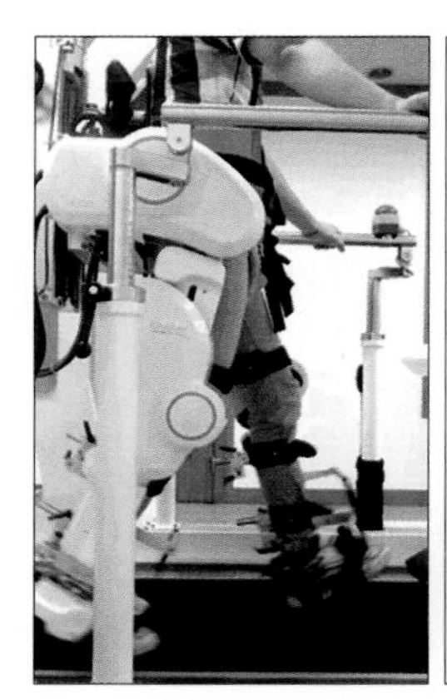
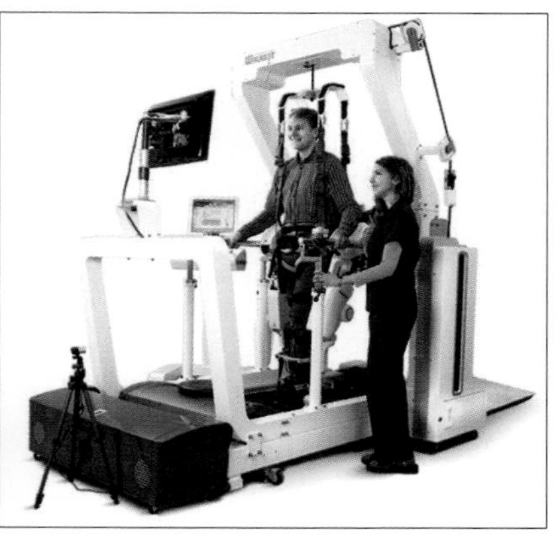

[그림8] 하지마비 환자들이 사용하는 재활로봇(출처 : 피앤에스미캐닉스 공식 홈페이지)

실제로 보행 재활로봇으로 하지마비 환자에게 기립훈련과 보행 훈련을 동시에 해주고 마비된 근육에 전기자극을 주어 보행 패턴에 맞게 근육이 순차적으로 활성화 되도록 해준다. 주로 뇌손상(뇌졸중, 외상성 뇌손상, 뇌종양), 척추손상, 다발성경화증, 뇌성마비 등 정상적인 보행이 어려운 환자들이 잘 걸을 수 있도록 재활훈련 로봇이 도움을 주는 것이다.

그밖에 여러 가지 의료로봇을 잠깐 소개하자면

- 로보닥(Robodoc) : 인공 관절 수술을 할 때 인공관절이 들어갈 위치의 뼈를 정교하게 깎거나 잘라내는데 수술 오차를 줄여서 부작용과 재수술 가능성을 낮춰주는 의료로봇이다.
- 이솝(Aessop) : 수술시 보조 의사 역할을 하는 로봇으로 카메라가 달린 팔을 통해 수술 위치를 볼수 있는 것이 특징이다.
- 제우스(Zeus) : 수술하는 의사의 양손을 대신하는 원격 수술 로봇으로 수술 도구를 잡고 동작을 따라하지만 사용범위가 크지 않은게 단점이기도 하다.
- 페넬로페(Penelope) : 3년 동안 간호사 교육을 전문적으로 받은 교육으로 사람의 목소리에 반응하고 수술 도구를 구별할 수 있어서 의사가 요구하는 수술 도구를 전달해 주는 간호로봇이다.
- 파로(Paro) : 심리치료를 목적으로 개발된 로봇으로 사람의 행동을 따라 하거나 애교를 부려 환자의 기분을 up시키거나 혈압과 맥박을 안정시켜주는 똑똑한 로봇이다.
- 트웬디 원(Twendy - one) : 손가락과 손바닥에 250여 개의 압력 센서가 있어 환자를 부축하는 일도 가능한 로봇이다.

- 로베어(Robear) : 북극곰을 닮은 얼굴에 특수 고무로 만든 팔을 가진 간호 로봇으로 최대 80킬로그램의 환자를 안고 좁은 공간을 자유롭게 드나들 수 있는 게 특징이다.
- 나노로봇 : 백혈구 보다 더 작은 로봇을 혈관에 넣어 몸속의 바이러스나 암세포를 없애기도 하고 상처 부위로 필요한 약물을 운반해 치료도 해 줄거라 예상되는 로봇이다.

[그림9] 나노로봇 (출처 : 지식엔)

그 외 필자 집 근처의 요양원에서 본 치매어르신들의 인지활동을 도와주는 로봇까지 여러 분야의 의료 현장에서 활발하게 활동하는 로봇들 덕분에 많은 환자들이 도움을 받고 있다.

2. 웨어러블로 코칭하기

1) 웨어러블의 본질과 진화

웨어러블이 발전할 수 있는 필요충분조건은 착용하기 편해야 한다는 것이다. 우리 몸은 익숙하지 않은 것에 대한 불편함이 큰데 적응기간을 통해서 몸에 착용하는 웨어러블을 사용자가 편하게 생각할 시점에 그전까지의 불편함을 감내하고 인내할 만큼의 가치를 지닌다면 오랫동안 사람들의 선택을 받을 것이다.

웨어(wear)와 웨어러블(wearable)은 어떤 차이가 있는가? 이미 입고 있는 웨어와 몸에 착용하거나 입을 수 있는 웨어러블은 본질적인 속성의 차이가 있다. 편리함 때문에 불편함이 극복 되고 습관이 된다면 앞으로 웨어러블 영역은 더 화려한 가치를 지니게 될 것이다.

웨어러블(Wearable 착용할 수 있는)이라는 의미로 정보통신(IT) 기기를 사용자의 손목, 팔, 머리, 허리, 귀 등 몸에 지니거나 입을 수 있고 초소형 부품과 스마트센서 저전력 무선통신, Fiexible display(접거나 구부려도 동일한 화질을 구현하는 종이 같은 디스플레이), 모바일 운영체제 등 IT기술이 일상생활에서 사용되는 시계, 안경, 옷, 핼멧, 벨트 등에 접목돼 사용자에게 언제 어디서나 컴퓨팅 환경을 제공한다.

또한 개인 뿐 아니라 산업, 의료, 군사 등 모든 분야에도 활용된다. 이 가운데에서도 가장 주목받는 분야는 헬스 케어 분야이다. 사람의 몸에 착용하기 때문에 센서를 장착해서 사람의 몸에 대한 정보를 수집하기 좋다는 이점이 작용한 것이다.

필자도 최근에 호기심에서 웨어러블기기를 구입했다. 처음에는 '운동량이 거의 없는 내가 하루에 몇 걸음이나 걸을까?'라는 궁금증에서 구입했는데 전용 앱을 통해 걸음 수 데이터와 함께 움직인 거리, 소모 열량 등의 데이터를 직관적으로 볼 수 있다. 또한 친구나 지인들과 작은 커뮤니티를 구성해서 서로 걸음 수를 비교하도록 해 승부욕을 자극시켜준다. 운동에 대한 필자의 부족한 의지를 다른 지인들의 격려를 통해서 더욱 열심히 운동하도록 해서 의지를 다질 수 있도록 해주는 똑똑한 기기이다.

더욱 놀라운 것은 걸음 수, 운동량의 측정을 넘어서서 코칭까지 제공 해 주는 것이다. 예를 들면 걸음걸이, 운동자세 및 운동 강도와 관련된 조언까지 해주는데 '지금 속도가 느리니까 더 속도를 내시오' 등 운동을 더 잘할 수 있도록 돕는 효용을 갖고 있다.

이외에도 다양한 웨어러블 기기에 대해 소개를 하자면 다음과 같다.

(1) 스마트 벨트

삼성전자 사내 벤처로 시작해서 분사한 웰트라는 회사에서 개발한 스마트 벨트는 벨트에 가속도 센서를 탑재해 활동량을 측정하는 것을 물론 벨트의 길이를 감지할 수 있다. 즉 허리둘레의 변화나 과식 빈도를 알 수 있어서 자연스럽게 적정 체중과 체형을 유지할 수 있게 해주는 효용을 제공하고 있다. 단, 벨트는 특성상 24시간 착용하는 것이 아니라는 점과 남성용 제품이라는 점을 감안한다면 늘 다이어트를 하는 필자에게도 꼭 필요하지 않을까 생각한다. 여성용 스마트벨트도 기대해본다.

[그림10] 스마트 벨트(출처 : 웰트 홈페이지)

(2) 스마트 의류

패치는 심전도계의 전극 역할을 하며 패치가 연결돼 있고 어깨 부위에 부착된 작은 기기는 심박 수를 스마트 폰에 보낸다. 스마트 셔츠를 입은 사람은 스마트 폰에 관련 애플리케이션을 내려 받아 심박 수를 수치와 스크린에 나타난 파동 모양으로 확인할 수 있다. 패치가 유연해서 거북하지 않았고 셔츠는 탄력적인 섬유로 만들어져 몸 움직임이 자유스러웠다고 사용자들은 설명한다. 또 패치는 세탁기에 돌려도 망가지지 않는다고 한다.

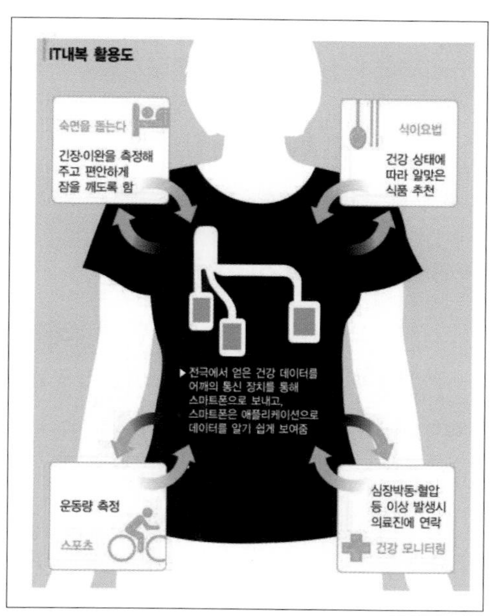

[그림11] 스마트 의류(출처 : NTT 도코모)

(3) 누구나(Nuguna) '넥밴드'

청각장애인이나 난청인을 위한 기기로 블루투스 이어폰처럼 목에 걸고 있으면 스마트하게 보이기까지 한 '넥밴드'는 양 쪽 끝 부분에 소리를 감지하는 센서가 탑재되어 있어서 주변에서 소리가 나면 이를 감지해 좌 혹은 우측에서 진동이 울리고 사용자는 그쪽을 향해 소리가 나는 방향을 감지할 수 있다.

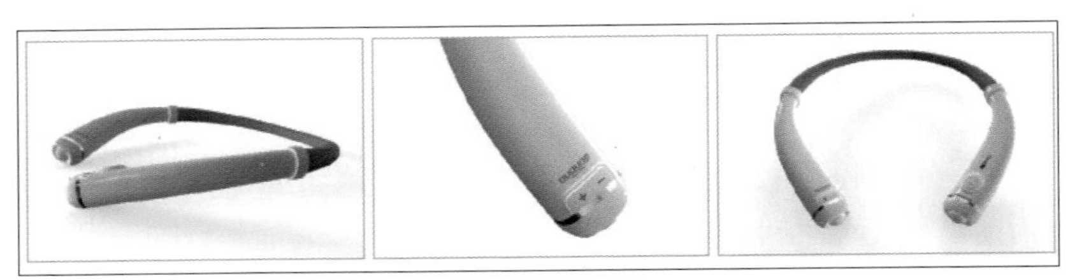

[그림12] 누구나(Nuguna) 넥밴드 유퍼스트(주)

2) 웨어러블 ! 어디까지 진화할 것인가?

오늘날의 웨어러블 디바이스는 시계나 안경, 헤드셋 같은 형태지만 미래에는 또 어떻게 달라질지 모를 일이다. 물리적인 형태가 존재하지 않는 생체인식 바코드의 하나가 될 수도 있다. 디바이스는 점점 작아졌지만 기능은 더욱 많아질 것이다. 웨어러블 디바이스가 연결하게 될 가상현실 그 안에서 실현될 새로운 인간과 컴퓨터의 상호작용(Human Computer Interaction)과 사용자 경험(User eXperience) 디자인은 생활 속의 디자인을 바꿀 뿐만 아니라 사물을 바라보는 관점마저 바꿀 것이다.

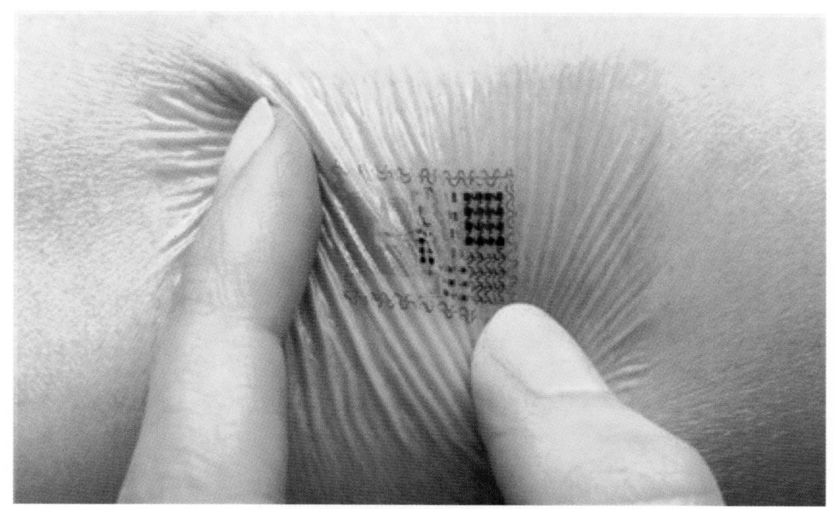
[그림13] 생체인식 바코드(출처 : JHSTYL-COM)

3) 디지털 헬스케어로 똑똑하게 건강해지기

디지털 헬스케어란 헬스케어 서비스에 정보통신기술(IT)을 융합한 것으로 스마트 헬스케어, 원격의료, 의료 빅 데이터, 웨어러블 헬스케어 등이 있다. 스마트 헬스케어란 개인의 건강과 의료에 관한 정보와 의료 IT가 융합된 종합의료서비스로 개인맞춤형 건강관리서비스를 제공하며 개인의 착용형 기기나 클라우드 병원정보시스템 등에서 확보된 개인의 생활습관, 신체검진, 의료이용정보, 유전체정보 등의 분석을 바탕으로 하는 개인중심의 건강관리생태계이다.

이런 최첨단 기술들을 최대한 활용한다면 똑똑하게 건강해질 수 있지 않을까? 나이가 들어가면서 점점 늘어가는 것 중의 하나가 약의 종류일 것이다. 그러나 제시간에 맞춰 먹기란 쉽지 않다. 복용을 잊는 경우도 있고 업무 등 일을 하다가 타이밍을 놓치기도 한다. 이럴 때 내가 복용해야 할 약을 집으로 아니면 직장으로 배달해준다면 얼마나 좋을까?

헬스케어 스타트업 '필팩'(PillPack)은 환자가 병원이나 약국에 가지 않아도 복용해야 할 약의 날짜와 시간에 따라 분류해 배달을 해준다. 이런 획기적인 아이디어로 필팩은 단시간에 미국 전역에 의약품 유통 라이센스를 가진 온라인 약국으로 성장했고 아마존이 필팩의 비전을 보고 10억 달러(한화 1조 1,156억원) 에 인수했다.

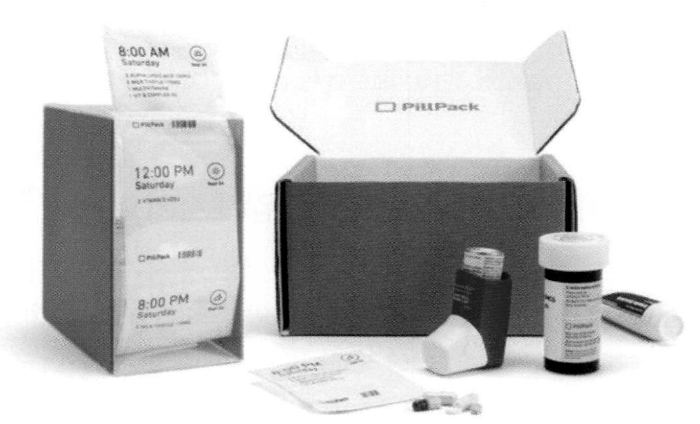

[그림14] 헬스케어(출처 : 필팩 홈페이지)

디지털 헬스케어는 병원의 영역을 떠나서 스스로 건강을 관리하고자 하는 사람들의 욕구로 더 활성화 되고 있다. 향후 발생할 수 있는 질병을 예측하고 예방하는 게 목적인 디지털 헬스케어의 핵심은 웨어러블 기기에 있다.

미래의 웨어러블기기는 신체내부에서 발생하는 호르몬 변화나 표정, 억양, 행동 등의 패턴을 분석해서 사용자 감정까지도 파악할 수 있는 디지털 헬스기기가 각광을 받을 것이다. 우리나라에서도 지난 2016년 12월에 디지털 헬스케어를 체험하고 공감 할 수 있는 공간인 '헬스케어 미래관'이 개관되어 예방과 관리를 통한 건강수명 연장과 의료공급자, 치료중심의 의료에서 의료소비자, 맞춤형 개인의료로 변화를 시도하기 시작했다.

'헬스케어 미래관'은 디지털 진단 및 스마트 헬스케어, 모바일 디바이스, 유전체 정보 분석, 의료 인공지능, 보건의료 빅 데이터 등 7개의 테마 섹션으로 구성돼 있다. 질병의 진단, 예방, 치료 및 재활 등 분야별로 디지털 헬스케어가 어떻게 활용 되는지를 체험할 수 있다. 특히 개인의 건강정보를 직접 확인하고 건강 위험도나 맞춤형 건강정보 등 건강관리를 위해 필요한 정보도 얻을 수 있다고 한다.

3. 신인류 ! 포스트휴먼 (Post human)

신인류는 어떤 존재인가? 생명은 단세포에서 다세포로 그리고 다양한 종으로 진화해왔다. 지금도 진화는 가속도를 내고 있다. 점점 진화에 생물학적 한계는 없어질 것이다. 최근 인간의 신체적·정신적 한계를 뛰어 넘는 미래 인간상을 조망하는 연구들이 나오고 있다.

현 인류를 호모 사피엔스(Homo Sapiens 지혜 있는 인간)라고 한다면 새롭게 나타나는 인류는 트랜스 휴먼(Transhuman)이다. 트랜스 휴먼은 인간과 닮았지만 개조에 의해 인간보다 더 뛰어난 능력을 획득한 사람들, 교체 가능한 장기 등으로 수명이 훨씬 늘어난 사람들, 불편한 신체를 채워주는 것뿐만 아니라 지금의 신체기능을 훨씬 뛰어나게 만들어주는 인공장기와 기능이 더욱 월등한 뇌를 갖고 싶어 하는 사람들로 기술을 통해 지적·육체적 능력이 진화된 사람들을 말한다.

이제 인간은 신체 한계를 극복하고 리모델링이 시작됐다. 인간보다 더 앞선 트랜스 휴먼 시대가 가고 나면 포스트 휴먼(Post human) 시대가 온 것이다. 포스트 휴먼은 인간과 기술(기계)이 융합함으로써 인간과 기계의 경계가 사라지는 것을 말하는 용어이다. 인공지능, 사이보그, 냉동인간, 사이버자아 등 다양한 용어와 개념으로 설명되고 있는데 인간의 한계의 조건을 넘어서려는 인간의 바람을 반영하고 있다.

포스트 휴먼은 과거와 현재 그리고 미래를 통합할 수 있는 신인류이다. 그렇다면 포스트 휴먼은 실현될 수 있을까? 미래학자들은 인간의 수명을 현재 평균 100세에서 더 길어질 것이라고 예측하고 있다. 그렇다면 지금부터 포스트 휴먼으로 가는 여러 과정 중 일부를 알아보도록 하자.

1) 노화! 스스로 조절한다

(1) 노화(aging)의 정의

나이가 들어가며 일어나는 신체적 위축이나 기능의 변화를 말한다. 노화의 범위나 속도는 개인의 특성과 환경에 따라 다르게 나타난다. 또 모든 사람이 겪는다는 점에서 노화는 질병과 다르다. 노화의 증상은 심신쇠약, 기능장애, 방어능력의 감퇴, 회복력의 저하, 적응력 감소 등을 들 수 있다. 노화는 모든 인간이 갖는 자연적 특성으로 피할 수는 없지만 노화과정에 대한 적응과 그 결과에 대한 생활관리 능력은 사람마다 차이가 있다.

먼저 노화를 생각하기 전에 '생명기술'이란 학문을 되짚어 볼 필요가 있다. 생명기술이란 생물체가 갖고 있는 여러 가지 기능을 이용해 유용한 제품을 만들거나 변화시키는 기술로 살아있는 생명체를 대상으로 하며 부가가치가 높고 다른 기술영역과도 융합한다.

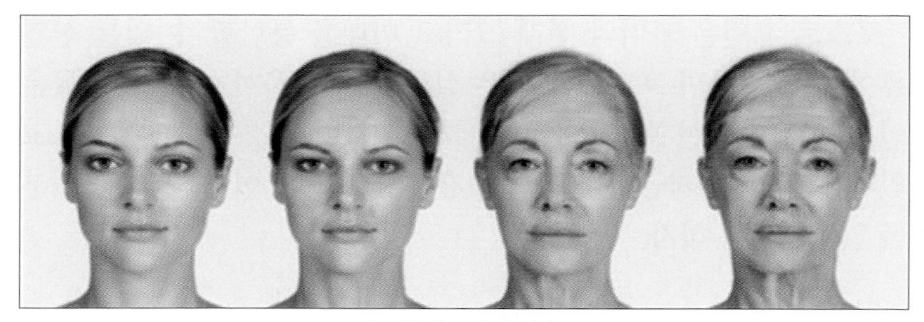

[그림15] 노화의 단계

(2) 노화를 늦추기 위한 방법

① 노화세포제거

우리 몸의 세포는 수시로 분열해 새로운 세포를 만들어 낸다. 나이가 들수록 우리 몸속에는 40~50번의 세포 분열 후 더 이상 분열을 할 수 없는 노화세포가 쌓이게 된다. 노화세포를 제거하면 노화가 되지 않는다는 판단 하에 전 세계적으로 많은 연구가 진행되고 있다.

② 유전자조작

유전자를 조작해서 노화를 억제하는 연구도 진행되고 있다. 보통 쥐의 수명은 600여 일이지만 노화세포를 제거한 유전자 조작 쥐는 800여 일을 생존해 약 33% 수명이 늘어났다. 미국의 배우 안젤리나 졸리도 자신의 게놈지도에서 유방암, 난소암을 일으킬 가능성이 큰 유전자를 발견하고 발병 전에 위험을 없애기 위해 유방절제 수술을 받았다. 이처럼 노화나 생명을 임의로 조절하는 시대가 온 것이다.

③ 3D 프린터

3D프린터의 발달 역시 노화를 늦추거나 생명을 연장시키는데 큰 역할을 할 것으로 예상되고 있다. 중국은 지난 2016년 세계 최초로 3D프린터로 만든 혈관을 원숭이에게 이식하는 데 성공했다. 당시 연구진은 3D프린터 재료로 원숭이의 줄기세포에 활용해 면역 거부반응을 줄였다. 사람의 장기를 3D프린터로 이식하는 실험도 성공했다.

미래학자들은 교통사고로 한쪽 다리를 절단 할 수밖에 없는 환자들이 미래에는 어쩌면 병원이 아닌 3D프린터 공장에 가야할 것이라는 말을 하기도 한다. 네이처는 "3D프린터를 이용해 뼈나 장기를 만드는 기술은 이미 준비가 되었고 일부 성공을 하고 있다"며 "신체의 어떤 부분이 고장 난다 하더라도 3D프린터를 이용해서 고칠 수 있을 것"이라고 기대했다.

④ 노화억제 약

중국과학원 연구진은 당뇨병 치료제 '메트포르민'이 항산화 효소 '글루타치온 페록시 다제 7'의 발현을 촉진해 세포 노화를 늦춘다는 연구결과를 발표했다.(2018.04) 지난 1960년대 칠레 이스터섬 토양에서 발견된 박테리아로 만든 면역억제제 '라파마이신'도 노화억제 물질로 관심을 받고 있다. 라파마이신은 여러 동물실험을 통해 포유류 수명을 연장시키는 효과가 있음이 밝혀졌다.

2) 호모 헌드레드(Homo Hundred) 시대

'호모 헌드레드'란 과학기술의 발전으로 평균수명이 100세가 넘는 시대의 인류와 사람을 뜻하는 호모(homo)와 숫자 100(hundred)이 합쳐진 신조어를 말한다. 필자가 위에서 기술했던 내용들은 기술의 발달로 미래에는 100세를 훌쩍 뛰어넘는 영생불멸의 시대가 도래 할 수도 있다는 내용이었지만 우리가 살고 있는 현재라는 시점에서의 호모 헌드레드(Homo Hundred)는 인간의 수명이 연장되면서 100세 시대가 도래했음을 상징한다.

단순히 오래 사는(living longer) 것이 아니다. 건강하게 잘 사는(living well) 것을 의미하기도 한다. 유엔이 지난 2009년 처음 사용한 이 용어는 100세 삶이 보편화되는 시대를 지칭한다. 유엔 보고서는 평균 수명이 80세를 넘는 국가가 지난 2000년에는 6개국에 불과했지만 오는 2020년에는 31개국으로 급증할 것으로 예상하며 이를 '호모 헌드레드 시대'로 정의했다.(출처: 호모 프라이디오룸, 2016.11.22, 커뮤니케이션북스)

세계적으로 유례없는 빠른 고령화를 경험하고 있는 우리는 전형적인 호모 헌드레드 사회로 진입하고 있다. 지난 2005년 961명에서 2016년 3486명까지 치솟은 100세 이상 고령자 숫자는 오는 2030년에는 1만 명, 2040년에는 2만 명에 다다를 전망이다. 지난해에는 전체 인구 중 65세 이상이 14% 이상인 '고령사회'로 진입했다.

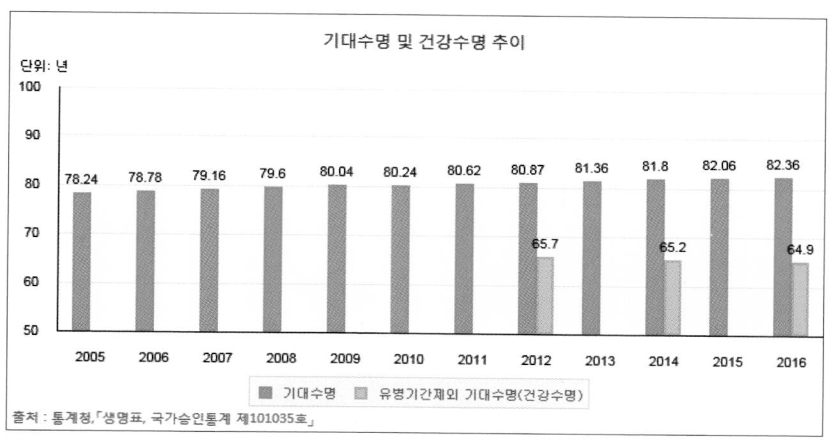

[그림16] 기대수명 및 건강수명 추이(출처 : 통계청)

위의 도표는 한국의 유병기간을 제외한 기대수명(건강수명)추이이다. 인간의 오랜 염원 중 하나가 무병장수인데 현대에는 유병장수시대라는 라는 말을 한다. 병이 있어도 오래 산다는 말인데 건강수명(건강하게 살 수 있는 수명) 이후 기대수명(생존할 것으로 기대되는 수명)까지 질병이 있는 상태에서 여생을 오래 보낼 가능성이 크다는 것을 의미한다.

통계청에 의하면 우리나라는 급속한 고령화로 인해 2018년에 65세 이상 고령자가 14.3%에서 오는 2060년에는 41%가 될 것으로 예상되고 있다. 고령화 심화에 따른 부양률도 심각한 사회문제로 다가오고 있다.

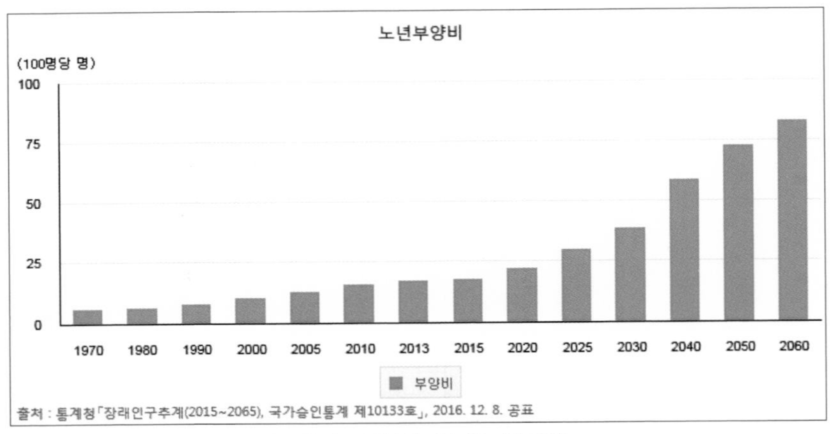

[그림17] 노년부양비(출처 : 통계청)

노년의 부양비는 생산가능 인구(15세~64세)가 65세 이상의 노인을 부양하는 백분비로 지난 2005년에는 생산가능 인구 7.9명이 노인 1명을 부양했으나, 2010년에는 6.6명, 오는 2030년에는 2.6명, 2050년에는 1.4명, 2060년에는 1.2명으로 노인 부양부담이 계속 증가할 추세이다.

그렇다면 호모 헌드레드는 행복(축복)일까? 불행(재앙)일까? 호모 헌드레드 시대는 없는 이들에게는 '축복' 대신 '재앙'에 가깝다. 지난 2016년 기준 한국의 65세 이상 노인의 상대적 빈곤율은 43.7%를 기록했다. 중위소득의 50%도 벌지 못하는 노인이 10명 중 4명이 넘는다는 뜻이다. 유럽연합(EU) 국가 중 가장 높은 라트비아(22.9%)의 두 배에 육박한다. 영국(10.0%), 이탈리아(7.5%) 등 비동구권 국가들보다도 크게 높다. 그러다보니 늙어서까지 일손을 놓지 못한다.

한국에서는 65~69세의 45.5%, 70~74세의 33.1%가 은퇴하지 못하고 경제 활동에 종사하고 있다. 머지않아 늙지 않고 오래 산다는 시대가 다가온다고 하더라도 100세 시대에 발생하는 고민들을 해결하지 못한다면 무슨 소용이 있겠는가!

상상을 초월한 눈부신 발달로 맞이하는 4차 산업혁명 안에서 우리는 인공지능, 웨어러블, 디지털 헬스케어, 빅 데이터, 사물인터넷, 디지털 시티 등 물리적으로 줄일 수 없는 시간과 공간을 자유자재로 움직일 수 있게 됨으로써 인간보다 기계를 이용한 노동을 창출하는 등 편리한 삶을 살게 됐다. 한편으로는 인간의 고유 영역이었던 것들이 사라지면서 기계문명과 인간문명의 충돌도 예상이 되고 있다. 인간 없이 사회가 형성이 되고 인간 없이 경제가 성립되는 비정상적인 사회, 국가가 되기 전에 인간만이 갖고 있는 창의력과 공감능력, 의사소통을 길러내는 게 더욱 절실해 졌다.

Epilogue

지금까지 내가 맞이하는 4차 산업혁명을 살펴보았다. 여러 부분을 깊이 있게 다루지는 못했지만 이미 변화는 시작됐고 그 변화를 배척하지 않고 일부분이라도 이해하고 따라가고자 하는 마음과 예상되는 미래의 혁신들을 보면서 갖게 되는 미지에 대한 두려움과 새롭게 전개될 혁명들을 열린 마음으로 기쁘게 맞아주어야겠다.

초등학생부터 노년기에 접어든 어르신들을 다양하게 만나고 소통하다보니 각 연령대에서 느끼는 4차 산업혁명의 의미가 각자 다르다. 초등학생들은 그저 과학기술의 발전이 신기하고 좋아하지만 필자는 알파고가 이세돌을 이긴 후부터 갑자기 두려움이 생겼다.

인간이 만든 기기에 의해서 오히려 지배당하는 것은 아닐까? 영화나 드라마에서도 사이보그와 사랑에 빠지는 내용을 보면서 기계가 인간을 대체 하진 않을까? 인간의 고유영역과 본질이 상실되지는 않을까? 우리 아이들이 미래에는 중심이 될 텐데 기계적인 사고만을 갖고 있으면 어떡하나?

4차 산업혁명 연구원의 한사람으로서 필자는 초등학생 아이들에게 4차 산업혁명이 좀 더 친숙하게 다가가기 위해서 컴퓨터 언어인 코딩과 미래 산업의 핵심이 될 드론을 교육하고 있다. 동시에 여러 강의 경력을 살려 바른 인성을 가지기 위한 수업에도 함께 힘쓰고 있다.

필자의 작은 노력으로 우리 아이들이 혁명을 따라가되 인간본연의 인격이나 인본주의적인 사고는 잊지 말아야 함을 어릴 때부터 강조하고 있다. 4차 산업혁명을 연구하는 연구원의 자세로 필자가 만나는 다양한 사람들에게 기술의 필연성은 물론 인문학적인 관점에서의 혁신도 전파할 생각이다.

한눈에 보이는 4차산업혁명

초 판 인 쇄 2018년 11월 20일
초 판 발 행 2018년 12월 3일

공 저 자 최재용 공인택 김성남 방명숙 변해영 안경식 윤성임 장선주 하영랑
감 수 김진선

발 행 인 정상훈
디 자 인 신아름
펴 낸 곳 미디어북

서울특별시 관악구 봉천로 472
코업레지던스 B1층 102호 고시계사

대 표 817-2400 팩 스 817-8998
考試界 · 고시계사 · 미디어북 817-0418~9
www.gosi-law.com
E-mail : goshigye@chollian.net

판 매 처 考試界社
주 문 전 화 817-2400
주 문 팩 스 817-8998

정가 20,000원 ISBN 979-11-959051-8-8 03560

미디어북은 考試界社 자매회사입니다